高等师范教育精品教材系列丛书

U0149689

刘 萌 郑 煊 编著

嵌入式技术与应用项目教程
——基于STM32

Project Based Tutorial for Embedded Technology and Application
–Based on STM32

中国财经出版传媒集团

经济科学出版社
Economic Science Press

图书在版编目（CIP）数据

嵌入式技术与应用项目教程：基于 STM32/刘萌，
郑煊编著．－－北京：经济科学出版社，2024.1
（高等师范教育精品教材系列丛书）
ISBN 978 - 7 - 5218 - 5533 - 3

Ⅰ．①嵌…　Ⅱ．①刘…②郑…　Ⅲ．①微处理器 - 系
统设计 - 高等师范院校 - 教材　Ⅳ．①TP332

中国国家版本馆 CIP 数据核字（2024）第 008695 号

责任编辑：宋　涛　姜思伊
责任校对：隗立娜
责任印制：范　艳

嵌入式技术与应用项目教程
——基于 STM32

刘　萌　郑　煊　编著
经济科学出版社出版、发行　新华书店经销
社址：北京市海淀区阜成路甲 28 号　邮编：100142
总编部电话：010 - 88191217　发行部电话：010 - 88191522
网址：www. esp. com. cn
电子邮箱：esp@ esp. com. cn
天猫网店：经济科学出版社旗舰店
网址：http://jjkxcbs. tmall. com
北京密兴印刷有限公司印装
710×1000　16 开　25.75 印张　436000 字
2024 年 1 月第 1 版　2024 年 1 月第 1 次印刷
ISBN 978 - 7 - 5218 - 5533 - 3　定价：85.00 元
（图书出现印装问题，本社负责调换．电话：010 - 88191545）
（版权所有　侵权必究　打击盗版　举报热线：010 - 88191661
QQ：2242791300　营销中心电话：010 - 88191537
电子邮箱：dbts@ esp. com. cn）

前　　言

随着电子技术、计算机技术的发展，嵌入式技术已经深深渗透到了我们生产、生活的各个方面。微控制器是嵌入式系统的核心，掌握微控制器技术是嵌入式工程师的必备技能。STM32 系列单片机是 ST 公司推出的 32 位高效微处理器系统。由于其具有低功耗、丰富的模拟和数字接口等优势，近年来在各类嵌入式系统开发中得到了广泛应用。

STM32 单片机以其性价比高的优势，越来越受到大家的关注，已经成为 32 位单片机市场的主流。本书本着"必需、够用"和精讲多练的原则，介绍了 STM32 单片机的基础知识。首先介绍了 STM32 单片机的入门知识，然后以 CDIO 模式分模块对其内部资源做了介绍，知识点以知识链接的形式围绕某一项目展开，使学生在做中学，从而做到"理实一体化"。本书特色主要有以下几个方面。

(1) 面向应用型人才培养，突出应用，基于项目化教学的工程教育理念，所选项目难度合理，实用性强。

(2) 采用"项目引领、任务驱动"的教学模式，以解决实际项目为主线，把每个项目分解为若干具体的任务，将专业知识和专业技能融合于任务的实现过程，实现"做中学"。

(3) 采用 CDIO 模式将任务的实施过程分为"构思、设计、实现、运行"这四个步骤，使学生在完成任务的过程中提高项目构思、设计、实现、运行的能力，然后再运用这些能力去解决新的工程实际问题，从而提高适应工作环境和技术的发展变化的能力。

本书紧密结合实际，突出重点与主流技术，选材精炼，突出实践，讲究实用，不仅可以作为电子信息类专业学生的嵌入式课程教材，也可作为嵌入式产品设计工程技术人员的自学用书。

本书由刘萌编写了项目 1、2、3、4、12、13 及附录部分，郑煊完成了本书项目 5～11 的编写，刘萌负责全书的通稿和校稿。吴亿聪在项目

12、13 的程序调试和硬件制作方面做了大量工作，在此表示感谢。教材在编写过程中得到了山东省本科高校教学改革研究项目和齐鲁师范学院教材建设项目的支持和资助，在此一并表示感谢。

由于编者水平有限，且时间仓促，教材中难免有不妥或错误之处，敬请大家予以批评指正。

编　者

2023. 6. 1

目　　录

项目 1　了解 STM32 单片机

【学习目标】

知识目标

1. 了解嵌入式系统的基本概念。

2. 理解 Cortex – M3 内核的基本概念和特点。

3. 了解 STM32 系列单片机的分类、特点和应用范围。

4. 了解 STM32 的固件库。

能力目标

1. 学会 STM32 开发环境的搭建方法。

2. 学会基于 STM32 固件库的工程建立方法。

1.1　任务一　初识 STM32

1.1.1　任务描述

了解嵌入式系统的相关概念和应用，理解 Cortex—M3 内核的特点，了解 STM32 系列 MCU 的分类、特点和应用范围。

1.1.2　知识链接

1. 嵌入式系统概述

我们学习嵌入式系统，首先要知道什么是嵌入式系统。我们日常生活中使用的很多电子产品都采用了嵌入式技术，如手机、汽车、智能家电等。据统计，全球 95% 以上的手机以及超过 1/4 的电子设备都在使用嵌入式技术。可以说，嵌入式系统已经广泛地应用到了我们日常生活的方方面面，嵌入式技术也因此成为当下非常热门的技术之一。那么究竟什么是嵌入式系统呢？嵌入式系统本身是一个相对模糊的定义，不同的组织对其定义也略有不同，但大致是相同的。下面就让我们来看一下嵌入式系统的相关定义。

电气与电子工程师协会（Institute of Electrical and Electronics Engineers，IEEE）给出的嵌入式系统的定义是：嵌入式系统是用来控制、监控或者辅助操作机器、装置、工厂等大规模系统的设备。这是从嵌入式系统的用途方面来定义的。

很多嵌入式系统方面的书籍给出的更具一般性的定义则是：嵌入式系统是指以应用为中心，以计算机技术为基础，软硬件可裁剪，适应应用系统对功能、可靠性、成本、体积、功耗严格要求的专用计算机系统。它一般由嵌入式微处理器、外围硬件设备、嵌入式操作系统以及用户的应用程序四个部分组成（见图 1-1），用于实现对其他设备的控制、监视或管理功能。

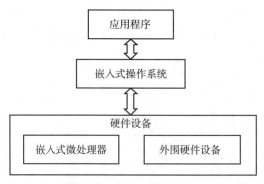

图 1-1　嵌入式系统结构

根据以上嵌入式系统的定义，我们可以看出，嵌入式系统是由硬件和软件相结合组成的具有特定功能、用于特定场合的独立系统。其硬件主要由嵌入式处理器和外围硬件设备组成，其软件主要由底层操作系统软件和用户应用程序组成。

2. Cortex—M3 内核

在嵌入式系统中，嵌入式微处理器的选择非常关键。当前大多数的嵌入式处理器都是基于体系结构的处理器（Advanced RISC Machines，ARM）。

ARM 具体有三个方面的含义：一是生产高级 RISC 处理器的公司；二是高级 RISC 的技术；三是采用高级 RISC 的处理器。大家注意到，这里反复出现了一个词 RISC，那什么是 RISC 呢？

精简指令集计算机（Reduced Instruction Set Computer，RISC），是与传统的复杂指令集计算机（Complex Instruction Set Computer，CISC）相对而言的。传统的 CISC 侧重于硬件执行指令的功能性，使 CISC 指令以及处理器的硬件结构变得更复杂。这些会导致成本、芯片体积增加，影响其在嵌入式产品中的应用。而 RISC 则把着眼点放在如何使计算机的结构更加简单和如何使计算机的处理速度更加快速上。RISC 选取了使用频率最高的简单指令，抛弃复杂指令，固定指令长度，减少指令格式和寻址方式，不用或少用微码控制，这些特点使得 RISC 非常适合嵌入式处理器，表 1 - 1 给出了 RISC 和 CISC 之间主要的区别。

表 1 - 1 　　　　　　　　　　RISC 和 CISC 之间主要的区别

指标	RISC	CISC
指令集	一个周期执行一条指令，通过简单指令的组合实现复杂操作；指令长短固定	指令长短不固定，执行需要多个周期
流水线	流水线每周期前进一步	指令的执行需要调用微代码的一个微程序
寄存器	更多通用寄存器	用于特定目的的专用寄存器
Load/Store 结构	独立的 Load 和 Store 指令完成数据在寄存器和外部存储器之间的传输	处理器能够直接处理存储器中的数据

ARM 处理器经过多年的发展，产生了 ARM v1、v2、v3、v4、v5、v6、v7、v8 等不同版本的内核架构，并且从 ARM v7 开始，取消了之前使用的数字加后缀的命名方法，而是将 ARM v7 架构的处理器命名为 Cortex。

Cortex 系列内核的命名，采用 Cortex 加后缀的方式。其分为三个系列：A 系列（应用程序型）——适用于高端消费电子设备、网络设备、移动互联网设备和企业市场。R 系列（实时型）——该系列适用于高性能实时控制系统。M 系列（微控制器型）——该系列可快速进行中断处理，适用于需要高度确定的行为和最少门数的成本敏感型设备。

其中，M 系列主要面向嵌入式以及工业控制行业。其中，Cortex – M 系列又有 4 款产品，分别对应不同应用和需求，见表 1 – 2。

表 1 – 2　　　　　　　　　　　Cortex – M 系列产品比较

名称	Cortex – M0	Cortex – M1	Cortex – M3	Cortex – M4
架构	ARMv6M	ARMv6M	ARMv7 – M	ARMv7E – M
应用范围	8/16 位应用	FPGA 应用	16/32 位应用	32 位/DSC 应用
特点	低成本和简单性	第一个为 FPGA 设计的 ARM 处理器	高性能和高效率	有效的数字信号控制

Cortex – M3（以下简称 CM3）采用哈佛结构，是一个 32 位的处理器内核，拥有独立的 32 位指令总线和数据总线，寄存器和存储器也是 32 位。CM3 内核含有多条总线和接口，每条总线都为其应用场合进行过优化，可以并行工作。此外，CM3 内核还有一些其他特点。

（1）与内核紧密耦合的 NVIC（中断嵌套控制寄存器），新增多种中断机制，可提高中断响应速度和效率；

（2）符合 CMSIS（Cortex 微处理器软件接口标准）；

（3）全面支持 32 位 Thumb – 2 和 16 位 Thumb 指令集；

（4）基于 ARM 的 CoreSight（片上调试和跟踪）架构调试系统，内部嵌入多个调试组件，用于硬件水平的调试操作。

3. STM32 单片机

（1）认识 STM32 单片机。

STM32 系列 MCU 是由意法半导体（ST）公司设计和制造，内嵌 Cortex – M3 内核以及丰富外设，是目前基于 CM3 内核的 ARM 处理器中数量和影响较大的产品。它拥有一系列的 32 位产品，具有高性能、实时功能、数字信号处理、低功耗等特性，同时还具有高集成度和易于开发等特点。当前，越来越多的领域将 STM32 系列微控制器作为主流的解决方案，涵盖了智能硬件、智慧工业、智慧农业、智能交通等。

ST 公司目前发布的 STM32 MCU 共分五个系列：STM32L1、STM32F0、STM32F1、STM32F2 和 STM32F4。

我们这里重点介绍当前应用的一个主流系列——STM32F1 系列。该系列在较低价格范围内提供了简单的架构和易用的工具，满足了工业、医疗和消费电子市场的各种应用需求。该系列包含五个产品线，它们之间管脚、外设和软件相互兼容，这五个产品如下：

①超值型 STM32F100xx：该系列最高主频 24MHz，集成了电机控制和 CEC 功能。

②基本型 STM32F101xx：该系列最高主频 36MHz，具有高达 1M 字节的片上闪存。所有型号的器件都包含 1 个 12 位的 ADC 和 3 个通用 16 位定时器以及标准的通信接口：2 个 I^2C、2 个 SPI 和 3 个 USART。

③USB 基本型 STM32F102xx：该系列最高主频 48MHz，具有全速 USB 模块。所有型号的器件都包含 1 个 12 位的 ADC 和 3 个通用 16 位定时器以及标准的通信接口：2 个 I^2C、2 个 SPI、3 个 USART 和 1 个 USB。

④增强型 STM32F103xx：该系列最高主频 72MHz，具有高达 1M 字节的片上闪存，集成电机控制、USB 和 CAN 模块。所有型号的器件都包含 2 个 12 位的 ADC、1 个高级定时器、1 个 PWM 定时器和 3 个通用 16 位定时器以及标准的通信接口：2 个 I^2C、2 个 SPI、3 个 USART、1 个 USB 和 1 个 CAN。

⑤互联型 STM32F105/107xx：该系列最高主频 72MHz，除具有 STM32F103xx 所有外设配置外，还具有以太网 MAC 以及 USB 2.0 OTG 功能。

STM32 系列 MCU 有自己的命名规范，采用编码 + 数字的方式，其命名规则如图 1 - 2 所示。

根据以上命名规则，对于本书要重点讲述的芯片 STM32F103VET6，我们可以得出它是基于 ARM 核心的 32 位 MCU，属于通用类型，增强型产品，有 100 个管脚，512KB 闪存，采用 LQFP 封装，工作温度范围为 -40℃ ~85℃。我们之所以要选择这一款芯片，主要是因为该芯片能够适合一般项目的需要，并且价格也不高，还可以避免由于 FLASH 和 RAM 太小造成的瓶颈。要运行 μC/OS 和 μC/GUI 需要一定的 FLASH 和 SRAM。STM32F103VET6 的整体性能如表 1 - 3 所示。

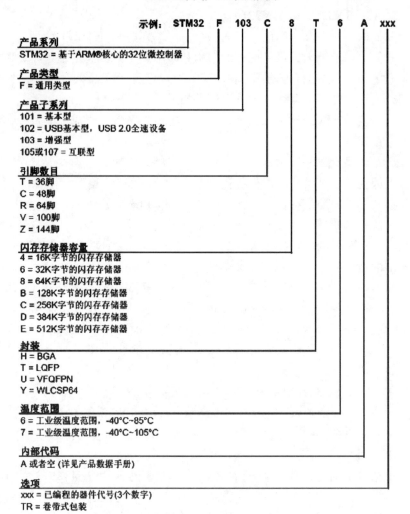

图 1-2 STM32 系列产品的命名规则

表 1-3   STM32F103VET6 的整体性能

项目	性能
内核	ARM 32 – bit Cortex – M3 CPU 核
最高频率	72MHz

项目	性能
处理能力	1.25DMIPS/MHz（在 1MHz 时钟下，每秒可执行 125 万条整数运算指令）
FLASH	512KB FLASH 存储器
SRAM	64KB SRAM
电源和 I/O 输入电压范围	2.0～3.6V
ADC	3 个 12 位 ADC，16 通道
DAC	2 个 12 位 DAC，2 通道
GPIO	80 个
调试	串口调试（SWD）和 JTAG 端口
定时器	8 个，TIM1～TIM8
通信端口	13 个，包括 5 个串口、2 个 I^2C、3 个 SPI、1 个 CAN、1 个 USB、1 个 SDIO
FSMC	有

要掌握好、利用好 STM32，首先需要了解 STM32 单片机的系统架构，如图 1-3 所示。

STM32F103 内嵌一个 CM3 处理器，CM3 内核通过三条总线与其他外设相连：通过 I-Code 总线连接到 FLASH 存储器接口，通过 D-Code 和系统总线连接到总线矩阵。总线矩阵用来协调系统总线和 DMA 主控总线之间的访问。它由四个驱动单元（Dcode 总线、系统总线、DMA1 总线、DMA2 总线）和四个被动单元（FLASH 端口、SRAM、可变静态存储控制器 FSMC、AHB_APB 桥）构成。

闪存 FLASH 作为一种非易失性（Non-Volatile）内存，在没有电流供应的条件下也能够长久地保持数据，其存储特性相当于硬盘，这项特性正是闪存得以成为各类便携型数字设备的存储介质的基础。在 STM32 中闪存 FLASH 通过 FLASH 端口连接到 CPU。FLASH 端口有两条路连接到 CPU，一条是传送指令的 Icode 总线，另一条是通过总线矩阵接数据总线 Dcode 连接到 CPU。

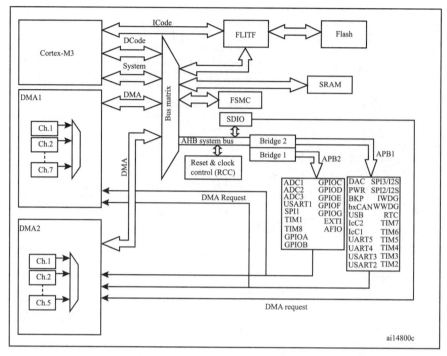

图 1-3 STM32 的系统架构

静态存储器（SRAM）通过总线矩阵连接 CPU。SRAM 是存放数据的地方，堆栈等也是在这里，所以其速度和容量是非常关键的因素。大多数情况下，受限于 SRAM 的容量，我们的程序是放在 FLASH 中运行，但是也可以选择将程序从 FLASH 转移到 SRAM 中运行。

可变静态存储器（FSMC）支持不同的静态存储器，具有多种存储器操作方法，并支持代码从 FSMC 扩展的存储器直接运行。通过对 FSMC 相关的特殊功能寄存器的设置，能够根据不同的外部存储器，发出相应的数据、地址、控制信号来匹配外部存储器，从而使得 STM32 能够应用各种不同类型、不同速度的外部静态存储器。FSMC 具有这种特性，因此可以降低系统设计的复杂性。通过 FSMC 可以以总线的方式与液晶控制器通信，从而驱动高精度大屏幕液晶，因此，FSMC 经常被应用于液晶控制器的管理。

复位和时钟控制（RCC）是高速设备，连接在高速的 AHB 总线上。RCC 是一整套的时钟管理设备，通过对与之相关的寄存器进行配置，可以设置 RCC 的工作模式,例如,选择内部还是外部时钟,选择高速还是低速的时钟,选择时钟分频或倍频的比率等。

低速 APB1 外设,通过 APB1 总线接 APB 桥 2,然后通过 AHB 系统总线接矩阵开关,最后接到 CPU。低速外设的速度上限是 36Mbit/s。串口、SPI、I²C 及大部分定时器都属于低速 APB1 外设。

APB2 外设,通过 APB2 总线接 APB 桥 1,然后通过高速 AHB 系统总线接总线矩阵开关,最后连到 CPU。APB2 外设的速度上限是 72Mbit/s。GPIO 口、ADC、定时器 1 和定时器 8 都属于 APB2 外设。

DMA 技术在 STM32 中得到了很好的应用,极大地减少了 CPU 的负担。STM32 内部有两个 DMA 通道,DMA 控制器通过 DMA 总线连接到总线矩阵,再通过总线矩阵来与其他设备进行互联。

图 1 - 4 是 STM32F103VET6 的芯片封装 LQFP100,LQFP100 封装的 STM32F103 不同子型号的芯片引脚排列都是相同的。

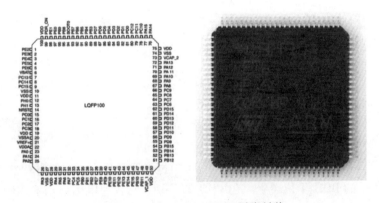

图 1 - 4 STM32F103VET6 引脚封装

GPIO 为常规输入/输出端口,共 5 组,每组 16 个(Px0 ~ Px15),共 80 个。这些端口大都具有多重功能,既可以作为 IO 口又可以通过编程设置为其他功能。

6 脚 VBAT 为电池供电端口,在未提供电源时为实时时钟 RTC、备份寄存器和外部时钟 32kHz 晶体振荡器供电,当不使用电池的时候必须将其连接到 VDD。所有的 VDD 都是电源输入端,所有的 VSS 都接地。

OSC_IN 和 OSC_OUT 是外部时钟输入引脚。NRST 为外部复位引脚,该引脚上的低电平将导致系统复位。VREF - 和 VREF + 为 ADC 和 DAC 提供参考电压，VSSA 和 VDDA 为 ADC 和 DAC 提供电源。BOOT0 和 BOOT1 为芯片启动模式配置引脚。

需要注意的是，特殊的复用引脚 7、8、9，它们在作 GPIO 使用时，电流只能达到 3mA，频率不能超过 2MHz，其他引脚则没有这样的限制，在作为 IO 使用时可以具有较高的输出能力，一般为 25mA。

（2）单片机 STM32F103 的复位。

STM32F10xxx 支持三种复位形式，分别为系统复位、上电复位和备份区域复位。

①系统复位：系统复位将复位除时钟控制寄存器 CSR 中的复位标志和备份区域中的寄存器以外的所有寄存器，当有以下事件发生时，将产生一个系统复位：

✓ NRST 管脚上的低电平（外部复位）

✓ 窗口看门狗计数终止（WWDG 复位）

✓ 独立看门狗计数终止（IWDG 复位）

✓ 软件复位（SW 复位）——将 Corte – M3 中断应用和复位控制寄存器中的 SYSRESETREQ 位置'1'，可实现软件复位

✓ 低功耗管理复位

②电源复位：电源复位将复位除了备份区域外的所有寄存器。当有以下事件发生时，将产生一个电源复位：

✓ 上电/掉电复位（POR/PDR 复位）

✓ 从待机模式中返回

③备份区域复位：备份区域复位可通过设置备份区域控制寄存器 RCC_BDCR 中的 BDRST 位产生。在 VDD 和 VBAT 两者掉电的前提下，VDD 或 VBAT 上电将引发备份区域复位。

（3）单片机 STM32F103 的时钟。

STM32F10xxx 时钟系统的时钟树如图 1 – 5 所示。

从图 1 – 5 中可以看出，以下五种时钟信号可被用作系统时钟（SYSCLK）：高速内部时钟 HIS、高速外部时钟 HSE、PLL 时钟。

①HSE 时钟可由频率最高可达 25MHz 的外部时钟源或 4 ~ 16MHz 的外部振荡器产生。

②HIS 时钟信号由内部 8MHz 的 RC 振荡器产生，能在不需要任何外部器件的条件下提供系统时钟，精度较差，如果 HSE 失效，HIS 时钟会被作为备用时钟源。

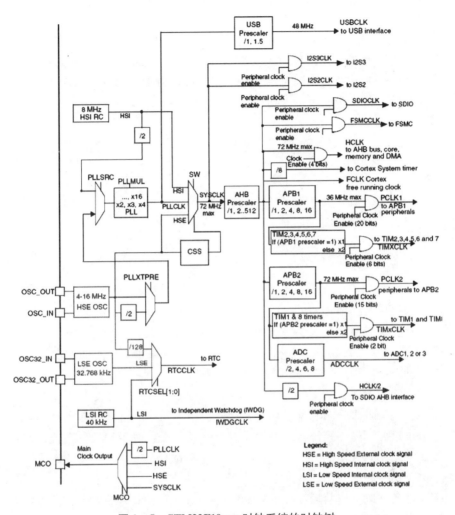

图 1 – 5　STM32F10xxx 时钟系统的时钟树

③PLL 时钟，可设置为由 HIS 时钟源信号 2 分频后产生，或通过 HSE 时钟源倍频后得到。PLL 的设置必须在其激活完成前完成，一旦 PLL 被激活，这些参数就不能被改动。

④LSE 时钟，由 32.768kHz 的低速外部振荡器产生，为实时时钟（RTC）或其他定时功能提供一个低功耗且精确的时钟源。

⑤LSI 时钟，由内部 40kHz 的 RC 时钟产生，为一个低功耗时钟源，可在停机或待机模式下保持运行，为独立看门狗和自动唤醒单元提供

时钟。

系统复位后，HSI 时钟被选为系统时钟。当某时钟源被直接或通过 PLL 间接作为系统时钟时，它将不能被停止。当目标时钟源准备就绪后，才能从一个时钟源切换到另一个时钟源。可通过 RCC 寄存器或 RCC 库函数对时钟进行配置，也可以独立地启动或关闭某时钟。

例：

```
RCC _ APB2PeriphClockCmd (RCC _ APB2Periph _ GPIOA, ENA-
BLE);//使能 GPIOA 的时钟
RCC _ APB1PeriphClockCmd (RCC _ APB1Periph _ TIM2, DISA-
BLE);//关闭 TIM2 的时钟
```

4. 如何学好 STM32

学好 STM32 的最好的方法是"做中学"，通过完成一个个具体的实验项目来实现对其原理及外设的掌握。

首先，需要准备好学习文档、开发板和开发软件。必备的学习文档包括：《STM32F10xxx 参考手册》，手册介绍了 STM32F1 系列微控制器各种外设的工作原理；《STM32 固件库使用手册》，手册介绍了 STM32 固件库函数的使用方法；《STM32F103VET6 产品手册》，手册主要介绍该芯片的电气性能、管脚分布和外设功能；开发板相应的产品资料和使用说明。开发板可以使用最小系统板或者外设齐全的开发板，对于初学者来说，推荐使用外设相对齐全的开发板，这样便于更快的上手。对于开发软件我们在下节会做专门的介绍。

准备好以上资料后，接下来我们可以先大体把上边的 4 个文档浏览一遍，对 STM32 的特点和工作原理有个大概的了解。接下来可以按照开发板使用说明，选择一个开发板的测试例程操作一遍开发板，熟悉一下开发流程，找找感觉。然后就可以从最简单的项目（如发光二极管的控制）开始逐个进行实验项目的学习，学习的时候，需要详细分析每个项目的实现过程，然后通过对程序进行修改以实现不同的效果。这样，我们就可以选择一个综合性较强的项目来进行练习和开发，随着学习的不断深入，大家就能够熟练地进行项目开发了。

在学习的过程中，大家肯定会碰到各种问题，这是可以进行深入学习的好机会。这个时候大家最好先不要着急四处求助，要先仔细分析一下问题的原因，实在解决不了可以借助网络搜索或者请教老师同学来解决。问题解决的过程要随时记录下来，只有不断总结，才能不断提高。

1.2　任务二　STM32 固件库工程的建立

1.2.1　任务描述

在 MDK - ARM 开发环境下，建立一个 STM32 固件库工程，并下载到开发板。

1.2.2　知识链接

1. CMSIS 标准与 STM32 固件库

ARM 公司主要完成的是芯片内核架构的设计，而 ST、TI 等公司会根据 ARM 公司提供的内核来设计自己的芯片，所以，芯片虽然是由芯片公司根据自己的需求来设计，但是内核却都服从 ARM 提出的 Cortex—M3 标准，当然，芯片公司每生产一片芯片都要付给 ARM 公司一定的专利费。于是，为了保证不同芯片公司生产的 Cortex—M3 芯片能在软件上基本兼容，ARM 公司和芯片公司共同提出了一套标准——CMSIS（Cortex Micro-controller Software Interface Standard），即 Cortex 微控制器软件接口标准。接下来，为了方便用户开发程序，各大芯片公司就在这一标准下开发了各自的标准外设库（Standard Peripherals Library），也称为固件库。

ST 公司也提供了一套 STM32 的固件库，它包括了 STM32 微控制器所有外设的驱动描述和应用实例，为用户访问底层硬件提供了一个调用函数的接口（API）。通过固件库，用户无须深入掌握底层硬件的细节就可以轻松地驱动和使用外设。下面以最为通用的 V3.5 版本的固件库为例，对其关键子目录和文件进行简单的介绍。

STM32F10x_StdPeriph_Lib_V3.5.0 文件夹下面包含的文件，如图 1 - 6 所示。

名称	修改日期	类型	大小
_htmresc	2021/1/18 14:49	文件夹	
Libraries	2021/1/18 14:49	文件夹	
Project	2021/1/18 14:49	文件夹	
Utilities	2021/1/18 14:49	文件夹	
Release_Notes	2011/4/7 10:37	360 se HTML Do…	111 KB
stm32f10x_stdperiph_lib_um	2011/4/7 10:44	编译的 HTML 帮…	19,189 KB

图 1-6　STM32 固件库的文件结构

其中：_htmresc 文件夹存放的是 ST 公司的 Logo；Libraries 文件夹存放的是固件库的源代码 STM32F10x_StdPeriph_Driver 和启动文件 CMSIS 等，STM32F10x_StdPeriph_Driver 又包含 inc（include 的缩写）和 src（source 的简写）两个文件夹，inc 存放的是 STM32f10x_xxx.h 头文件，无须改动，src 存放的是 STM32f10x_xxx.c 标准库源码文件；Project 文件夹存放着官方范例 STM32F10x_StdPeriph_Examples 与工程模板 STM32F10x_StdPeriph_Template；Utilities 文件夹存放的是 ST 公司官方开发板的示例代码；Release_Notes.html 文件是关于该库文件相比之前版本的改动情况；stm32f10x_stdperiph_lib_um.chm 文件是固件库的帮助文档。

2. 常用开发工具和开发模式

支持 STM32 开发的集成开发环境很多，比较常用的有 Keil MDK 和 IAR-EWARM，另外，还有 ST 公司官方推荐的 STM32CubeMX 可视化开发软件。鉴于大多数的 51 单片机用户对 Keil 都非常熟悉，并且相关资料也最多，建议使用 Keil MDK 开发环境。

STM32 的开发模式有三种，基于寄存器开发、基于固件库开发和基于嵌入式操作系统开发，下面简述三种开发模式的特点。

基于寄存器的开发模式：（1）与硬件关系密切，程序编写直接面对底层的部件、寄存器和引脚；（2）要求对 STM32 的结构和原理把握得很清楚，要求编程者比较熟练地掌握 STM32 的体系架构、工作原理，尤其是对寄存器及其功能要很熟悉；（3）程序代码比较紧凑、短小，代码冗余相对较少，因此源程序生成的机器代码比较短小；（4）开发难度大、开发周期较长，后期维护、调试比较烦琐，在编程过程中必须非常熟悉所涉及的寄存器及其工作流程，必须按照要求完成相关设置和初始化工作，如果后期要扩充硬件和功能，相较于基于固件库的开发模式要困难很多。

基于固件库的开发模式：（1）与硬件关系比较少，编程时可以不用太关注硬件；（2）对 STM32 的结构和原理把握的要求相对较低，只要对硬件原理有一定的理解，能按照库函数的要求给定函数参数、利用返回值，即可调用相关函数实现对某一外设的操作；（3）程序代码比较烦琐，偏多；（4）开发难度较小、开发周期较短，后期维护、调试比较容易，外围设备的参考函数比较容易获取，也比较容易修改。

嵌入式操作系统（Embedded Operating System，EOS），专门用于嵌入式操作系统。常用的嵌入式操作系统有：μC/OS-Ⅱ、Linux、WinCE、eCOS、μCLinux、FreeRTOS 等。其中 μC/OS-Ⅱ内核简单清晰，是学习嵌入式操作系统极好的入门材料。特别是近年来增加了 μC/GUI 图形界面，μC/FS 文件系统，μC/TCP 网络功能，对于一般项目的开发是个不错的选择，已被广泛地应用于 8 位的 51 单片机系统，同时也支持 16 位、32 位的系统，但是如果用于商业目的则需要授权。

从理论上讲，基于操作系统的开发模式，具有快捷高效的特点，开发的软件移植性、后期维护、系统稳健性等都比较好。但是，不是所有系统都要基于操作系统，因为这种开发模式要求开发者对操作系统的原理有比较深入的掌握。所以，一般功能比较简单的系统，不建议使用操作系统，毕竟操作系统也占用系统资源，也不是所有系统都能使用操作系统。同时，由于操作系统对于系统的硬件也有一定的要求，因此通常情况下，虽然 STM32 单片机是 32 位系统，但不主张使用操作系统开发。

综上所述，无论是从高效开发的角度还是后期维护的角度，都推荐使用固件库的开发模式。本书主要采用的就是基于 STM32 固件库的开发模式，对于寄存器开发模式我们也会做简单的入门介绍。

对于 STM32 固件库工程的建立方法，通常可以采用 STM32 工程模板或者使用 Keil MDK 工程建立向导的方法来完成，简单起见，本书采用 Keil MDK 工程建立向导来实现 STM32 固件库工程的建立。

1.2.3　任务实施

1. Keil MDK 开发环境的搭建

在建立 STM32 工程项目之前，我们需要先搭建 Keil MDK 开发环境，通常可采用如下步骤。

第一，安装 Keil MDK 开发软件。

第二，安装 STM32F1x 系列软件包 Keil.STM32F1xx_DFP.2.3.0，该软件包可以从 Keil 公司官网上下载。

第三，安装 ST‐Link 或者 J‐Link 驱动，为了高效、快捷的调试 STM32 单片机系统，通常需要使用仿真器。一般可以选择 ST‐Link 或者 J‐Link 仿真器，这就需要安装相应的驱动，这些驱动都可以从网络上方便地下载到。当然也可以不使用仿真器，而是直接采用程序下载（烧写）的方式，此时就需要安装烧写工具。

第四，安装烧写工具，在烧写工具的选择上，我们可以使用 ST 公司提供的 Flash loader demonstrator 软件，也可以采用第三方的 ISP 软件，如 STM32 ISP、MCU ISP 等，此时通常还需要安装 USB 串口驱动。

第五，Keil MDK 开发环境的配置，首先打开 Keil MDK，新建一个工程，见图 1‐7。

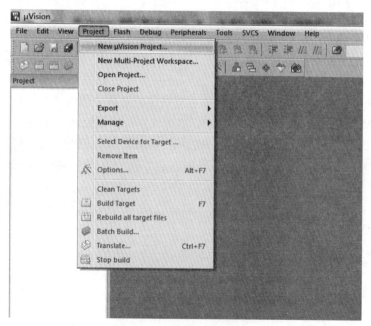

图 1‐7　新建一个工程

然后，新建一个文件夹，将新建的工程保存到文件夹中，比如我们这里新建一个文件夹 new Project，并且命名新建的工程名为 my project，点击保存。通常，我们在给文件夹及项目命名的时候最好选择能够体现项目功能的名称，见图 1 - 8。

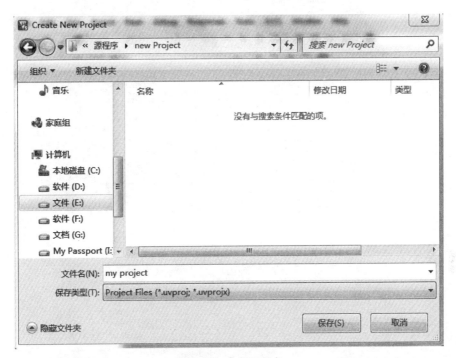

图 1 - 8 命名工程名

新建工程之后，会出现"器件选择"对话框，我们需要选择所用的控制器，因为我们选用的芯片是 STM32F103VET6，所以此处选择 STM32F103VE，点击 OK，见图 1 - 9。

接下来就需要设置项目的运行环境，使 Keil MDK 自动配置需要的头文件，来实现对各种外设资源的使用，这样可以省去用户手动添加这些驱动的过程，从而使开发过程变得更加方便。此处的配置，要根据项目所用到的外设来进行选择。本任务只是让大家熟悉工程的建立过程，所以除了需要打开时钟 RCC 之外，不需要再加外设，于是我们只需要进行如下配置：在 CMSIS 中选择 Core，把 ARM 内核相关软件标准接口导入项目；在 Device 中选择 Startup，把系统相关启动软件接口导入项目；在 StdPerph Drivers 中选择所需要的外设，这里我们选择 RCC 打开时钟，选择 Framework 把所需外设的相关头文件自动包含进工程，点击 OK，见图 1 - 10。

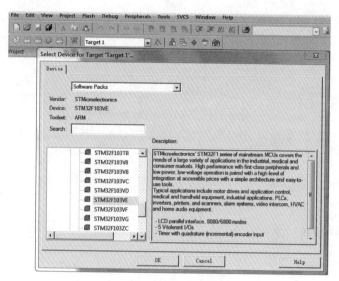

图 1-9　选择开发芯片

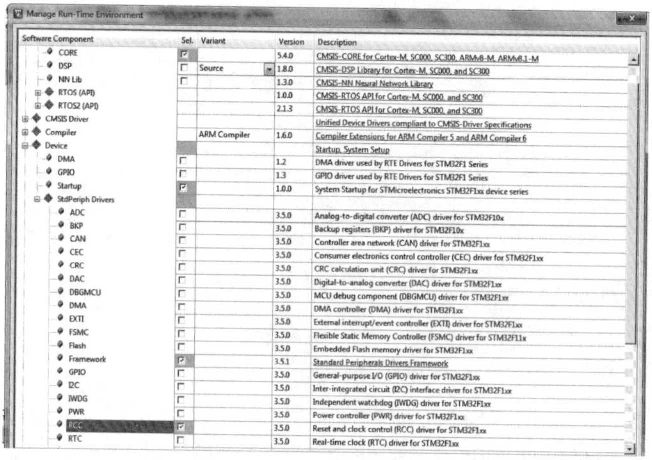

图 1-10　Keil MDK 运行环境配置

　　然后，点击图标  Options for Target，出现以下对话框，见图 1-11。

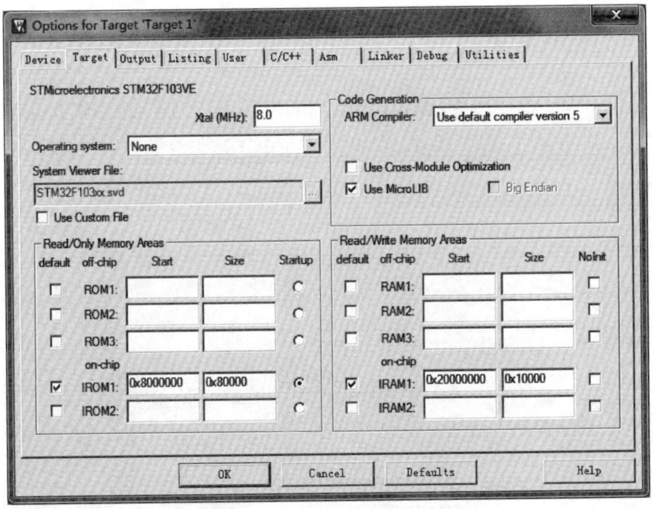

图 1-11 目标环境配置

首先选择 target 标签，根据开发板配置的晶振频率来设置 Xtal，这里我们设置为 8MHz，并将 Use MicroLIB 打钩以便将来使用 C 语言中的标准打印函数 printf 来进行串口输出。然后选择 Output 标签，将 Create HEX File 打钩以生成能够下载到微处理器运行的十六进制文件。到这里，开发环境就搭建完毕了，见图 1-12。

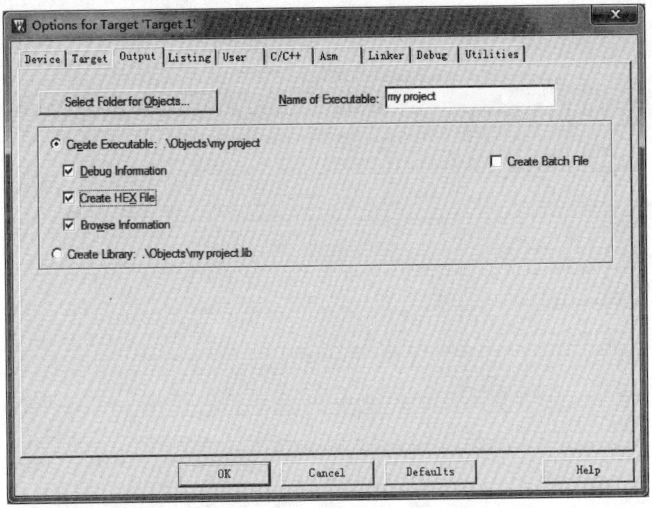

图 1-12 输出项选择

2. 工程的创建和编译

新建工程并完成相关环境配置后，就可以给所建工程添加源程序了，在 project 窗口，会显示当前工程的名字及该工程包含的文件，右键单击"Source Group"，选择"Add New Item to Group'Source Group1'"，见图 1 – 13。

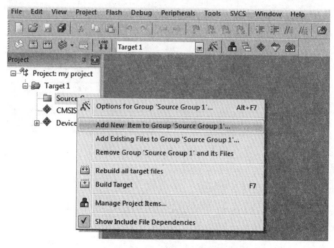

图 1 – 13　添加源程序

在弹出的对话框中选择"C File（.c）"，命名文件为 main，点击 Add，即可将源文件 main.c 添加至工程，见图 1 – 14。

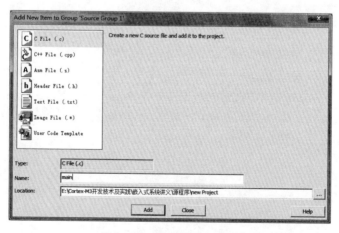

图 1 – 14　选择源程序类型

在程序编辑器中输入以下代码：

```
#include"stm32f10x.h"//包含 stm32f10 系列单片机头文件
int main(void)//主函数
{
                //不进行任何操作
}
```

编辑完成后，点击编译按钮，进行编译，如果提示 0 Error（s）那就说明程序编译通过了。

该程序编译时可能的错误有：

（1）没有定义 assert_param。在 C\C ++ 设置一栏中输入 USE_STDPE-RIPH_DRIVER 使宏生效即可解决问题。

（2）有时会出现提示头文件找不到的情况，此时一般是 .h 头文件的路径出现了问题，重新加入该头文件的路径即可解决问题。

需要注意的是：

（1）在编写程序的时候，为了增加程序的可读性，我们要养成给程序加注释的好习惯，便于以后对程序进行维护或者便于其他人看懂程序。但是，有时候我们会碰到注释中的中文显示乱码的情况，如图 1 – 15 所示。

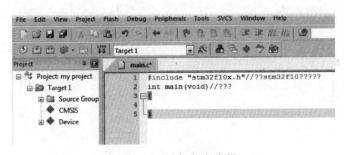

图 1 – 15　添加程序注释

遇到这种情况时，我们可以通过对 Keil MDK 软件进行设置来解决，具体方法是：点击 Edit—Configration，见图 1 – 16。

在弹出的对话框中 Encoding 选项选择 Chinese GB2312（Simplified），见图 1 – 17。

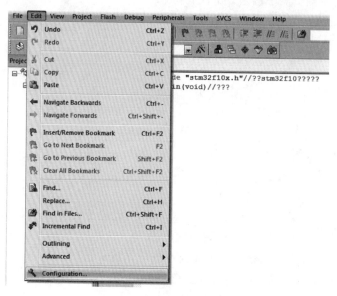

图1-16　打开配置对话框

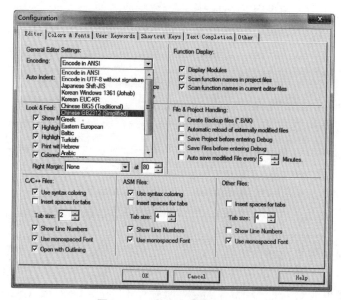

图1-17　中文注释添加方法

这样就可以添加中文注释了，如图 1 – 17 所示。

（2）在主文件 main. c 代码的最后一定要加上一个回车，否则编译会提示警告信息，见图 1 – 18。

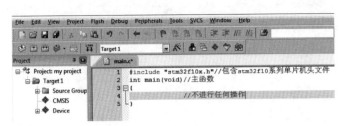

图 1 – 18　中文注释效果

（3）对工程进行第一次编译时，单击工具栏的 Rebuild 按钮。不管工程的文件有没有编译过，Rebuild 都会对工程中的所有文件重新进行编译并生成可执行文件，因此重编译时间较长。如果只编译工程中上次修改的文件，单击工具栏的 Build 按钮即可，见图 1 – 19。

图 1 – 19　程序编译

编译成功后，我们会在该工程文件下的 Objects 文件夹看到 ".Hex 文件"，将此文件下载到单片机就可以运行了，见图 1-20。

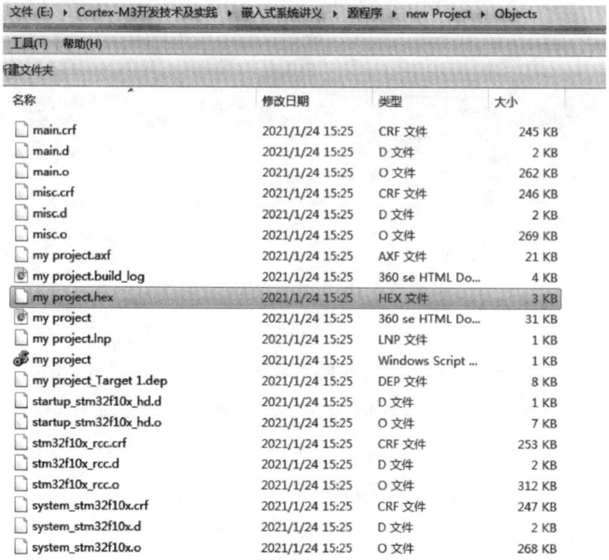

图 1-20　生成 Hex 文件

3. 程序下载

下载程序需要根据开发板中仿真器的不同，选择不同的下载方法。

如果开发板中有仿真器，需要先根据仿真器的型号，安装 J-Link 或 ST-Link 驱动，然后可以直接通过 Keil 软件中 download 工具完成程序的下载。下面我们以 ST-Link 为例，介绍程序烧录方法。首先，点击工具栏中魔法棒 "options for target"。打开 debug 选项卡，完成下图方框中内容的设置：选择 Use：ST-Link-Debugger，选中 Run to main。点击 Settings，打开 "Cortex-M Target Driver Setup"，如图 1-21 所示。

设置 Target Com—Port 为 SW，Debug—Reset 为 SYSRESETREQ 或 auto-detect，如图 1-22 所示，点击确定，完成相关设置。

打开标签 Flash Download，保持默认设置并勾选 Reset and Run，这样程序下载完之后就会自动运行，否则需要手动复位，见图 1-23。

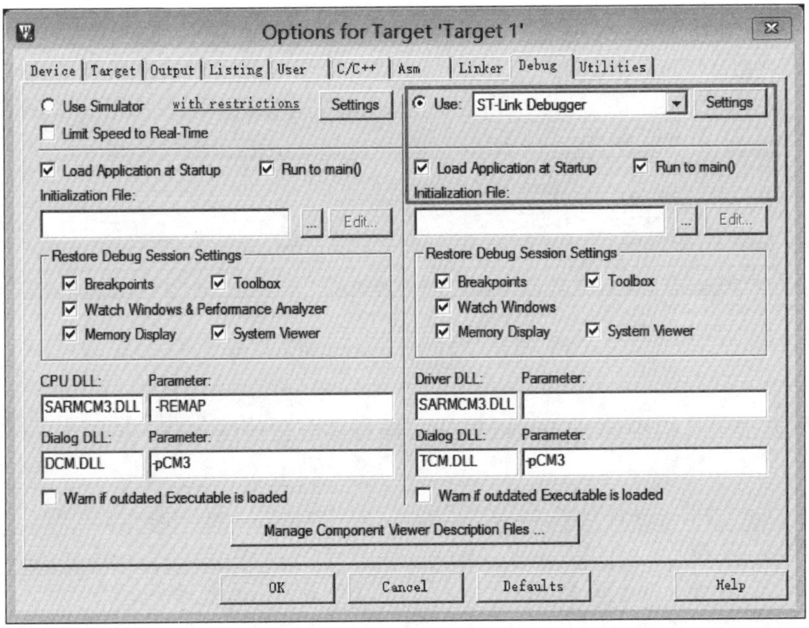

图 1 – 21　"Options for target" 设置

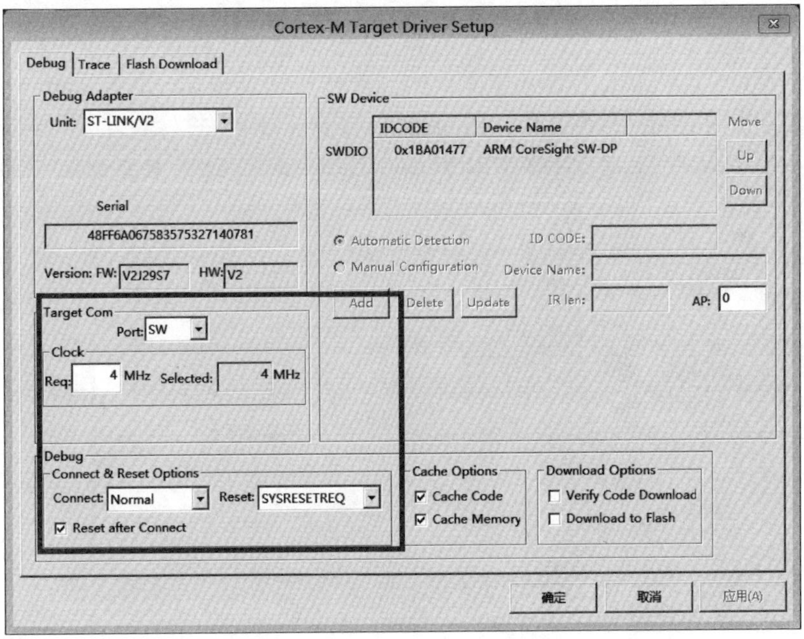

图 1 – 22　"Cortex – M Target Driver Setup" 设置

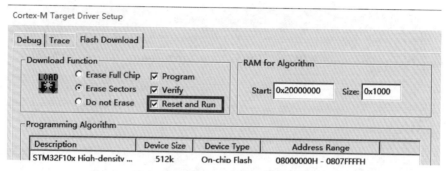

图 1 - 23 "Flash Download" 设置

点击工具栏中的 download 按钮，即可实现程序的下载，见图 1 - 24。

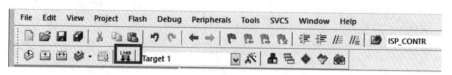

图 1 - 24 程序下载方法

如果完成以上设置，且硬件正常，下载时出现连接错误提示，可以运行 STM32 ST - LINK Utility 连接一下，连接成功关掉后，再用 keil 下载。或者直接用 STM32 ST - LINK Utility 软件下载。

Target—Program，打开下载界面，找到 hex 文件，下载即可，如图 1 - 25 所示。

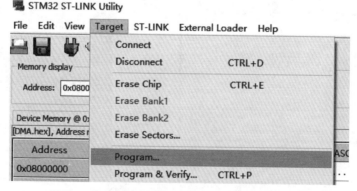

图 1 - 25 STM32 ST - LINK Utility 程序下载

　　如果开发板中无仿真器，需要采用 ST 公司提供的烧写器 Flash Loader Demonstrator 来完成程序的下载。双击打开 Flash Loader Demonstrator，设置相应的串口波特率和奇偶校验方法，如图 1 − 26 所示。串口号 Port Name 需要根据开发板实际使用的端口来设置。

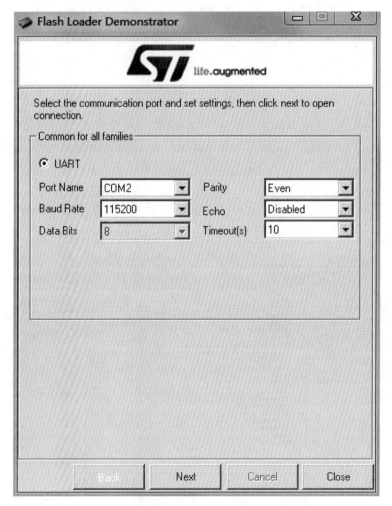

图 1 − 26　Flash Loader Demonstrator 设置界面

　　用以下方法可以找到我们用于程序下载的串口号。

　　首先，鼠标选中我的电脑，点击右键，选择管理，打开界面，如图 1 − 27 所示。

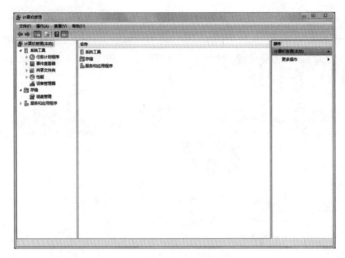

图 1 - 27   计算机管理

点击设备管理器，展开端口（COM 和 LPT），会看到 USB Serial Port，括号内的端口就是我们下载程序用到的端口，如图 1 - 28 所示。

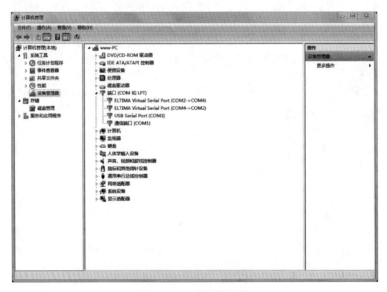

图 1 - 28   设备管理器

完成端口号及相关设置之后，点击 Next，即可进入图 1 - 29 所示界面。继续点击 Next，完成下载目标芯片的选择，如图 1 - 30 所示。

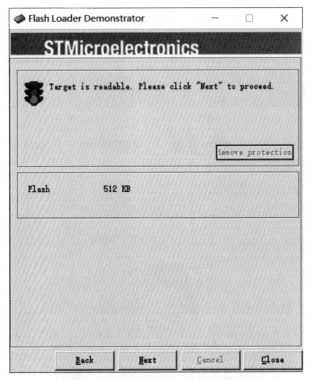

图 1 − 29　**Target is readable 界面**

图 1 − 30　目标芯片选择

点击 Next，在 Download from file 列表下，选择要下载的文件 . hex 所在路径，如图 1 - 31 所示。

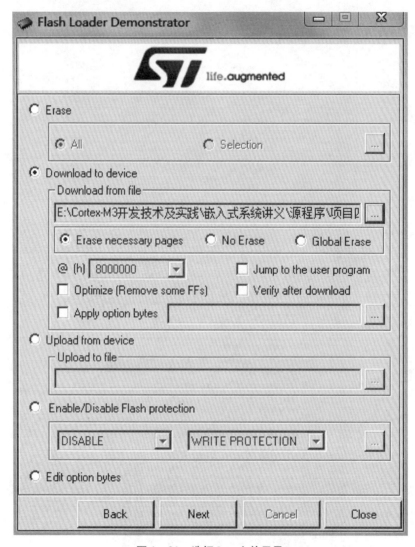

图 1 - 31　选择 hex 文件目录

点击 Next，即完成 .hex 文件的下载，下载成功的界面如图 1 – 32 所示。

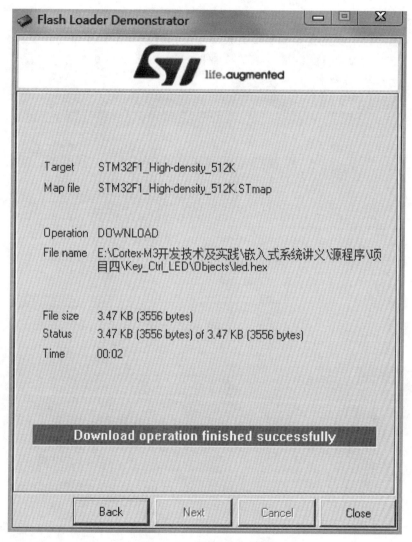

图 1 – 32   程序下载成功

当然，因为我们在这个程序里没有进行任何操作，所以什么现象都不会看到。

1.2.4　任务小结

本项目主要完成了 STM32 开发环境的搭建以及工程项目的开发流程，通过本次实验项目的完成，要熟练掌握 STM32 开发环境的搭建方法以及嵌入式系统工程项目的开发流程。

项目 2　发光二极管的控制

【学习目标】

知识目标

1. 了解发光二极管的基础知识。
2. 掌握通用输入输出接口 GPIO 的工作模式和配置方法。
3. 掌握端口复用、重映射配置方法。
4. 了解实现延时的三种方法。

能力目标

1. 会利用寄存器操作方法实现对 LED 的控制。
2. 会利用库函数方法完成 STM32 输出控制，实现对 LED 的控制。

2.1　任务一　点亮一个发光二极管

2.1.1　任务描述

利用 STM32 的 PC6 口点亮一个发光二极管。

2.1.2　知识链接

本任务要使用 STM32 的 GPIO 口点亮发光二极管，我们首先要掌握发光二极管的相关基础知识以及驱动电路的设计，掌握 STM32 的通用输入输出接口 GPIO 的配置和编程使用方法。为此，我们先来学习一下这两个方面的知识，此外 STM32 的 IO 口除了作为普通的输入输出口之外还具有其他的一些功能，在此一并做一下介绍。

1. 发光二极管 LED

发光二极管（Light Emitting Diode，LED）是一种能够将电能转化为可见光的固态半导体器件。发光二极管可分为普通单色发光二极管、高亮度发光二极管、超高亮度发光二极管、变色发光二极管、闪烁发光二极管、电压控制型发光二极管、红外发光二极管和负阻发光二极管等。发光二极管在一些光电控制设备中用作光源，在使用时通常作为电子系统或电子设备的工作状态指示。

普通单色发光二极管具有体积小、工作电压低、工作电流小、发光均匀稳定、响应速度快、寿命长等优点，可用各种直流、交流、脉冲等电源驱动点亮，属于电流控制型半导体器件，其实物如图 2-1 所示。

图 2-1　直插式发光二极管

发光二极管的工作电压（即正向压降）随着材料的不同而不同。普通绿色、黄色、红色、橙色发光二极管的工作电压约 2V；白色发光二极管的工作电压通常高于 2.4V；蓝色发光二极管的工作电压通常高于 3.3V。发光二极管的工作电流通常为 2~25mA，不能超过额定值太多，否则就会有烧毁的危险。在电路设计时应根据发光二极管的工作电压与工作电流来选择不同阻值的限流电阻，以保证发光二极管工作稳定并处于最佳工作状态。在不超出安全电流范围的情况下，可根据需要通过调节限流电阻的大小来控制电流以实现亮度的调整。

发光二极管限流电阻阻值的计算公式为：

$$R = \frac{V_{CC} - V_F}{I_F} \tag{2-1}$$

其中，V_{CC} 为电源电压，V_F 为 *LED* 的正向导通电压，I_F 为流过发光二极管的电流。

发光二极管与单片机之间的连接十分简单，一般直接使用单片机的 IO 口驱动即可，通常可采用拉电流和灌电流两种方式。

以本任务要求的 PC6 控制发光二极管点亮电路为例，电路连接如图 2-2 所示，其中，R 为限流电阻。

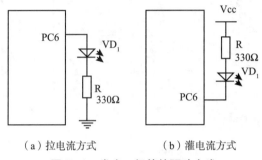

（a）拉电流方式　　　　（b）灌电流方式

图 2-2　发光二极管的驱动方式

在实际使用时，应尽量采用灌电流方式，即阳极接高电平，阴极接输出控制引脚，这样可以提高系统的负载能力和可靠性。需要特别注意的是，图 2-2 中的限流电阻千万不能省略，否则，会毁坏 IO 口。此外，与普通二极管类似，在使用发光二极管时，需要注意管脚的极性，长脚为正极，短脚为负极。

2. 通用输入输出接口 GPIO

通用输入输出接口（General Purpose Input Output，GPIO）是 MCU 与外部电路和设备连接的基本外设，也就是常说的端口或管脚，通常用于按键检测、键盘输入以及显示输出等。STM32F103VET6 单片机有 GPIOA、GPIOB、GPIOC、GPIOD 和 GPIOE 五组 16 位通用接口，每组 GPIO 端口有 16 个口线对应 16 个管脚（GPIOX.0—GPIOX.15），一共是 80 个 GPIO 端口，这些管脚大都具有复用功能（AFIO），其中的一些还可以把复用功能重新映射到其他引脚，以实现优化管脚数目和配置的目的。可以说，GPIO、AFIO 和重映射分别是一个端口的三个层次。

（1）GPIO 的端口结构。

GPIO 的端口结构如图 2-3 所示，接下来我们将结合 GPIO 的工作模式来学习一下 GPIO 端口的工作原理。

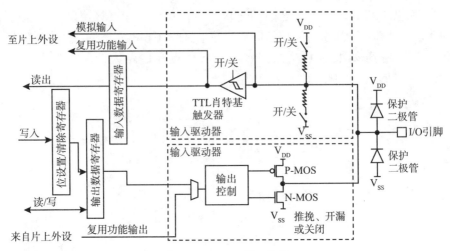

图 2-3 GPIO 端口结构

（2）GPIO 的工作模式。

GPIO 端口的每个位可以根据不同的功能，由软件分别配置成八种模式。

①输入浮空：用于不确定高低电平的输入。当 IO 口工作在输入浮空模式时，上拉电阻和下拉电阻均断开，施密特触发器工作在打开状态，外部输入电平经施密特触发器进入输入数据寄存器，CPU 通过读输入数据寄存器 IDR 的值达到读取外部输入电平的目的。

②输入上拉：用于默认为上拉至高电平的输入。当 IO 口工作在输入上拉模式时，内部上拉电阻接通，连接到 V_{DD}，上拉电阻阻值约为 30kΩ ~ 50kΩ，外部输入电平通过上拉电阻和施密特触发器进入输入数据寄存器，被 CPU 读取。

③输入下拉：用于默认为下拉至低电平的输入。与输入上拉工作模式相反，当 IO 口工作在输入下拉模式时，内部下拉电阻接通，连接到 V_{SS}，下拉电阻阻值约为 30kΩ ~ 50kΩ，外部输入电平通过下拉电阻和施密特触发器进入输入数据寄存器，被 CPU 读取。

④模拟输入：用于模拟量的输入。当 IO 口工作在模拟输入状态时，内部上拉和下拉电阻均断开，施密特触发器也关闭，外部输入电压通过模拟输入通道输入 CPU。

⑤开漏输出：就是不输出电压，输出低电平的时候接地，高电平的时候不接地，如果外接上拉电阻则输出高电平时电压会拉到上拉电阻的电源电压，这种方式适合在连接的外设电压比单片机电压低的时候。用于实现电平转换（利用改变上拉电源电压，改变传输电平，实现利用低电平逻辑控制输出高电平逻辑）和线与功能（将多个开漏输出的引脚连接到一条线上，形成"与逻辑"，任意一个引脚变低，开漏线上的逻辑就为 0）的输出。

⑥推挽式输出：输出低电平时接地，高电平时输出单片机电源电压，用于较大功率驱动的输出。当 IO 口工作在推挽输出模式时，CPU 写入位设置/清除寄存器 BSRR，映射到输出数据寄存器 ODR，然后到达输出控制电路；当输出控制电路输出 1 时，P – MOS 管导通，N – MOS 管截止，输出被上拉到高电平，IO 口输出为高电平 1；当输出控制电路输出 0 时，P – MOS 管截止，N – MOS 管导通，输出被下拉到低电平，IO 口输出为低电平 0。同时 IO 口输出的电平可以通过输入电路读取。

⑦推挽式复用输出：复用功能情况下的推挽输出。推挽式复用输出模式与推挽输出模式的唯一区别在与输出控制电路之前电平的来源不同，推挽输出电平由 CPU 写入输出数据寄存器控制，推挽复用输出模式的输出电平由复用功能输出决定。

⑧开漏复用输出：复用功能情况下的开漏输出。与推挽式复用输出类似，开漏复用输出模式与开漏输出模式的唯一区别在于输出控制电路之前电平的来源不同，开漏输出电平由 CPU 写入输出数据寄存器控制，开漏复用输出模式的输出电平由复用功能输出决定。

需要说明的是 STM32 复位期间和刚复位后，复用功能未开启，IO 端口被配置成浮空输入模式。每个 GPIO 都可以作为外部中断/唤醒线。当作为输出配置时，写到输出数据寄存器上的值（GPIOx_ODR）输出到相应的 IO 引脚。输入数据寄存器（GPIOx_IDR）在每个 APB2 时钟周期捕捉 IO 引脚上的数据。

此外，STM32 的很多 IO 口都是 5V 兼容的（数据手册中 IO Level 标 FT 的口），这些 IO 口可以输入 5V 电压，开漏输出、加上 5V 上拉电阻的情况下，可以输出 5V 电压。

（3）STM32 的 GPIO 端口寄存器。

STM32 的每个 GPIO 端口都通过以下 7 个寄存器来控制，分别是：配置模式的 2 个 32 位的端口配置寄存器（GPIOx_CRL、GPIOx_CRH），2 个

32 位的数据寄存器（GPIOx_IDR、GPIOx_ODR），1 个 32 位的置位/复位寄存器（GPIOx_BSRR），1 个 16 位的复位寄存器（GPIOx_BRR）和 1 个 32 位的锁定寄存器（GPIOx_LCKR），如表 2 - 1 所示。

表 2 - 1　　　　　　　　　STM32 的 GPIO 端口寄存器

偏移地址	名称	类型	复位值	说明
0x00	CRL	读/写	0x44444444	配置寄存器低位（每个端口 4 位）
0x04	CRH	读/写	0x44444444	配置寄存器高位（每个端口 4 位）
0x08	IDR	读	0x0000	32 位输入数据寄存器（高 16 位保留）
0x0C	ODR	读/写	0x0000	32 位输出数据寄存器（高 16 位保留）
0x10	BSRR	写	0x00000000	端口位置位/复位寄存器
0x14	BRR	写	0x0000	端口位复位寄存器
0x18	LCKR	读/写	0x00000	端口配置锁定寄存器

在这里，我们仅介绍几个常用的 GPIO 端口寄存器。

①工作模式配置寄存器（GPIOx_CRL/CRH）。

IO 端口低位配置寄存器 CRL 是控制每个 IO 端口的低 8 位即 Px. 7 ~ Px. 0 的工作模式和输出速率。每个 IO 口占用 CRL 的 4 位，其中，高两位为 CNF，用来配置端口的工作模式；低两位为 MODE，用于配置数据的传送方向为输入还是输出，STM32 的 GPIO 端口位配置如表 2 - 2 所示。

表 2 - 2　　　　　　　　　GPIO 端口工作模式配置

CNF [1：0]	MODE [1：0]	输入配置	CNF [1：0]	MODE [1：0]$^{(2)}$	输出配置
00	00	模拟输入	00	01/10/11	通用推挽输出
01	00	浮空输入（复位状态）	01	01/10/11	通用开漏输出
10	00	上拉/下拉输入$^{(1)}$	10	01/10/11	复用推挽输出
11	00	保留	11	01/10/11	复用开漏输出

注：(1) ODR = 1：上拉，ODR = 0：下拉；(2) 01/10/11 依次对应最大输出频率为 10MHz/2MHz/50MHz。

GPIO 端口低配置寄存器 CRL 各位描述如图 2-4 所示。其中，寄存器中的 0 ~ 3 位用于配置 Px.0 的工作模式，4 ~ 7 位用于配置 Px.1 的工作模式，依次类推 28 ~ 31 用于配置 Px.7 的工作模式。

31	30	29	28	27	26	25	24	23	22	21	20	19	18	17	16
CNF7[1:0]		MODE7[1:0]		CNF6[1:0]		MODE6[1:0]		CNF5[1:0]		MODE5[1:0]		CNF5[1:0]		MODE4[1:0]	
rw	rw	rw	rw	rw	rw	rw	rw	rw	rw	rw	rw	rw	rw	rw	rw
15	14	13	12	11	10	9	8	7	6	5	4	3	2	1	0
CNF3[1:0]		MODE3[1:0]		CNF2[1:0]		MODE2[1:0]		CNF1[1:0]		MODE1[1:0]		CNF0[1:0]		MODE0[1:0]	
rw	rw	rw	rw	rw	rw	rw	rw	rw	rw	rw	rw	rw	rw	rw	rw

图 2-4 GPIOx_CRL 寄存器

按本任务要求我们需要将 PC6 口设置为最大输出频率为 50MHz 推挽输出工作模式，则可以将 GPIOC - > CRL 的 CNF［1：0］和 MODE［1：0］位设置为 0011，即向 GPIOC - > CRL 位写入 0x03000000 时，可以把 PC6 设置为推挽输出模式。如果想在设置 PC6 的同时不影响其他 GPIO 口的工作模式，则可以采用下面的程序。

```
GPIOC - > CRL& = 0xF0FFFFFF;
GPIOC - > CRL | = 0x03000000;
```

GPIO 端口高配置寄存器 CRH 的作用和 CRL 一样，只是 CRL 控制的是低 8 位 I/O 口，而 CRH 控制的是高 8 位 I/O 口 Px.15 ~ Px.8，CRH 各位描述如图 2-5 所示。

31	30	29	28	27	26	25	24	23	22	21	20	19	18	17	16
CNF15[1:0]		MODE15[1:0]		CNF14[1:0]		MODE14[1:0]		CNF13[1:0]		MODE13[1:0]		CNF12[1:0]		MODE12[1:0]	
rw	rw	rw	rw	rw	rw	rw	rw	rw	rw	rw	rw	rw	rw	rw	rw
15	14	13	12	11	10	9	8	7	6	5	4	3	2	1	0
CNF11[1:0]		MODE11[1:0]		CNF10[1:0]		MODE10[1:0]		CNF9[1:0]		MODE9[1:0]		CNF8[1:0]		MODE8[1:0]	
rw	rw	rw	rw	rw	rw	rw	rw	rw	rw	rw	rw	rw	rw	rw	rw

图 2-5 GPIOx_CRH 寄存器

②端口输入数据寄存器（GPIOx_IDR）。

IDR 是一个端口输入数据寄存器，只用了低 16 位，分别对应 Px.15 ~

Px.0 的引脚状态。该寄存器为只读寄存器，并且只能以 16 位的形式读出，该寄存器的各位描述如图 2-6 所示。

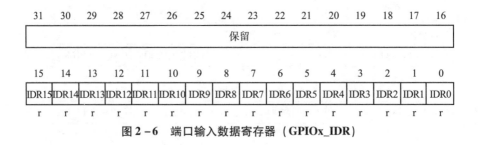

图 2-6　端口输入数据寄存器（GPIOx_IDR）

③端口输出数据寄存器（GPIOx_ODR）。

ODR 是一个端口输出数据寄存器，也只用了 16 位，ODR 为可读可写寄存器，从该寄存器读出来的数据可以用于判断当前 IO 口的输出状态，而向该寄存器写数据，则可以控制某个 IO 口的输出电平，该寄存器的各位描述如图 2-7 所示。

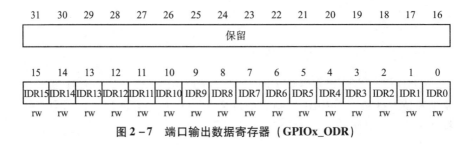

图 2-7　端口输出数据寄存器（GPIOx_ODR）

例如，我们需要将 PC6 置高电平，则可以通过向 GPIOC - > ODR 写入 0x0040 来实现。

④端口位置位/复位寄存器（GPIOx_BSRR）。

BSRR 是端口位置位/复位寄存器，该寄存器可以用来设置 GPIO 端口的输出位是 1 还是 0。寄存器高 8 位 BR0 ~ BR15，用于将 Px.0 ~ Px.15 引脚设置为低电平，低 8 位 BS0 ~ BS15，用于将 Px.0 ~ Px.15 引脚设置为高电平，BSRR 的各位描述如图 2-8 所示。

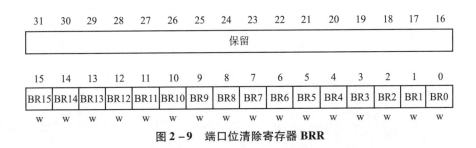

31	30	29	28	27	26	25	24	23	22	21	20	19	18	17	16
BR15	BR14	BR13	BR12	BR11	BR10	BR9	BR8	BR7	BR6	BR5	BR4	BR3	BR2	BR1	BR0
w	w	w	w	w	w	w	w	w	w	w	w	w	w	w	w
15	14	13	12	11	10	9	8	7	6	5	4	3	2	1	0
BS15	BS14	BS13	BS12	BS11	BS10	BS9	BS8	BS7	BS6	BS5	BS4	BS3	BS2	BS1	BS0
w	w	w	w	w	w	w	w	w	w	w	w	w	w	w	w

图 2-8 端口位置位/复位寄存器（GPIOx_BSRR）

例如，我们需要将 PC6 置高电平，则可以通过向 GPIOC->BSRR 写入 0x00000040 来实现，如果需要将 PC6 置低电平，则可以通过向 GPIOC->BSRR 写入 0x00400000 来实现。

⑤端口位清除寄存器 BRR。

BRR 是端口位清除寄存器，只用了低 16 位，该寄存器的各位描述如图 2-9 所示。

31	30	29	28	27	26	25	24	23	22	21	20	19	18	17	16
							保留								
15	14	13	12	11	10	9	8	7	6	5	4	3	2	1	0
BR15	BR14	BR13	BR12	BR11	BR10	BR9	BR8	BR7	BR6	BR5	BR4	BR3	BR2	BR1	BR0
w	w	w	w	w	w	w	w	w	w	w	w	w	w	w	w

图 2-9 端口位清除寄存器 BRR

（4）GPIO 的配置方法。

STM32F103 的 GPIO 工作模式众多，要想实现预定的功能必须要对 GPIO 进行正确的配置。GPIO 的配置，除了通过配置工作模式配置寄存器 GPIOx_CRL/CRH 来实现，还可以通过调用固件库的 GPIO_Init（）函数来完成，GPIO_Init（）函数的原型如下：

```
GPIO_Init(GPIO_TypeDef* GPIOx,GPIO_InitTypeDef* GPIO
_InitStruct);
```

使用该函数可以完成某个 GPIO 口的配置，主要涉及两个参数：GPIOx 和 GPIO_InitStruct，下面详细介绍下这两个参数。

①GPIOx 参数可取值及描述。

参数 GPIOx 用来选择对哪个端口进行配置，GPIOx 的可取值及对应选择的端口如表 2 - 3 所示。

表 2 - 3　　　　　　　　　　　　GPIOx 参数取值

GPIOx	描述
GPIOA	选择设置端口为 GPIOA
GPIOB	选择设置端口为 GPIOB
GPIOC	选择设置端口为 GPIOC
GPIOD	选择设置端口为 GPIOD
GPIOE	选择设置端口为 GPIOE

②GPIO_InitStruct 参数可取值及描述。

参数 GPIO_InitStruct 为 GPIO_InitTypeDef 类型的指针，用于确定 GPIOx 的对应引脚以及该引脚的模式和输出最大速度，其结构原型为：

```
GPIO_InitTypeDef
typedef struct
{
/* 需配置的 GPIO 管脚,可通过"或"操作( | )同时配置多个管脚 * /
uint16_t GPIO_Pin;
/* GPIO 的速度 * /
GPIOSpeed_TypeDef GPIO_Speed;
/* GPIO 的工作模式 * /
GPIOMode_TypeDef GPIO_Mode;
}GPIO_InitTypeDef;
```

③GPIO_Pin 参数可取值及描述。

GPIO_Pin 的可取值如表 2 - 4 所示。

表 2 - 4　　　　　　　　　　　　GPIO_Pin 的可取值

GPIO_Pin	描述
GPIO_Pin_0	选择设置端口的 0 管脚
GPIO_Pin_1	选择设置端口的 1 管脚

GPIO_Pin	描述
GPIO_Pin_2	选择设置端口的 2 管脚
GPIO_Pin_3	选择设置端口的 3 管脚
GPIO_Pin_4	选择设置端口的 4 管脚
GPIO_Pin_5	选择设置端口的 5 管脚
GPIO_Pin_6	选择设置端口的 6 管脚
GPIO_Pin_7	选择设置端口的 7 管脚
GPIO_Pin_8	选择设置端口的 8 管脚
GPIO_Pin_9	选择设置端口的 9 管脚
GPIO_Pin_10	选择设置端口的 10 管脚
GPIO_Pin_11	选择设置端口的 11 管脚
GPIO_Pin_12	选择设置端口的 12 管脚
GPIO_Pin_13	选择设置端口的 13 管脚
GPIO_Pin_14	选择设置端口的 14 管脚
GPIO_Pin_15	选择设置端口的 15 管脚
GPIO_Pin_ALL	选择设置端口的所有管脚

④GPIO_Speed 参数可取值及描述。

GPIO_Speed 的可取值如表 2 - 5 所示。

表 2 - 5　　　　　　　　　GPIO_Speed 的可取值

GPIO_Speed	描述
GPIO_Speed_2MHz	设置管脚速度为 2MHz
GPIO_Speed_10MHz	设置管脚速度为 10MHz
GPIO_Speed_50MHz	设置管脚速度为 50MHz

⑤GPIO_Mode 参数可取值及描述。

GPIO_Mode 参数的可取值如表 2 - 6 所示。

表 2-6   **GPIO_Mode 的可取值**

GPIO_Mode	描述
GPIO_Mode_AIN	设置管脚工作模式为模拟输入
GPIO_Mode_IN_FLOATING	设置管脚工作模式为浮空输入
GPIO_Mode_IPD	设置管脚工作模式为输入下拉
GPIO_Mode_IPU	设置管脚工作模式为输入上拉
GPIO_Mode_Out_OD	设置管脚工作模式为开漏输出
GPIO_Mode_Out_PP	设置管脚工作模式为推挽输出
GPIO_Mode_AF_OD	设置管脚工作模式为复用的开漏
GPIO_Mode_AF_PP	设置管脚工作模式为复用的推挽

这里需要注意的是 GPIO_Init 函数仅仅是对 GPIO 进行了必要的配置，并不能保证其正常工作，要使其正常工作，还要进行一些其他的工作，如打开时钟等。下面这个函数可以用来完成将 STM32 的 PC6 管脚配置为推挽输出模式，最高输出速率为 50MHz。

```
void GPIO_Config(void)
{
/* 定义一个 GPIO_InitTypeDef 类型的结构体变量*/
GPIO_InitTypeDef  GPIO_InitStructure;
/* 使能 GPIOC 口时钟,相当于给 GPIOC 供电。使能时钟是所有外设
工作前的第一步 */
 RCC_APB2PeriphClockCmd(RCC_APB2Periph_GPIOC,ENA-
BLE);
/* 选择管脚 6 */
GPIO_InitStructure.GPIO_Pin =GPIO_Pin_6;
/* 选择管脚速度为 50MHz */
GPIO_InitStructure.GPIO_Speed =GPIO_Speed_50MHz;
/* 选择 PC6 为推挽输出模式 */
GPIO_InitStructure.GPIO_Mode =GPIO_Mode_Out_PP;
/* 按照结构体 GPIO_InitStructure 的配置进行初始化 GPIOC
*/
```

```
GPIO_Init(GPIOC,&GPIO_InitStructure);
}
```

（5）GPIO 的库函数。

调用库函数 GPIO_Init( ) 可以完成对 I/O 口工作模式的配置，函数库中还有其他库函数可以对 I/O 进行设置，方便对 I/O 口的使用。我们将介绍与 GPIO 有关的常用库函数及其应用方法。GPIO 相关的库函数如表 2 - 7 所示。

表 2 - 7   GPIO 库函数

函数名	描述
GPIO_DeInit	将外设 GPIOx 寄存器重设为缺省值
GPIO_AFIODeInit	将复用功能（重映射事件控制和 EXTI 设置）重设为缺省值
GPIO_Init	根据 GPIO_InitStruct 中指定的参数初始化外设 GPIOx 寄存器
GPIO_StructInit	把 GPIO_InitStruct 中的每一个参数按缺省值填入
GPIO_ReadInputDataBit	读取指定端口管脚的输入
GPIO_ReadInputData	读取指定的 GPIO 端口输入
GPIO_ReadOutputDataBit	读取指定端口管脚的输出
GPIO_ReadOutputData	读取指定的 GPIO 端口输出
GPIO_SetBits	设置指定的数据端口位
GPIO_ResetBits	清除指定的数据端口位
GPIO_WriteBit	设置或者清除指定的数据端口位
GPIO_Write	向指定 GPIO 数据端口写入数据
GPIO_PinLockConfig	锁定 GPIO 管脚设置寄存器
GPIO_EventOutputConfig	选择 GPIO 管脚用作事件输出
GPIO_EventOutputCmd	使能或者失能事件输出
GPIO_PinRemapConfig	改变指定管脚的映射
GPIO_EXTILineConfig	选择 GPIO 管脚用作外部中断线路

下面分别对一些常用函数作简单的介绍。

①函数 GPIO_Init。

GPIO_Init 函数的功能是设定 GPIO 任意一个端口的输入输出的配置信

息以初始化单片机的 GPIO 口，如表 2-8 所示。

表 2-8   **函数 GPIO_Init**

函数名	GPIO_Init
函数原形	void GPIO_Init（GPIO_TypeDef * GPIOx，GPIO_InitTypeDef * GPIO_Init-Struct）
功能描述	根据 GPIO_InitStruct 中指定的参数初始化外设 GPIOx 寄存器
输入参数 1	GPIOx：x 可以是 A、B、C、D 或者 E，来选择 GPIO 外设
输入参数 2	GPIO_InitStruct：指向结构 GPIO_InitTypeDef 的指针，包含了外设 GPIO 的配置信息
输出参数	无
返回值	无
先决条件	无
被调用函数	无

②GPIO_ReadInputDataBit。

函数 GPIO_ReadInputDataBit 的功能是读取指定外设端口某引脚的输入值，每次读取一个位，高电平为 1，低电平为 0，表 2-9 为该函数的具体描述。

表 2-9   **函数 GPIO_ReadInputDataBit**

函数名	GPIO_ReadInputDataBit
函数原形	u8 GPIO_ReadInputDataBit（GPIO_TypeDef * GPIOx，u16 GPIO_Pin）
功能描述	读取指定端口引脚的输入
输入参数 1	GPIOx：x 可以是 A、B、C、D 或者 E，来选择 GPIO 外设端口
输入参数 2	GPIO_Pin：待读取的端口引脚
输出参数	无
返回值	输入端口引脚值
先决条件	无
被调用函数	无

例：

```
/* 读取端口 PB7 的值,并将该值存在变量 ReadValue 中*/
u8 ReadValue;
ReadValue = GPIO_ReadInputDataBit(GPIOB,GPIO_Pin_7);
```

③GPIO_ReadInputData。

函数 GPIO_ReadInputData 用于读取外设端口的输入值，即 IDR 寄存器的值，为一个 16 位的数据，表 2 - 10 为该函数的具体描述。

表 2 - 10   函数 GPIO_ReadInputData

函数名	GPIO_ReadInputData
函数原形	u16 GPIO_ReadInputData（GPIO_TypeDef * GPIOx）
功能描述	读取指定的 GPIO 端口输入
输入参数	GPIOx：x 可以是 A、B、C、D 或者 E，来选择 GPIO 外设
输出参数	无
返回值	GPIO 输入数据端口值
先决条件	无
被调用函数	无

例：

```
/* 读取 GPIOC 的输入数据,并保存在变量 ReadValue 中*/
u16 ReadValue;
ReadValue = GPIO_ReadInputData(GPIOC);
```

④GPIO_ReadOutputDataBit。

函数 GPIO_ReadOutputDataBit 是用来读取指定外设端口某引脚的输出值，表 2 - 11 为该函数的具体描述。

表 2 - 11　　　　　　　　　　　函数 GPIO_ReadOutputDataBit

函数名	GPIO_ReadOutputDataBit
函数原形	u8 GPIO_ReadOutputDataBit（GPIO_TypeDef ＊ GPIOx，u16 GPIO_Pin）
功能描述	读取指定端口管脚的输出
输入参数 1	GPIOx：x 可以是 A、B、C、D 或者 E，来选择 GPIO 外设
输入参数 2	GPIO_Pin：待读取的端口位
输出参数	无
返回值	输出端口管脚值
先决条件	无
被调用函数	无

例：

```
/＊ 读取输出引脚 PB7 的值并存储在变量 ReadValue 中 ＊ /
u8 ReadValue;
ReadValue = GPIO_ReadOutputDataBit(GPIOB,GPIO_Pin_7);
```

⑤GPIO_ReadOutputData。

函数 GPIO_ReadOutputData 用来读取指定外设端口的输出值，也就是 ODR 寄存器的值，为 16 位数据，表 2 - 12 为该函数的具体描述。

表 2 - 12　　　　　　　　　　　函数 GPIO_ReadOutputData

函数名	GPIO_ReadOutputData
函数原形	u16 GPIO_ReadOutputData（GPIO_TypeDef ＊ GPIOx）
功能描述	读取指定的 GPIO 端口输出
输入参数	GPIOx：x 可以是 A、B、C、D 或者 E，来选择 GPIO 外设
输出参数	无
返回值	无
先决条件	无
被调用函数	无

例：

```
/* 读取外设端口 GPIOC 的值并保存到变量 ReadValue */
u16 ReadValue;
ReadValue=GPIO_ReadOutputData(GPIOC);
```

⑥GPIO_SetBits。

函数 GPIO_SetBits 用来将所选定端口的一个或多个位设置为高电平。表 2 - 13 为该函数的具体描述。

表 2 - 13   函数 GPIO_SetBits

函数名	GPIO_SetBits
函数原形	void GPIO_SetBits（GPIO_TypeDef * GPIOx，u16 GPIO_Pin）
功能描述	设置指定的数据端口位
输入参数 1	GPIOx：x 可以是 A、B、C、D 或者 E，来选择 GPIO 外设端口
输入参数 2	GPIO_Pin：待设置的端口位，该参数可以取 GPIO_Pin_x（x 可以是 0 ~ 15）的任意组合
输出参数	无
返回值	无
先决条件	无
被调用函数	无

例：

```
/* 将 PA10 和 PA15 置高电平 */
GPIO_SetBits(GPIOA,GPIO_Pin_10|GPIO_Pin_15);
```

⑦GPIO_ResetBits。

函数 GPIO_ResetBits 用来设置所选定的端口一个或多个位为低电平，表 2 - 14 为该函数的具体描述。

表 2 – 14   函数 GPIO_ResetBits

函数名	GPIO_ResetBits
函数原形	void GPIO_ResetBits（GPIO_TypeDef＊GPIOx, u16 GPIO_Pin）
功能描述	清除指定的数据端口位
输入参数 1	GPIOx：x 可以是 A、B、C、D 或者 E，来选择 GPIO 外设
输入参数 2	GPIO_Pin：待清除的端口位，该参数可以取 GPIO_Pin_x（x 可以是 0 ~ 15）的任意组合
输出参数	无
返回值	无
先决条件	无
被调用函数	无

例：

```
/* 将 PA10 和 PA15 置低电平 */
GPIO_ResetBits(GPIOA,GPIO_Pin_10|GPIO_Pin_15);
```

⑧GPIO_WriteBit。

函数 GPIO_WriteBit 用来设置或者清除所选端口的位，表 2 – 15 为该函数的具体描述。

表 2 – 15   函数 GPIO_WriteBit

函数名	GPIO_WriteBit
函数原形	void GPIO_WriteBit（GPIO_TypeDef＊GPIOx, u16 GPIO_Pin, BitAction BitVal）
功能描述	设置或者清除指定的数据端口位
输入参数 1	GPIOx：x 可以是 A、B、C、D 或者 E，来选择 GPIO 外设
输入参数 2	GPIO_Pin：待设置或者清除指定的端口位，该参数可以取 GPIO_Pin_x（x 可以是 0 ~ 15）的任意组合
输入参数 3	BitVal：该参数指定了待写入的值，该参数必须取枚举 BitAction 中一个值，Bit_RESET：清除数据端口位，Bit_SET：设置数据端口位
输出参数	无
返回值	无
先决条件	无
被调用函数	无

例：

```
/* 将 PA15 置高电平 */
GPIO_WriteBit(GPIOA,GPIO_Pin_15,Bit_SET);
```

⑨GPIO_Write。

函数 GPIO_Write 用于向指定外设端口写入数据，表 2－16 为该函数的具体描述。

表 2－16   函数 GPIO_Write

函数名	GPIO_Write
函数原形	void GPIO_Write（GPIO_TypeDef * GPIOx，u16 PortVal）
功能描述	向指定 GPIO 数据端口写入数据
输入参数 1	GPIOx：x 可以是 A、B、C、D 或者 E，来选择 GPIO 外设
输入参数 2	PortVal：待写入端口数据寄存器的值
输出参数	无
返回值	无
先决条件	无
被调用函数	无

例：

```
/* 向 PA 口写入数据 0x1101 */
GPIO_Write(GPIOA,0x1101);
```

3. 复用功能输入输出接口 AFIO

复用功能 IO（Alternate Fuction IO，AFIO）是指某些 GPIO 除了具有通用输入输出功能外还可以设置为一些外设专用的功能。如 PA9 管脚开启复用功能后可以作为外设 USART1 的信号输出管脚。LQFP100 封装的 STM32F103 管脚定义见附录 A。使用引脚的复用功能时，需要使能 GPIO 端口时钟和复用的外设时钟。

为了优化 64 脚或 100 脚封装的外设数目，可以把一些"复用功能"重新映射到"指定的引脚"上。这时，原来的引脚将不再具有该功能，称为端口复用重映射。

开启重映射需要以下步骤：使能 GPIO 时钟；使能外设时钟；使能 AFIO 时钟；开启重映射功能；最后，还需要配置重映射的引脚。

开启管脚的重映射功能只需要调用库函数 GPIO_PinRemapConfig( ) 开启和关闭即可，需要注意的是并非所有外设都可以重映射，并且重映射后的管脚也非任意，因为芯片设计时已经固化，具体重映射的对应关系可参见芯片手册。函数 GPIO_PinRemapConfig( ) 的具体描述如表 2 - 17 所示。

表 2 - 17　　　　　　　　　　函数 GPIO_PinRemapConfig

函数名	GPIO_PinRemapConfig
函数原形	void GPIO_PinRemapConfig（u32 GPIO_Remap，FunctionalState NewState）
功能描述	改变指定管脚的映射
输入参数 1	GPIO_Remap：选择重映射的管脚
输入参数 2	NewState：管脚重映射的新状态，这个参数可以取：ENABLE 或者 DISABLE
输出参数	无
返回值	无
先决条件	无
被调用函数	无

其中，参数 GPIO_Remap 用以选择用作事件输出的 GPIO 端口，其可取的值如表 2 - 18 所示。

表 2 - 18　　　　　　　　　　GPIO_Remap 可取值及含义

GPIO_Remap	描述
GPIO_Remap_SPI1	SPI1 复用功能映射
GPIO_Remap_I2C1	I2C1 复用功能映射
GPIO_Remap_USART1	USART1 复用功能映射
GPIO_Remap_USART2	USART2 复用功能映射
GPIO_PartialRemap_USART3	USART3 复用功能完全映射
GPIO_FullRemap_USART3	USART3 复用功能部分映射

GPIO_Remap	描述
GPIO_PartialRemap_TIM1	TIM1 复用功能部分映射
GPIO_FullRemap_TIM1	TIM1 复用功能完全映射
GPIO_PartialRemap1_TIM2	TIM2 复用功能部分映射 1
GPIO_PartialRemap2_TIM2	TIM2 复用功能部分映射 2
GPIO_FullRemap_TIM2	TIM2 复用功能完全映射
GPIO_PartialRemap_TIM3	TIM3 复用功能部分映射
GPIO_FullRemap_TIM3	TIM3 复用功能完全映射
GPIO_Remap_TIM4	TIM4 复用功能映射
GPIO_Remap1_CAN	CAN 复用功能映射 1
GPIO_Remap2_CAN	CAN 复用功能映射 2
GPIO_Remap_PD01	PD01 复用功能映射
GPIO_Remap_SWJ_NoJTRST	除 JTRST 外 SWJ 完全使能（JTAG + SW – DP）
GPIO_Remap_SWJ_JTAGDisable	JTAG – DP 失能 + SW – DP 使能
GPIO_Remap_SWJ_Disable	SWJ 完全失能（JTAG + SW – DP）

例：

```
/* 开启 TIM3 的完全重映射 */
PIO_PinRemapConfig(GPIO_FullRemap_TIM3,ENABLE);
```

2.1.3 任务实施

1. 构思——方案选择

要利用 GPIO 口实现 LED 灯的点亮，可以采用寄存器操作的方法，也可以使用库函数操作。本节将分别采用两种方法来实现 LED 灯的点亮。

2. 设计——软硬件设计

（1）硬件设计。

本实验的硬件电路设计比较简单，我们采用灌电流的方式来实现，只需将发光二极管阴极接 STM32 单片机的 PC6 口，阳极通过一个限流电阻接 3.3V 电源电压。这里限流电阻的选择是比较关键的，既要保证 LED 有一定的亮度，还要确保管子不会被烧坏，通常该电阻的选择范围为几百欧姆至几千欧姆，我们这里选择 1kΩ 的电阻来实现，具体电路连接如图 2 – 10 所示。

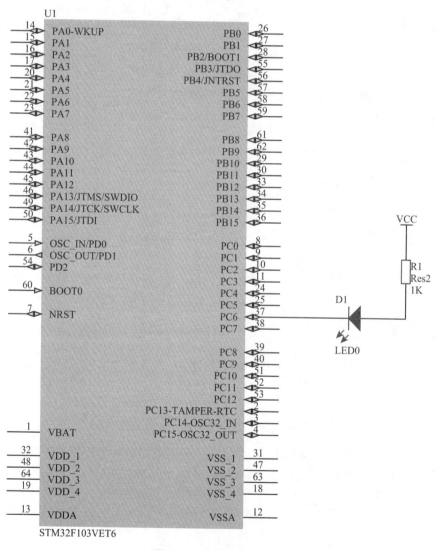

图 2 – 10　硬件电路连接

（2）软件设计。

方案一：采用寄存器操作方法。

按照任务要求，需要将 PC6 设置为输出模式，对照端口配置寄存器 CRL、CRH，我们应该将 GPIOC -> CRH 设置为 0x0000 0000，将 GPIOC -> CRL 设置为 0x0300 0000，同时为保证 GPIO 正常工作需要将对应的时钟打开。对照图 2-11APB2 设备时钟使能寄存器（RCC_APB2ENR），我们需要将 IOPC EN 位置 1，以打开端口 GPIOC 的时钟，即 RCC -> APB2ENR 设置为 0x0000 0010。

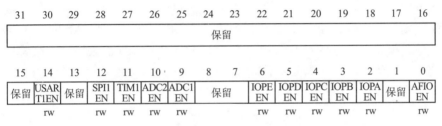

31	30	29	28	27	26	25	24	23	22	21	20	19	18	17	16
保留															

15	14	13	12	11	10	9	8	7	6	5	4	3	2	1	0
保留	USART1EN	保留	SPI1EN	TIM1EN	ADC2EN	ADC1EN	保留		IOPEEN	IOPDEN	IOPCEN	IOPBEN	IOPAEN	保留	AFIOEN
	rw		rw	rw	rw	rw			rw	rw	rw	rw	rw		rw

图 2-11　APB2 设备时钟使能寄存器（RCC_APB2ENR）

相应的 GPIO 初始化程序可写为：

```
void Led_Init(void)
{
    RCC->APB2ENR|=1<<4;//开启 LED 接口(GPIOC)时钟
    GPIOC->CRL&=0xf0ffffff;
    GPIOC->CRL|=0x03000000;//PC.6 通用推挽输出
}
```

根据电路连接方式，当 PC6 输出低电平时，LED 亮。通过设置端口输出数据寄存器 ODR 或端口位置位/复位寄存器 BSRR 可使 PC6 输出低电平。具体程序实现源码如下：

```
#include"stm32f10x.h"//包含 stm32f10 系列头文件
int main(void)//主函数
{
//端口初始化,PC6 定义为通用推挽输出
```

```
RCC->APB2ENR|=1<<4;//开启 LED 接口(GPIOC)的时钟
GPIOC->CRL&=0xF0FFFFFF;
GPIOC->CRL|=0x03000000;//PC6 设置为通用推挽输出
GPIOC->BSRR=0x00400000;//灯亮(PC6 清 0)
}
```

方案二: 采用库函数法。

利用库函数来点亮 LED 灯实现起来比较简单, 当然首先仍然需要打开 GPIOC 的时钟, 因为 GPIOC 挂在 APB2 上, 所以可以通过函数 RCC_APB2PeriphClockCmd (RCC_APB2Periph_GPIOC, ENABLE) 来实现, 接下来需要对 GPIOC 进行初始化, 利用函数 GPIO_Init( ) 将 PC6 设置为推挽输出模式, 要点亮 LED, 只需要利用 GPIO_ResetBits 函数将 PC6 脚置低电平。具体程序实现源码如下:

```
/* 利用库函数点亮 LED 灯
LED ----PC6*/
#include"stm32f10x.h"
int main(void)
{
    GPIO_InitTypeDef GPIO_InitStructure;//声明 GPIO 初始
化结构变量
    RCC_APB2PeriphClockCmd(RCC_APB2Periph_GPIOC,ENA-
BLE);//使能 GPIOC 的时钟
    GPIO_InitStructure.GPIO_Pin=GPIO_Pin_6;//配置管脚
PC6
    GPIO_InitStructure.GPIO_Mode=GPIO_Mode_Out_PP;//IO
口配置为推挽输出模式
    GPIO_InitStructure.GPIO_Speed=GPIO_Speed_50MHz;//
设置速度为 50MHz
    GPIO_Init(GPIOC,&GPIO_InitStructure);//初始化 PC6
    GPIO_ResetBits(GPIOC,GPIO_Pin_6);//点亮 PC6
}
```

3. 实现——软硬件调测

首先，按照电路原理图搭建硬件电路，将 PC6 引脚和一个 LED 灯的阴极相连，LED 阳极与电源相连，如图 2 - 12 所示。

图 2 - 12   电路连接

其次，在 Keil MDK 开发环境中新建一个工程，工程名为 LED1，并参照项目 1 1.2.3 完成相关设置。需要注意的是在进行运行管理配置时，因为我们用到了 GPIO，所以外设选择时需要打钩时钟 RCC，同时还要打钩 GPIO，如图 2 - 13 所示。

最后，将上述源程序添加至 main. c 文件中，编译、链接，并下载至微处理器。

4. 运行——结果分析、功能拓展

（1）结果分析。

采用 STM32F103VET6 最小系统按照实验原理图搭建电路进行实验，

连接电路下载程序后可以看到连接到 PC6 引脚上的发光二极管被点亮了，如图 2 - 14 所示。

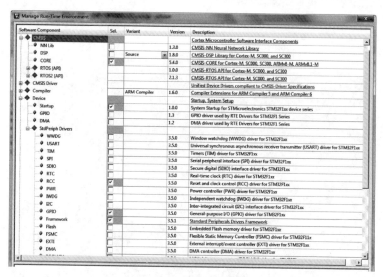

图 2 - 13　开发环境配置

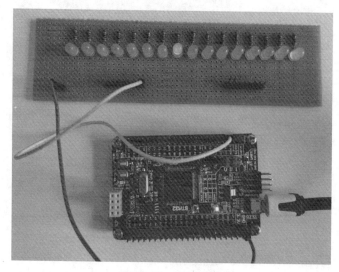

图 2 - 14　运行结果

（2）功能拓展。

增加延时函数，实现 LED 灯闪烁控制。

参考延时函数：

```
void delay_nms(u16 time)
{
    u16 i =0;
    while(time --)
    {
        i =12000;
        while(i --);
    }
}
```

2.1.4 任务小结

通过以上实验可知，利用寄存器和调用库函数均可实现端口的设置，对比两种实现方式我们可以发现，与寄存器操作相比，采用库函数编程更加容易，后期维护也更加简单，因此，接下来我们主要采用库函数编程的方法来完成以后的项目。

2.2 任务二 LED 流水灯的实现

2.2.1 任务描述

使用 STM32F103VET6 的 PC 端口的 PC6、PC7、PC8、PC9 管脚控制 LED 灯循环点亮，实现流水灯的效果。

2.2.2 知识链接

要实现 LED 流水灯的控制，延时是关键。在 STM32 应用系统中，要实现延时功能，通常可以采用以下 3 种方法。

一是采用延时函数来实现，这种方法通过让 CPU 执行空指令实现，优点是编程实现简单，缺点是延时不准确，且 CPU 需要循环等待，不能做其他事情。

二是采用 SysTick 中断延时来实现，这种方法通过控制 SysTick 进行倒计数实现，不需要占用额外的定时器资源，而且能实现精确定时。

三是采用定时器中断延时来实现，这种方法通过控制 MCU 内部的定时器来实现，优点是延时准确，缺点是需要占用一个定时器资源。

这里，简单起见，我们先采用延时函数来实现延时。在任务一的功能拓展里，我们已经给出了 1ms 的延时函数：

```
void delay_nms(u16 time)
{
    u16 i =0;
    while(time --)
    {
        i =12000;
        while(i --);
    }
}
```

上面的延时函数是基于 12MHz 晶振而言的，如果采用晶振频率为其他值，则需要对 i 值进行相应的修改。接下来，我们就使用延时函数来实现四个 LED 灯的循环点亮。

2.2.3 任务实施

1. 构思——方案选择

方案一：采用顺序程序结构，让 PC 口 PC6 ~ PC9 引脚依次为低电平，从而实现流水灯的效果。

方案二：可以用一个数组定义流水灯的变化，通过数组元素的调用实现不同 LED 灯的显示。若要更改流水花样，只要改变数组内容就可以了。

方案三：若流水灯点亮顺序和 IO 口的排序一致，如从 PC0 开始依次点亮至 PC15。可采用数据移位指令，通过循环程序结构进行编程。

2. 设计——软硬件设计

（1）硬件设计。

按照图 2 - 15，完成硬件电路连接。

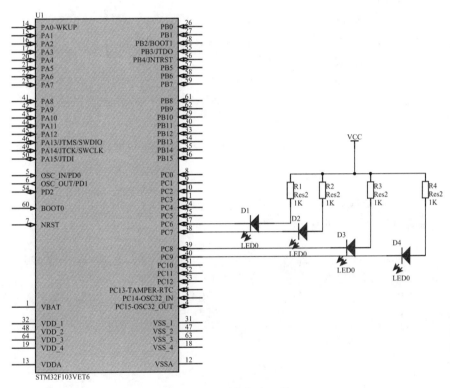

图 2 - 15　硬件电路设计

（2）软件设计。

用方案一实现流水灯功能，程序易理解，但代码较长，要实现 LED 灯逐个循环点亮，因此需要用到循环语句，这里我们用 while 语句来实现，以下为 4 个 LED 流水显示的例程。

```
while(1)
{
    GPIO_ResetBits(GPIOC,GPIO_Pin_6);//PC6 清零,LED1 亮
    delay_nms(500);
    GPIO_SetBits(GPIOC,GPIO_Pin_6);//PC6 置位,LED1 灭
    GPIO_ResetBits(GPIOC,GPIO_Pin_7);//PC7 清零,LED2 亮
    delay_nms(500);
    GPIO_SetBits(GPIOC,GPIO_Pin_7);//PC7 置位,LED2 灭
    GPIO_ResetBits(GPIOC,GPIO_Pin_8);//PC8 清零,LED3 亮
    delay_nms(500);
    GPIO_SetBits(GPIOC,GPIO_Pin_8);//PC8 置位,LED3 灭
    GPIO_ResetBits(GPIOC,GPIO_Pin_9);//PC9 清零,LED4 亮
    delay_nms(500);
    GPIO_SetBits(GPIOC,GPIO_Pin_9);//PC39 置位,LED4 灭
}
```

当流水 LED 灯的个数比较多或流水花样多变时，可采用第二种方案。首先需要建立数据列表：

```
unsigned int Led_Data[]={0xffbf,0xff7f,0xfeff,0xfdff};
```

然后将该数组内容依次写入 PC6～PC9，即可实现流水灯功能。参考代码如下：

```
while(1)
{
    for(unsigned char i =0;i<4;i ++)
    {
        GPIO_Write(GPIOC,Led_Data[i]);
        delay_nms(500);
    }
}
```

根据要求，本项目也可采用方案三实现。首先定义变量 LED_temp，

初始值为 0xffbf，使其 PC6 位为 0，然后控制低电平 0 的位置依次左移，实现 PC6 ~ PC9 接的 LED 等依次点亮。参考代码如下：

```
while(1)
{
    LED_temp = 0xffbf;//设置点亮第一个 LED 灯的值
    for(unsigned char i = 0;i < 4;i ++)
        {
            GPIO_Write(GPIOC,LED_temp);
            delay_nms(500);
            LED_temp = (LED_temp < <1)|0x01;//设置点亮下一个
LED 灯的值
        }
}
```

3. 实现——软硬件调测

（1）按照电路图连接电路如图 2 - 16 所示。

图 2 - 16　系统电路连接

（2）建立工程 LED2. uvprojx，利用方案二查表法实现功能，编写程序代码如下：

```
#include"stm32f10x.h"
void delay_nms(u16 time);
int main(void)
{
  unsignedint Led_Data[ ] = {0xffbf,0xff7f,0xfeff,
0xfdff};
RCC_APB2PeriphClockCmd(RCC_APB2Periph_GPIOC,ENA-
BLE);//使能GPIOC的时钟
  GPIO_InitTypeDef GPIO_InitStructure;//声明GPIO初始化
结构变量。
  GPIO_InitStructure.GPIO_Pin = GPIO_Pin_6 | GPIO_Pin_7 |
GPIO_Pin_8 | GPIO_Pin_9;//配置管脚PC6、7、8、9
    GPIO_InitStructure.GPIO_Mode = GPIO_Mode_Out_PP;//IO
口配置为推挽输出模式
    GPIO_InitStructure.GPIO_Speed = GPIO_Speed_50MHz;
    GPIO_Init(GPIOC,&GPIO_InitStructure);//初始化PC6、7、
8、9
    GPIO_SetBits(GPIOC,GPIO_InitStructure.GPIO_Pin);//
熄灭PC6、7、8、9所连接的灯
    while(1)
    {
        for(unsigned char i =0;i < 4;i ++)   //控制4个灯依次
点亮
        {
            GPIO_Write(GPIOC,Led_Data[i]);
          delay_nms(500);
        }
    }
}
void delay_nms(u16 time)//延时子程序
```

```
{  u16 i = 0;
   while(time --)
   {  i = 12000;
      while(i --);
   }
}
```

4. 运行——结果分析、功能拓展

（1）结果分析。

下载程序运行就可以看到 4 个 LED 轮流被点亮了，运行结果如图 2 - 17 所示。

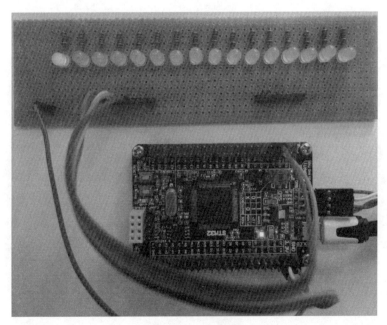

图 2 - 17　运行结果

（2）功能扩展。

将以上 4 个 LED 灯流水，扩展成 16 个灯流水显示，试着改变流水灯的流水速度，并实现多种花样流水灯的控制。

2.2.4 任务小结

通过本项目的练习，熟练 GPIO 口基本操作方法，学会延时函数的编写和应用方法。

项目 3 数码管显示器的控制

【学习目标】
知识目标
1. 了解数码管的工作原理和显示方式。
2. 掌握数码管静态和动态显示原理及方法。
能力目标
会利用 STM32 的 GPIO 端口输出，实现数码管的静态和动态显示。

3.1 任务一 数码管的静态显示

3.1.1 任务描述

利用开发板上控制一个数码管，循环显示 0 – F。

3.1.2 知识链接

1. 数码管基础

在单片机应用系统中，最常用的显示器有 LED 数码管显示器和 LCD
液晶显示器。LED 数码管显示器，是通过对其不同的管脚输入相应的电
流，使其发亮，从而显示出数字。数码管能够显示时间、日期、温度等所
有可用数字或字母表示的参数，如图 3 – 1 所示。由于它的价格便宜，使
用简单，在电器特别是家电领域应用极为广泛。

图 3 - 1　数码管显示器实物

　　LED 数码管是一种半导体发光器件，其基本单元是发光二极管。在项目 2 中，我们已经介绍了 LED 发光二极管的相关知识，如果将 8 个发光二极管按一定规律排列，其中 7 个构成字形"日"的 7 段笔画，1 个作为小数点，这样就构成了 8 段 LED 数码管显示器。组成 LED 数码管显示器的 8 个发光二极管，称为段。LED 数码管的结构如图 3 - 2 所示，当某段发光二极管加上正向电压时，该段即会被点亮，否则不发光。控制某几段发光二极管正向导通，就能显示出相应的数字或字符。例如，要使用图 3 - 2（a）中的数码管显示数字"1"，则需要 b、c 这两段加正向电压，其余段加反向电压即可。

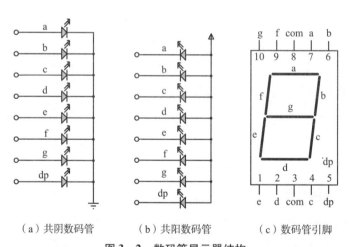

（a）共阴数码管　　　（b）共阳数码管　　　（c）数码管引脚

图 3 - 2　数码管显示器结构

　　一般 LED 数码管有共阴极和共阳极两种结构。在 LED 数码管中，若将各个发光二极管的阴极连接在一起后接地，则为共阴极接法［如图 3 - 2（a）所示］，可以通过阳极加高电平点亮发光二极管；若将各个发光二极管的阳极连接在一起后接到电源上，则为共阳极接法〔如图 3-2（b）所示〕，我们可以通过在阴极加低电平来点亮发光二极管。使用数码管时，是采用共阴数码管还是共阳数码管取决于单片机 GPIO 口上的灌电流和拉电流的大小。对于共阴数码管要求 GPIO 的拉电流比较大，对于共阳数码管要求 GPIO 的灌电流比较大。一般来说，大部分的逻辑 IC 的灌电流要强于拉电流，因此，利用共阳极显示时，可以提高系统的负载能力和可靠性。此外，数码管内通常是没有限流电阻的，在使用时需外接限流电阻，如果不限流容易烧坏数码管。

LED 数码管的引脚排列如图 3-2（c）所示，使用 LED 数码管显示器时，首先应先判断 LED 数码管是共阴极接法还是共阳极接法，方法是先将万用表置"通断"挡，将一个表笔接 3 或 8 引脚，另一表笔与其他引脚相连，如黑表笔接 3 或 8 引脚时，红表笔接其他引脚时对应的段亮，则为共阴极接法，否则为共阳极接法。然后根据表笔接的引脚和段亮的情况判断出各引脚与段的对应关系。检测时若发光暗淡，说明器件已老化，发光效率太低。如果显示的笔段残缺不全，说明数码管已局部损坏，不能再使用。

由数码管的结构可知，要想使数码管显示某一数字或字符需要给数码管的管脚加上不同的电平。例如，用共阴数码管显示数字 9，需要将 9 的十六进制字形码 0x6F 送给数码管，而不是 9 这个数本身。用 LED 数码管显示器显示的数字和字符的十六进制字形码如表 3-1 所示。

表 3-1 　　　　　　　　　　　LED 数码管显示器字形码

显示字符	共阴型字形码	共阳型字形码	显示字符	共阴型字形码	共阳型字形码
0	0x3F	0xC0	8	0x7F	0x80
1	0x06	0xF9	9	0x6F	0x90
2	0x5B	0xA4	A	0x77	0x88
3	0x4F	0xB0	B	0x7C	0x83
4	0x66	0x99	C	0x39	0xC6
5	0x6D	0x92	D	0x5E	0xA1
6	0x7D	0x82	E	0x79	0x86
7	0x07	0xF8	F	0x71	0x84

2. 静态显示原理

实际的 LED 数码管显示系统往往由多位数码管组成，对多位数码管的控制包括字形控制（控制段，显示字符用）和字位控制（控制该位数码管是否显示）。字形控制线用于控制某个数码管显示什么数字或字符，字位控制线用于控制该位数码管是否显示。通常，LED 数码管的显示方式有两种：静态显示方式和动态显示方式。这里，我们先来学习静态显示方式。

静态显示是指数码管显示器显示某一字符时，相应段的发光二极管处于恒定导通或截止状态，直至需要显示下一个字符时为止。

LED 显示器工作于静态显示方式时，位被恒定选中，若为共阴极接法，则公共点接地；若为共阳极接法，则公共点接 + 3.3V 电源。每位 LED 数码管的字形控制线是相互独立的，分别与一个 8 位的具有锁存功能的输出口线相连，如果要实现 n 位数字的显示则需要 8n 个 GPIO 口。采用静态显示方式具有显示亮度高，编程较为简单的优点，由于 CPU 不必经常扫描显示器，所以节约了 CPU 的工作时间。但当并行输出显示的 LED 位数较多时，需要占用的 GPIO 口较多，这时可通过移位寄存器（如 74LS164）串行方式连接以节省微控制器的 GPIO 资源。

3.1.3 任务实施

1. 构思——方案选择

任务要求利用开发板上的任意一个数码管，循环显示 0 - F。因为这里只需要一个数码管显示，所以可以采用静态显示的方法，此时显示亮度较高，程序设计也较为简单。

2. 设计——软硬件设计

（1）硬件设计。

数码管静态显示电路如图 3 - 3 所示，图中我们采用的是共阳型数码管显示。在这里我们将 PA0 - PA6 口与数码管的 a、b、c、d、e、f、g 管脚对应相连，因为此处用不着显示小数点，所以 h 脚空着不用即可。需要注意的是，通常数码管内部是没有限流电阻的，在使用时需要外接限流电阻，否则将会造成 LED 烧坏。限流电阻一般使流经 LED 的电流控制在 10～20mA，由于高亮度数码管的使用，电流还可以取小一些，我们这里选择 560Ω 的电阻作为限流电阻。

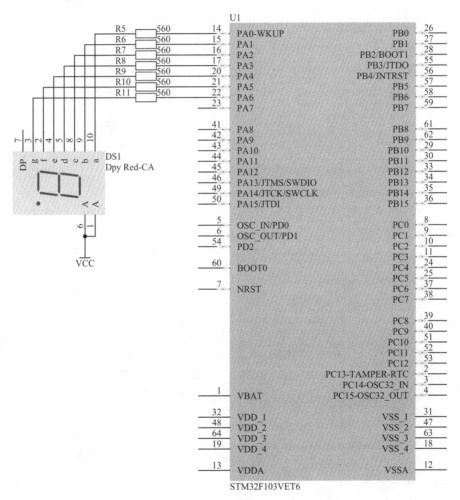

图 3-3　数码管静态显示电路

（2）软件设计。

数码管静态显示源程序如下：

```
#include"stm32f10x.h"
unsigned char LED7Code[] =
{0xc0,0xf9,0xa4,0xb0,0x99,0x92,0x82,0xf8,0x80,0x90,
0x88,0x83,0xc6,0xa1,0x86,0x8e};//共阳极7段数码管LED的
字模
u8 Count;
void RCC_Configuration(void);
void delay_nms(u16 time);
int main(void)
{
  GPIO_InitTypeDef GPIO_InitStructure;//声明GPIO初始化
结构变量
    RCC_Configuration();//配置时钟
    GPIO_InitStructure.GPIO_Mode = GPIO_Mode_Out_PP;//IO
口配置为推挽输出口
    GPIO_InitStructure.GPIO_Speed = GPIO_Speed_50MHz;
    GPIO_InitStructure.GPIO_Pin = GPIO_Pin_6 | GPIO_Pin_5 |
GPIO_Pin_4 | GPIO_Pin_3 | GPIO_Pin_2 | GPIO_Pin_1 | GPIO_Pin_
0;
    GPIO_Init(GPIOA,&GPIO_InitStructure);
    GPIO_SetBits(GPIOA,GPIO_InitStructure.GPIO_Pin);//
置高PA0 - PA7
    while(1)
    {
    Count ++;
    GPIO_Write(GPIOA,LED7Code[Count%16]);//将Count数
据送到GPIOA
    delay_nms(500);
    }
}
void RCC_Configuration(void)//时钟配置子程序
{
RCC _ APB2PeriphClockCmd ( RCC _ APB2Periph _ GPIOA, ENA-
```

```
BLE);//使能 GPIOA 时钟
}
void delay_nms(u16 time)//延时子程序
{
u16 i = 0;
    while(time --)
    {
    i = 12000;
        while(i --);
    }
}
```

3. 实现——软硬件调测

按照前述电路连接电路如图 3 - 4 所示。程序下载运行。

图 3 - 4　硬件电路连接

4. 运行——结果分析、功能拓展

实验运行结果如图 3 - 5 所示，可通过更改延时长度，改变数码管中数字的变换速度。

图 3 - 5　数码管静态显示结果

功能拓展：按照数码管静态显示方法，利用 2 位数码管显示一个两位数。

3.1.4　任务小结

对于显示数据位数比较少的场合，我们可以采用数码管的静态显示方法，但对于显示位数较多的情况，最好采用动态显示来实现。

3.2 任务二 数码管的动态显示

3.2.1 任务描述

利用四位数码管显示 4 位十进制数字，每隔 1 秒数字加 1。

3.2.2 知识链接

1. 动态显示原理

动态显示方式是指逐位轮流点亮每位数码管，在同一时刻只有一位数码管显示。在轮流显示过程中，每位数码管的点亮时间为 1 ~ 2ms，由于人的视觉暂留现象及发光二极管的余辉效应，尽管实际上各位数码管并非同时点亮，但只要扫描的速度足够快，给人的印象就是一组稳定的显示数据，不会有闪烁感，动态显示能够节省大量的 GPIO 端口，而且功耗更低。

动态显示是将所有数码管的 8 个字型控制线并连在一起通过限流电阻接单片机 GPIO 口，每位数码管的字位控制线由各自独立的 GPIO 口线控制。当单片机输出字型码时，所有数码管都接收到相同的字型码，但究竟是哪个数码管会显示，取决于单片机对字位控制线的选择，所以我们只要将需要显示的数码管的位选通控制打开，该位就显示出字型，没有选通的数码管就不会亮。通过分时轮流控制各个数码管的字位控制线，就使各个数码管轮流受控显示，这就是动态显示。

2. 动态显示驱动电路

由于动态显示比静态显示亮度要暗，所以用 GPIO 口驱动数码管时，往往需要加驱动电路。

（1）利用 GPIO 口动态扫描驱动 4 个共阴极数码管参考电路，如图 3 - 6 所示。

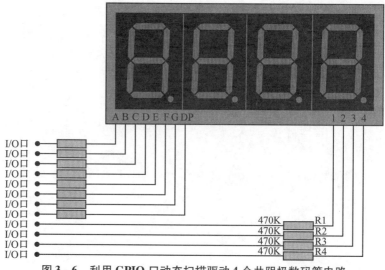

图3-6 利用 GPIO 口动态扫描驱动 4 个共阴极数码管电路

（2）利用 GPIO 口动态扫描驱动 4 个共阳极数码管参考电路，如图 3-7 所示。其中位驱动电路一般采用分立元件实现，如三极管 9012 或缓冲器 7407 等。此时位驱动为反向驱动，即位驱动信号为"0"时对应的位显示。图 3-7 中，R1~R8 的电阻值为 $1k\Omega$，R9~R12 的电阻值为 $4.7k\Omega$，4 个三极管为 9012。

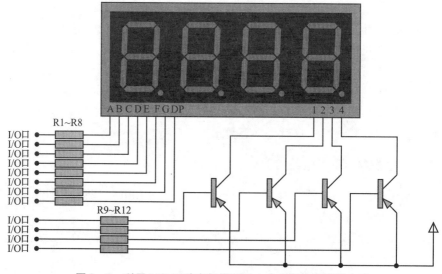

图3-7 利用 I/O 口动态扫描驱动 4 个共阳极数码管电路

（3）用 74ALS573 驱动数码管来驱动。可以采用两片 74ALS573，一片用于位选，另一片用于段选，电路如图 3－8 所示。

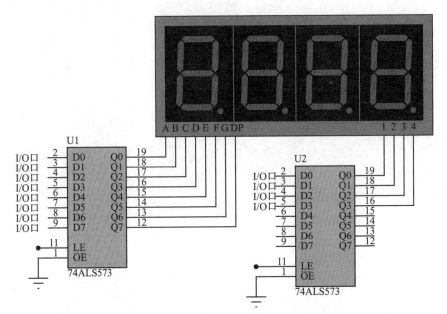

图 3－8 利用 74ALS573 芯片驱动数码管电路

3.2.3 任务实施

1. 构思——方案选择

任务要求显示四位数码管，显示位数较多，为了节省 IO 口资源，优先选择动态显示方法。

2. 设计——软硬件设计

（1）硬件设计。

本项目采用共阳型数码管，将 PA0～PA7 分别连接数码管的 8 个段 a、b……h，PC6～PC9 作为数码管的位选信号分别连接 4 个数码管的公共端，采用三极管 9012 作为驱动电路，系统的硬件电路设计如图 3－9 所示。

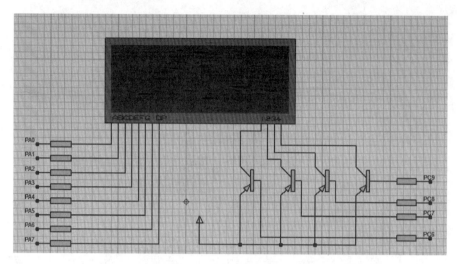

图 3 - 9　动态显示电路设计

（2）软件设计。

由于数码管为共阳型数码管，当公共端为高电平，某字符的共阳型字形码送入数码管的段选段，数码管会显示该字符。根据以上硬件电路连线，驱动电路为反向驱动，即对应 I/O 口为低电平时，对应的数码管导通，数码管亮。因此，利用延时，控制 PC6 ~ PC9 口逐位输出低电平，就能逐个点亮数码管，产生动态显示的效果，根据点亮的位置，可以计算出单片机向 PA 口依次输出的数。动态点亮 4 个数码管源程序如下：

```
/* 硬件连接:PA7 - PA0 分别连接显示模块的 HGFEDCBA
          PC6 - PC9 分别连接显示模块的 S5 - S8 * /
#include"stm32f10x.h"
#define LED6(x)x? GPIO_SetBits(GPIOC,GPIO_Pin_6):GPIO_
ResetBits(GPIOC,GPIO_Pin_6)
#define LED7(x)   x? GPIO_SetBits(GPIOC,GPIO_Pin_7):
GPIO_ResetBits(GPIOC,GPIO_Pin_7)
#define LED8(x)   x? GPIO_SetBits(GPIOC,GPIO_Pin_8):
GPIO_ResetBits(GPIOC,GPIO_Pin_8)
#define LED9(x)   x? GPIO_SetBits(GPIOC,GPIO_Pin_9):
GPIO_ResetBits(GPIOC,GPIO_Pin_9)
```

```
u8  Count;
u16 Count0;
unsigned long D[16],LedOut[8];
//共阳极数码管 0-9 字模
unsigned char Disp_Tab[]={~0x3f,~0x06,~0x5b,~0x4f,
~0x66,~0x6d,~0x7d,~0x07,~0x7f,~0x6f,~0x40};
void RCC_Configuration(void);//时钟配置子函数
void GPIO_Configuration(void);//GPIO 配置子函数
void delay_nms(u16 time);//延时子函数
int main(void)
{
    GPIO_Configuration();//配置 GPIO
    RCC_Configuration();//配置时钟
    LED6(1);LED7(1);LED8(1);LED9(1);//关闭所有数码管
    while(1)
    {
        unsigned int i;
        Count++;
        if(Count==100)
      {
            Count=0;
            Count0++;   //Count0 存放计数值
        }
        LedOut[0]=Disp_Tab[Count0%10000/1000];//千位
        LedOut[1]=Disp_Tab[Count0%1000/100];  //百位
        LedOut[2]=Disp_Tab[Count0%100/10];//十位
        LedOut[3]=Disp_Tab[Count0%10];//个位
        for(i=0;i<4;i++)
        {
    GPIO_Write(GPIOA,LedOut[i]);//将 LedOut[i]数据送到
GPIOA 低八位
    LED6(1);LED7(1);LED8(1);LED9(1);//熄灭所有数码管
```

```
        switch(i)
        {
            case 0:
        LED6(0);LED7(1);LED8(1);LED9(1);//点亮LED6
                break;
            case 1:
        LED6(1);LED7(0);LED8(1);LED9(1);//点亮LED7
                break;
            case 2:
        LED6(1);LED7(1);LED8(0);LED9(1);//点亮LED8
                break;
            case 3:
        LED6(1);LED7(1);LED8(1);LED9(0);//点亮LED9
                break;
        }
        delay_nms(1);//延时函数,让第i个数码管点亮1ms
    }
}
void RCC_Configuration(void)//时钟配置子程序
{   SystemInit();//72MHz
    RCC_APB2PeriphClockCmd(RCC_APB2Periph_GPIOA,ENA-
BLE);//使能GPIOA的时钟
    RCC_APB2PeriphClockCmd(RCC_APB2Periph_GPIOC,ENA-
BLE);//使能GPIOC的时钟
}
void GPIO_Configuration(void)//时钟配置子程序
{
    GPIO_InitTypeDef GPIO_InitStructure;//声明GPIO初始
化结构变量
    GPIO_InitStructure.GPIO_Mode=GPIO_Mode_Out_PP;//IO
口配置为推挽输出口
    GPIO_InitStructure.GPIO_Speed=GPIO_Speed_50MHz;
```

```
    GPIO_InitStructure.GPIO_Pin = GPIO_Pin_7 | GPIO_Pin_6 |
GPIO_Pin_5 | GPIO_Pin_4 | GPIO_Pin_3 | GPIO_Pin_2 | GPIO_Pin_
1 | GPIO_Pin_0;//配置管脚 PA7 - PA0
    GPIO_Init (GPIOA, &GPIO_InitStructure);//初始化 PA7 -
PA0,即段选端口
    GPIO_SetBits (GPIOA, GPIO_InitStructure.GPIO_Pin);//
关闭所有数码管
    GPIO_InitStructure.GPIO_Pin = GPIO_Pin_9 | GPIO_Pin_8 |
GPIO_Pin_7 | GPIO_Pin_6;//配置位选端口 S1 - S4
    GPIO_Init (GPIOC, &GPIO_InitStructure);//初始化 PC9 -
PC6,即位选端口 S8 - S5
    GPIO_SetBits (GPIOB, GPIO_InitStructure.GPIO_Pin);//
关闭 PB8 - PB15
}
void delay_nms (u16 time)//延时子程序
{   u16 i = 0;
    while (time -- )
    {   i = 10000;   //自己定义
        while (i -- );
    }
}
```

3. 实现——软硬件调测

实验电路连接如图 3 - 10 所示,将例程编译并下载至 STM32 微处理器,观察数码管显示内容。

4. 运行——结果分析、功能拓展

实验结果如图 3 - 11 所示,数码管可以显示 4 位数的数值,且该数值自动加 1,1 秒的时间间隔可在 Keil 软件的调试界面,通过单步运行测试得出。

图 3 – 10　实验电路连接

图 3 – 11　实验结果

3.2.4　任务小结

与静态显示相比，当显示位数较多时，动态显示方式可以节省 IO 端口资源，硬件电路实现也较简单，但其稳定度不如静态显示方式，由于 CPU 要轮番扫描，将占用更多的 CPU 资源。

项目4　按键及键盘控制

【学习目标】

知识目标

1. 掌握按键识别和软件消抖的实现方法。

2. 掌握中断的配置方法。

能力目标

1. 会使用 STM32 中断实现按键输入检测。

2. 会利用 STM32 的 GPIO 口实现矩阵键盘识别。

4.1　任务一　按键控制

4.1.1　任务描述

利用按键控制发光二极管的亮灭，按键每按下一次，LED 灯的状态改变一次。

4.1.2　知识链接

1. 独立式按键

按键和拨动开关是最基本的输入设备，将按键接入 GPIO 口，单片机可通过检测 GPIO 的电平情况，判断出按键的通断状态。若某电路中，多个按键相互独立、互不影响，每个按键单独占用一个 GPIO 口，则该按键为独立式按键。独立式按键，需要每个按键独占一个 GPIO 口，对 GPIO

口的占用较多，所以通常适用于按键较少的情况，如图 4-1 所示。

按键开关   拨动开关

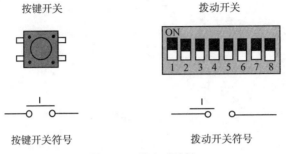

按键开关符号   拨动开关符号

图 4-1 独立式按键

2. 按键消抖与识别

（1）按键消抖。

按键是一个机械触点，由于其机械特性以及电压的突变等原因，在进行按键操作时，按键闭合与断开的瞬间将会出现电压抖动，如图 4-2 所示。

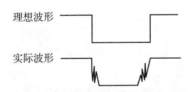

图 4-2 按键操作时的电压抖动示意

按键抖动的时间长短取决于按键的机械特性，一般为 5~10ms。按键的抖动会造成 CPU 的误读，即把每一次抖动都当成有键被按下。因此，在识别按键的过程中，为了使 CPU 正确读取按键状态，必须去除按键抖动，常用来消除按键抖动的方法主要有硬件法和软件法。

硬件消抖通常使用 RS 触发器构成的硬件电路消除按键抖动，如图 4-3 所示。这无疑会增加电路设计的复杂度，所以硬件消抖主要用于系统中按键不太多的情况。

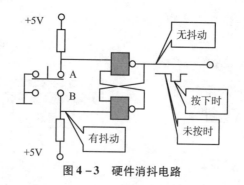

图 4 – 3　硬件消抖电路

在单片机系统设计中普遍采用软件延时的方法来消除抖动。在按键扫描过程中，判断有键按下后，利用软件延时 5～10ms，然后再次判断是否有键按下。若仍然为按下状态则对按键进行处理，这样就跳过了抖动期，实现了软件消抖。

（2）按键的识别过程。

独立式按键接口电路如图 4 –4 所示。当任意一个按键被按下，都会使相应的 GPIO 口出现低电平；若没有按键按下，则 GPIO 口为高电平。一个按键的开和关影响的是对应 GPIO 口的输入电平，而不会对其他 GPIO 口电平产生影响。这样，通过检测各 GPIO 口电平的变化，就可以很容易确定是否有键按下，以及是哪个按键按下。因此，按键识别过程只需不断的查询 GPIO 口的高低电平的状态就能判断该 GPIO 口所连按键是否按下。该方法编程简单，但是 CPU 需要一直扫描查询 I/O 口的状态。考虑按键操作的特点，还可以利用外部中断来实现，即当无按键按下时，CPU 执行别的操作，有按键按下后，触发外部中断，请求 CPU 对按键进行处理。

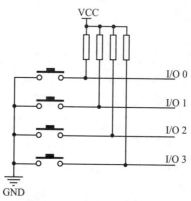

图 4 –4　独立式按键接口

3. STM32 的中断管理

（1）中断与异常。

关于中断的概念，已经在微机原理、单片机技术等课程中进行了较为深入的学习。在 Cortex – M3 中把能够打断当前代码执行流程的事件分为异常（exception）和中断（interrupt），其中，异常是由内核产生的，而中断是由内核以外的设备产生的。

Cortex – M3 内核的异常响应系统最多支持 256 个异常和中断。这些异常和中断统一编排成一个表进行管理，其中，内核异常编号为 0 ~ 15，而外部中断的编号在 16 以上，这个表就称为中断向量表。

STM32 对 Cortex – M3 的中断向量表重新进行了剪裁，最多有 84 个中断，包括 16 个固定的内核中断和 68 个可屏蔽中断，具有 16 级可编程的中断优先级，并为异常和中断编排了默认优先级编号，如表 4 – 1 所示。其中，优先级编号 – 3 ~ 6 的中断向量定义为系统异常，优先级编号为负数的内核异常优先级是固定的，无法通过软件进行配置，包括：复位（Reset，– 3）、不可屏蔽中断（NMI，– 2）、硬故障（HardFault，– 1）。从优先级编号 7 WWDG 开始的中断向量为外部中断，其优先级是可自行配置的。

表 4 – 1　　　　　　　　STM32F103 中断/异常向量表

编号	优先级	优先级类型	名称	说明	向量地址
0	无	无	保留	没有异常在运行	0x0000_0000
1	– 3（最高）	固定	Reset	复位	0x0000_0004
2	– 2	固定	NMI	不可屏蔽中断 RCC 时钟安全系统（CSS）	0x0000_0008
3	– 1	固定	硬件失效（Hard fault）	所有类型的失效	0x0000_000C
4	0	可设置	存储管理（Mem-Manage）	存储器管理失败	0x0000_0010

编号	优先级	优先级类型	名称	说明	向量地址
5	1	可设置	总线错误（BusFault）	预取指失败，存储器访问失败	0x0000_0014
6	2	可设置	错误应用（UsageFault）	由于程序错误导致的异常。通常是使用了一条无效指令，或者是非法的状态转换，例如，尝试切换到 ARM 状态	0x0000_0018
7~10	无	无	保留	无	0x0000_001C ~ 0x0000_002B
11	3	可设置	SVCall	执行系统服务调用指令（SVC）引发的异常	0x0000_002C
12	4	可设置	调试监控（DebugMonitor）	调试监视器（断点、数据观察点或者是外部调试请示）	0x0000_0030
13	无	无	保留	无	0x0000_0034
14	5	可设置	PendSV	为系统设备而设的"可悬挂请求"（pendable request）	0x0000_0038
15	6	可设置	SysTick	系统滴答定时器	0x0000_003C
16	7	可设置	WWDG	窗口定时器中断	0x0000_0040
17	8	可设置	PVD	连到 EXTI 的电源电压检测（PVD）中断	0x0000_0044
18	9	可设置	TAMPER	侵入检测中断	0x0000_0048
19	10	可设置	RTC	实时时钟（RTC）全局中断	0x0000_004C
20	11	可设置	FLASH	闪存全局中断	0x0000_0050
21	12	可设置	RCC	复位和时钟控制（RCC）中断	0x0000_0054
22	13	可设置	EXTI0	EXTI 线 0 中断	0x0000_0058
23	14	可设置	EXTI1	EXTI 线 1 中断	0x0000_005C
24	15	可设置	EXTI2	EXTI 线 2 中断	0x0000_0060
25	16	可设置	EXTI3	EXTI 线 3 中断	0x0000_0064
26	17	可设置	EXTI4	EXTI 线 4 中断	0x0000_0068

编号	优先级	优先级类型	名称	说明	向量地址
27	18	可设置	DMA1 通道 1	DMA1 通道 1 全局中断	0x0000_006C
28	19	可设置	DMA1 通道 2	DMA1 通道 2 全局中断	0x0000_0070
29	20	可设置	DMA1 通道 3	DMA1 通道 3 全局中断	0x0000_0074
30	21	可设置	DMA1 通道 4	DMA1 通道 4 全局中断	0x0000_0078
31	22	可设置	DMA1 通道 5	DMA1 通道 5 全局中断	0x0000_007C
32	23	可设置	DMA1 通道 6	DMA1 通道 6 全局中断	0x0000_0080
33	24	可设置	DMA1 通道 7	DMA1 通道 7 全局中断	0x0000_0084
34	25	可设置	ADC1_2	ADC1 和 ADC2 全局中断	0x0000_0088
35	26	可设置	CAN1_TX	CAN1 发送中断	0x0000_008C
36	27	可设置	CAN1_RX0	CAN1 接收 0 中断	0x0000_0090
37	28	可设置	CAN1_RX1	CAN1 接收 1 中断	0x0000_0094
38	29	可设置	CAN_SCE	CAN1 SCE 中断	0x0000_0098
39	30	可设置	EXTI9_5	EXTI 线 [9：5] 中断	0x0000_009C
40	31	可设置	TIM1_BRK	TIM1 刹车中断	0x0000_00A0
41	32	可设置	TIM1_UP	TIM1 更新中断	0x0000_00A4
42	33	可设置	TIM1_TRG_COM	TIM1 触发和通信中断	0x0000_00A8
43	34	可设置	TIM1_CC	TIM1 捕获比较中断	0x0000_00AC
44	35	可设置	TIM2	TIM2 全局中断	0x0000_00B0
45	36	可设置	TIM3	TIM3 全局中断	0x0000_00B4
46	37	可设置	TIM4	TIM4 全局中断	0x0000_00B8
47	38	可设置	I2C1_EV	I2C1 事件中断	0x0000_00BC
48	39	可设置	I2C1_ER	I2C1 错误中断	0x0000_00C0
49	40	可设置	I2C2_EV	I2C2 事件中断	0x0000_00C4
50	41	可设置	I2C2_ER	I2C2 错误中断	0x0000_00C8
51	42	可设置	SPI1	SPI1 全局中断	0x0000_00CC
52	43	可设置	SPI2	SPI2 全局中断	0x0000_00D0
53	44	可设置	USART1	USART1 全局中断	0x0000_00D4

编号	优先级	优先级类型	名称	说明	向量地址
54	45	可设置	USART2	USART2 全局中断	0x0000_00D8
55	46	可设置	USART2	USART2 全局中断	0x0000_00D8
56	47	可设置	EXTI15_10	EXTI 线［15：10］中断	0x0000_00E0
57	48	可设置	RTCAlarm	连到 EXTI 的 RTC 闹钟中断	0x0000_00E4
58	49	可设置	OTG_FS_WKUP	连到 EXTI 的全速 USB OTG 唤醒中断	0x0000_00E8
—	—	—	保留	保留	0x0000_00EC ~ 0x0000_0104
66	57	可设置	TIM5	TIM5 全局中断	0x0000_0108
67	58	可设置	SPI3	SPI3 全局中断	0x0000_010C
68	59	可设置	UART4	UART4 全局中断	0x0000_0110
69	60	可设置	UART5	UART5 全局中断	0x0000_0114
70	61	可设置	TIM6	TIM6 全局中断	0x0000_0118
71	62	可设置	TIM7	TIM7 全局中断	0x0000_011C
72	63	可设置	DMA2 通道 1	DMA2 通道 1 全局中断	0x0000_0120
73	64	可设置	DMA2 通道 2	DMA2 通道 2 全局中断	0x0000_0124
74	65	可设置	DMA2 通道 3	DMA2 通道 3 全局中断	0x0000_0128
75	66	可设置	DMA2 通道 4	DMA2 通道 4 全局中断	0x0000_012C
76	67	可设置	DMA2 通道 5	DMA2 通道 5 全局中断	0x0000_0130
77	68	可设置	ETH	以太网全局中断	0x0000_0134
78	69	可设置	ETH_WKUP	连到 EXTI 的以太网唤醒中断	0x0000_0138
79	70	可设置	CAN2_TX	CAN2 发送中断	0x0000_013C
80	71	可设置	CAN2_RX0	CAN2 接收 0 中断	0x0000_0140
81	72	可设置	CAN2_RX1	CAN2 接收 1 中断	0x0000_0144
82	73	可设置	CAN2_SCE	CAN2 的 SCE 中断	0x0000_0148
83	74	可设置	OTG_FS	全速的 USB OTG 全局中断	0x0000_014C

当发生了异常或中断，并且要响应它时，CM3 首先需要定位其中断服

务程序的入口地址。然后通过入口地址找到相应的中断服务程序。这些入口地址存储在"异常/中断向量表"中。在缺省情况下，CM3 认为异常/中断向量表位于零地址处，且每个向量要占用 4 个字节。STM32F103 的异常响应系统是 CM3 的裁剪和细化。在 STM32F103 中，这种映射关系具体体现在启动代码 startup_stm32f10x_cl. s 文件中。该文件由汇编写成，文件中已经对这些向量表等进行了映射和配置，并指定了中断服务程序的名称，出于标准化和固件库的要求，一般不建议进行修改。

（2）嵌套向量中断控制器 NVIC。

CM3 内核搭载了一个异常响应系统，通过嵌套向量中断控制器（Nested Vectored Interrupt Controller，NVIC）来管理和配置。NVIC 是一个总的中断控制器，不管是来自 CM3 内部的异常还是来自外设的中断，都将进入该控制器进行处理和逻辑控制。此外 NVIC 还通过优先级系统控制中断的嵌套和调度。

（3）中断优先级分组。

在 NVIC 中，优先级对于中断来说很关键，它决定了一个中断是否能被屏蔽，以及在未屏蔽的情况下何时可以响应。优先级的数值越小，则优先级越高。NVIC 支持中断嵌套，使得高优先级异常或中断会抢占低优先级异常或中断。

STM32 有 3 个系统异常：复位、NMI（不可屏蔽中断）以及硬件失效（hard fault），它们有固定的优先级，并且它们的优先级号是负数，所以高于所有其他异常。原则上，NVIC 支持 3 个固定的高优先级和多达 256 级的可设置优先级，可通过"优先级配置寄存器"的 Bit0 ~ Bit7 来设置。STM32 采用最高有效位（MSB）对齐，在设计时裁掉表达优先级的 4 个低端有效位，只保留 Bit4 ~ Bit7，所以只支持 16 级优先级，如表 4 - 2 所示。

表 4 - 2   STM32 中断优先级的有效位

Bit7	Bit6	Bit5	Bit4	Bit3	Bit2	Bit1	Bit0
用于表达优先级				无效，读出值是 0			

STM32 又将"优先级配置寄存器"的 Bit4 ~ Bit7，分成了两组，分组信息保存在应用程序中断及复位控制寄存器（AIRCR）中，各位描述如表 4 - 3 所示，该寄存器的 Bit8 ~ Bit10 为"优先级组"。该位段的取值把

优先级配置寄存器的 Bit4 ~ Bit7 分为 2 个位段：MSB 所在的位段对应抢占优先级，抢占优先级决定了抢占行为。LSB 所在的位段对应从优先级，从优先级则处理"内务"。这种优先级分组做了以下规定：从优先级至少是一个位，可以没有抢占优先级。"抢占优先级"高的中断可抢占"抢占优先级"低的中断，即能实现中断嵌套。在相同"抢占优先级"下，优先响应"从优先级"高的异常或中断，但相互之间不可抢占，需要注意：复位、NMI 和硬件失效是固定优先级，可抢占其他优先级。

表 4 – 3　　　　　　　应用程序中断及复位控制寄存器（AIRCR）

位段	名称	类型	描述
0	VECTRESET	W	复位 Cortex M3 处理器内核（调试逻辑除外），此复位不影响芯片上内核以外的电路
1	WECTCLRACTIVE	W	清零所有异常的活动状态信息。通常在调试或 OS 从错误中恢复时使用
2	SYSRESTREQ	W	请求芯片的控制逻辑产生一次复位
[10 – 8]	PRIGROUP	R/W	优先级分组
15	ENDIANESS	R	数据字节顺序设置，1：大端；0：小端。此位在复位时确定，不可更改
[31 – 16]	VECTKEY	R/W	访问钥匙：任何对该寄存器的写操作，都必须同时将 0x05FA 写入此字段，否则写操作被忽略。读取此半字，返回 0xFA05

例：

```
AIRCR = (0x05FA) |(0x05 <<8);   //0x05FA 为该寄存器写数据关
```
键字；

0x05 <<8 为将 5 写入 Bit8 ~ Bit10，实现优先级分组的设置。以上指令设置抢占优先级组从 Bit5 处分组，如表 4 – 4 所示，Bit7 和 Bit6 表示抢占优先级，则得到 4 级抢占优先级，Bit5 和 Bit4 表示从优先级，则在每个抢占优先级的内部有 4 个从优先级。注意，如果优先级完全相同的多个中断同时悬起，则先响应中断向量表中编号最小的那个。

表 4 – 4   优先级分组示例

Bit7	Bit6	Bit5	Bit4	Bit3	Bit2	Bit1	Bit0
抢占优先级		从优先级		没有实现，读出值是 0			

当中断输入脚被置为有效后，该中断就被"悬起"。所谓"悬起"，也就是等待、就绪的意思。即使后来中断源撤销了中断请求，已经被标记成悬起的中断也被记录下来。在系统中，当它的优先级最高的时候就会得到响应，并获取其服务程序的开始地址。

当某中断的服务程序开始执行时，就称此中断进入了"活跃"状态，并且其悬起位会被硬件自动清除。在一个中断活跃后，直到其服务例程执行完毕，并且返回后，才能对该中断的新请求予以响应。在中断响应过程中，以下几种情况需要特别注意：

①如果在某个中断得到响应之前，其悬起状态被清除了，则中断被取消。

②新请求在得到响应时，由硬件自动清零其悬起标志位。

③如果中断源咬住请求信号不放，该中断就会在其上次服务例程返回后再次被置为悬起状态，故一般中断程序执行后结束前要清除中断挂起位。

④如果某个中断在得到响应之前，其请求信号以若干的脉冲的方式呈现，则被视为只有一次中断请求。

⑤如果在服务例程执行时，中断请求释放了，但是在服务例程返回前又重新被置为有效，则 NVIC 会记住此动作，重新悬起该中断。

当 NVIC 响应一个中断时，会自动完成以下三项工作，以便安全、准确地跳转到相应的中断服务程序：

①入栈：把 8 个寄存器的值压入栈。

②取向量：从向量表中找出对应的服务程序入口地址。

③选择堆栈指针 MSP（主堆栈）/PSP（进程堆栈），更新堆栈指针 SP，更新连接寄存器 LR，更新程序计数器 PC。

中断返回时，NVIC 自动完成以下两步：

①出栈：先前压入栈中的寄存器在这里恢复。内部的出栈顺序与入栈时的相对应，堆栈指针的值也改回先前的值。

②更新 NVIC 寄存器：伴随着中断的返回，它的活动位也被硬件清

除。对于外部中断，倘若中断输入再次被置为有效，悬起位也将再次置位，新一次的中断响应序列也可随之再次开始。

（4）中断嵌套。

在 CM3 内核以及 NVIC 的深处已经内建了完善的中断嵌套机制，我们需要做的就是为每个中断适当的建立优先级就可以了。

（5）中断服务函数。

虽然启动代码定义了中断服务程序，但是由于是汇编语言编写，所以用户自己编写的中断服务程序一般不放在启动代码中，而是放在 stm32f10x_it. c 文件中，该文件是固件库的模板文件，用于存放和编写中断服务程序，其部分源码如下。应用时，只需找到对应的中断函数，在其中添加相应的中断执行语句即可。

```
#include"stm32f10x_it.h"
/* 定义了系统异常服务程序主体,用户也可自行添加代码 * /
void NMI_Handler(void)
{}
void HardFault_Handler(void)
{
  /* 当发生 HardFault 异常时,会跳到此处,以下以此类推 * /
  while(1)
  {   }
}
......
/* 预留位置给其他中断服务程序,并给出模板 * /
/* void PPP_IRQHandler(void)
{
}* /
```

4. STM32 的外部中断 EXTI

（1）外部中断/事件控制器。

与 NVIC 不同，外部中断/事件控制器 EXTI 是 STM32F103 的一个外设，不属于 CM3 内核的范畴，主要用于外部中断和事件的控制。EXTI 由 19 个产生事件/中断请求的边沿检测器组成，具有以下几个特点：

①每个输入线可以独立地配置输入类型（脉冲或挂起）和对应的触发事件（上升沿或下降沿或者双边沿都触发）。

②每个输入线都可以独立地被屏蔽。

③挂起寄存器保持着状态线的中断请求。

EXTI 控制器的主要特性如下：

①每个中断/事件都有独立的触发和屏蔽。

②每个中断线都有专用的状态位。

③支持多达 19 个软件的中断/事件请求。

④检测脉冲宽度低于 APB2 时钟宽度的外部信号。

（2）唤醒事件管理。

STM32F103 可以处理外部或内部事件来唤醒内核（WFE）。唤醒事件可以通过下述配置产生：

①在外设的控制寄存器使能一个中断，但不在 NVIC 中使能。

②配置一个外部或内部 EXTI 线为事件模式。

③以太网唤醒事件同样具有 WFE 内核唤醒功能。

④使用外部 I/O 端口作为唤醒事件，要产生中断，必须先配置好并使能中断线。

（3）硬件中断选择。

通常，我们通过下面的过程来配置 19 个线路作为中断源：

①配置 19 个中断线的屏蔽位。

②配置所选中断线的触发选择位。

③配置对应到外部中断控制器（EXTI）的 NVIC 中断通道的使能和屏蔽位。

（4）硬件事件选择。

通过下面的过程，可以配置 19 个线路为事件源：

①配置 19 个事件线的屏蔽位。

②配置事件线的触发选择位。

（5）软件中断/事件的选择。

19 个线路可以被配置成软件中断/事件线。下面是产生软件中断的过程：

①配置 19 个中断/事件线屏蔽位。

②设置软件中断寄存器的请求位。

STM32 的每一个 GPIO 引脚都可以作为外部中断的中断输入口，也就是都能配置成一个外部中断触发源。STM32 根据 GPIO 端口的引脚序号不同，把不同 GPIO 端口、同一个序号的引脚组成一组，每组对应一个外部中断/事件源（既中断线）EXTIx（x：0～15），比如：PA0、PB0、PC0、PD0、PE0、PF0、PG0 为第一组，依此类推，即可将众多外部中断触发源分成 16 组。如此就将 80 个通用 I/O 端口连接到 16 个外部中断/事件线上，配置 GPIO 线上的外部中断/事件，必须先使能 AFIO 时钟。

除以上 16 个中断事件外，还有 3 个 EXTI 线，分别为：

①EXTI 线 16 连接到 PVD（电源电压检测）输出。

②EXTI 线 17 连接到 RTC 闹钟事件。

③EXTI 线 18 连接到 USB 唤醒事件。

（6）对外部中断的程序设计。

对外部中断的编程主要涉及外部中断/事件管理库函数、嵌套向量中断控制器 NVIC 库函数以及中断服务函数等。包括：

①NVIC 库函数配置，利用 NVIC_Init( ) 函数，设置中断优先级；通过 NVIC_PriorityGroupConfig( ) 函数，选择使用哪种优先级分组方式。

②外部中断的配置，通过 EXTI_Init( ) 函数，对中断线上的中断进行初始化；通过 GPIO_EXTILineConfig( ) 函数，用来配置 GPIO 引脚与中断线 EXTIx 的映射关系。

③中断服务函数，外部中断服务函数的名字是在 startup_stm32f10x_hd. s 中是定义好的。

中断线 0～4 的每个中断线对应一个 EXTI0_IRQHandler～EXTI4_IRQHandler 中断服务函数。

中断线 5～9 共用一个 EXTI9_5_IRQHandler 中断服务函数。

中断线 10～15 共用一个 EXTI15_10_IRQHandler 中断服务函数。

下面对以上相关函数分别予以介绍。

①NVIC 库函数配置。

要指定 GPIO 的中断线，可以调用嵌套向量中断控制器 NVIC 库函数来实现。NVIC 属于 CM3 内核部件，遵从 CMSIS 接口协议。NVIC 库函数存放在 misc. c 文件中，主要作用是设置中断的优先级，以达到控制其运行先后及嵌套等功能。下述函数代码用于配置 EXTI3 中断的抢占优先级为 0x04，从优先级为 0x04，并使能该中断。

```
void NVIC_Config(void)
{
    /* 定义一个 NVIC_InitTypeDef 类型的结构体 * /
    NVIC_InitTypeDef  NVIC_InitStructure;
    /* 设置优先级分组,抢占优先级和从优先级均为 2 位 * /
    NVIC_PriorityGroupConfig(NVIC_PriorityGroup_2);
    /* 配置中断通道为 EXTI3 * /
    NVIC_InitStructure.NVIC_IRQChannel =EXTI3_IRQn;
    /* 配置中断抢占优先级为 4 * /
    NVIC_InitStructure.NVIC_IRQChannelPreemptionPriority
=0x04;
    /* 配置中断从优先级为 4 * /
     NVIC _ InitStructure.NVIC _ IRQChannelSubPriority =
0x04;
    /* 使能该中断 * /
    NVIC_InitStructure.NVIC_IRQChannelCmd =ENABLE;
    /* 利用 NVIC_Init 函数完成 NVIC 初始化 * /
    NVIC_Init(&NVIC_InitStructure);
}
```

以上通过调用固件库的 NVIC_Init( ) 函数,完成对 NVIC 的设置。下面对函数 NVIC_Init (NVIC_InitTypeDef * NVIC_InitStruct) 需要的参数 NVIC_InitStruct 进行介绍。

NVIC_InitStruct 为 NVIC_InitTypeDef 类型的指针,其结构原型为:

```
NVIC_InitTypeDef
typedef struct
{
    /* 需要配置的异常或中断通道 * /
    uint8_t NVIC_IRQChannel;
    /* 中断的抢占优先级 * /
    uint8_t NVIC_IRQChannelPreemptionPriority;
    /* 中断的从优先级 * /
```

```
uint8_t NVIC_IRQChannelSubPriority;
/* 选择中断的开启或关闭 */
FunctionalState NVIC_IRQChannelCmd;
}NVIC_InitTypeDef;
```

NVIC_IRQChannel 的可取值及其含义如表 4-5 所示。

表 4-5　　　　　　　　　　NVIC_IRQChannel 可取值

NVIC_IRQChannel	描述
WWDG_IRQChannel	窗口看门狗中断
PVD_IRQChannel	PVD 通过 EXTI 探测中断
TAMPER_IRQChannel	篡改中断
RTC_IRQChannel	RTC 全局中断
FlashItf_IRQChannel	FLASH 全局中断
RCC_IRQChannel	RCC 全局中断
EXTI0_IRQChannel	外部中断线 0 中断
EXTI1_IRQChannel	外部中断线 1 中断
EXTI2_IRQChannel	外部中断线 2 中断
EXTI3_IRQChannel	外部中断线 3 中断
EXTI4_IRQChannel	外部中断线 4 中断
DMAChannel1_IRQChannel	DMA 通道 1 中断
DMAChannel2_IRQChannel	DMA 通道 2 中断
DMAChannel3_IRQChannel	DMA 通道 3 中断
DMAChannel4_IRQChannel	DMA 通道 4 中断
DMAChannel5_IRQChannel	DMA 通道 5 中断
DMAChannel6_IRQChannel	DMA 通道 6 中断
DMAChannel7_IRQChannel	DMA 通道 7 中断
ADC_IRQChannel	ADC 全局中断
USB_HP_CANTX_IRQChannel	USB 高优先级或者 CAN 发送中断

NVIC_IRQChannel	描述
USB_LP_CAN_RX0_IRQChannel	USB 低优先级或者 CAN 接收 0 中断
CAN_RX1_IRQChannel	CAN 接收 1 中断
CAN_SCE_IRQChannel	CAN SCE 中断
EXTI9_5_IRQChannel	外部中断线 9 – 5 中断
TIM1_BRK_IRQChannel	TIM1 暂停中断
TIM1_UP_IRQChannel	TIM1 刷新中断
TIM1_TRG_COM_IRQChannel	TIM1 触发和通讯中断
TIM1_CC_IRQChannel	TIM1 捕获比较中断
TIM2_IRQChannel	TIM2 全局中断
TIM3_IRQChannel	TIM3 全局中断
TIM4_IRQChannel	TIM4 全局中断
I2C1_EV_IRQChannel	I2C1 事件中断
I2C1_ER_IRQChannel	I2C1 错误中断
I2C2_EV_IRQChannel	I2C2 事件中断
I2C2_ER_IRQChannel	I2C2 错误中断
SPI1_IRQChannel	SPI1 全局中断
SPI2_IRQChannel	SPI2 全局中断
USART1_IRQChannel	USART1 全局中断
USART2_IRQChannel	USART2 全局中断
USART3_IRQChannel	USART3 全局中断
EXTI15_10_IRQChannel	外部中断线 15 – 10 中断
RTCAlarm_IRQChannel	RTC 闹钟通过 EXTI 线中断
USBWakeUp_IRQChannel	USB 通过 EXTI 线从悬挂唤醒中断

　　NVIC_IRQChannelPreemptionPriority 和 NVIC_IRQChannelSubPriority 结构体成员分别代表了终端的抢占优先级和从优先级的设置，其可取值受到优先级分组的影响，如表 4 – 6 所示。

表 4 – 6　　　　　　　　　　NVIC_IRQChannelPreemptionPriority
和 NVIC_IRQChannelSubPriority 可取值

NVIC_PriorityGroup	PreemptionPriority	SubPriority	描述
NVIC_PriorityGroup_0	0	0 – 15	抢占优先级 0 位　从优先级 4 位
NVIC_PriorityGroup_1	0 ~ 1	0 ~ 7	抢占优先级 1 位　从优先级 3 位
NVIC_PriorityGroup_2	0 ~ 3	0 ~ 3	抢占优先级 2 位　从优先级 2 位
NVIC_PriorityGroup_3	0 ~ 7	0 ~ 1	抢占优先级 3 位　从优先级 1 位
NVIC_PriorityGroup_4	0 ~ 15	0	抢占优先级 4 位　从优先级 0 位

　　NVIC_IRQChannelCmd 是选择开启或关闭中断的选项，如表 4 – 7 所示。

表 4 – 7　　　　　　　　　　　NVIC_IRQChannelCmd 可取值

NVIC_IRQChannelCmd	描述
ENABLE	开启、使能
DISABLE	关闭、除能

　　注意，NVIC_Init() 只是对中断的优先级等进行配置，并开启或者关闭该中断。使用该函数开启中断，仅仅意味着使能该中断，并不保证该中断能够正确的发生和响应。要想这个中断能真正的工作，还需要一些其他工作，例如，打开时钟、配置管脚，编写中断服务函数等。

　　②外部中断的配置。

　　EXTI 作为 STM32F103 的一个外设，主要用于配置 GPIO 的外部中断线。可通过函数 GPIO_EXTILineConfig() 配置 GPIO 引脚与中断线 EXTIx 的映射关系，通过函数 EXTI_Init() 来对中断线上的中断进行初始化。

　　下述函数代码用于实现配置 PD3 管脚作为 EXTI 线 3，中断模式，下降沿有效，并使能该配置。

```
void EXTI_Config(void)
{
    /* 定义一个 EXTI_InitTypeDef 类型的结构体 */
    EXTI_InitTypeDef   EXTI_InitStructure;
    /* 使能 AFIO 时钟 */
    RCC_APB2PeriphClockCmd(RCC_APB2Periph_AFIO,ENA-
BLE);
    /* 配置 PD3 管脚作为 EXTI 线 3 */
    GPIO_EXTILineConfig(GPIO_PortSourceGPIOD,GPIO_Pin-
Source3);
    /* 在 EXTI 中配置 EXTI 线 3 为中断模式,下降沿有效,并使能该配
置 */
    EXTI_InitStructure.EXTI_Line=EXTI_Line3;
    EXTI_InitStructure.EXTI_Mode=EXTI_Mode_Interrupt;
    EXTI_InitStructure.EXTI_Trigger=EXTI_Trigger_Fall-
ing;
    EXTI_InitStructure.EXTI_LineCmd=ENABLE;
    EXTI_Init(&EXTI_InitStructure);
}
```

函数 void EXTI_Init（EXTI_InitTypeDef * EXTI_InitStruct）用于初始化外设 EXTI 寄存器，其参数为 EXTI_InitStruct。

EXTI_InitStruct 为 EXTI_InitTypeDef 的指针，其内容为：

```
EXTI_InitTypeDef structure
typedef struct
{
u32 EXTI_Line;
EXTIMode_TypeDef EXTI_Mode;
EXTIrigger_TypeDef EXTI_Trigger;
FunctionalState EXTI_LineCmd;
}EXTI_InitTypeDef;
```

EXTI_Line、EXTI_Mode、EXTI_Trigger、EXTI_LineCmd 可取值及其含

义分别如表 4 - 8 ~ 表 4 - 11 所示。

表 4 - 8   **EXTI_Line 可取值**

EXTI_Line	描述
EXTI_Line0	选择设置外部中断 0
EXTI_Line1	选择设置外部中断 1
EXTI_Line2	选择设置外部中断 2
EXTI_Line3	选择设置外部中断 3
EXTI_Line4	选择设置外部中断 4
EXTI_Line5	选择设置外部中断 5
EXTI_Line6	选择设置外部中断 6
EXTI_Line7	选择设置外部中断 7
EXTI_Line8	选择设置外部中断 8
EXTI_Line9	选择设置外部中断 9
EXTI_Line10	选择设置外部中断 10
EXTI_Line11	选择设置外部中断 11
EXTI_Line12	选择设置外部中断 12
EXTI_Line13	选择设置外部中断 13
EXTI_Line14	选择设置外部中断 14
EXTI_Line15	选择设置外部中断 15
EXTI_Line16	选择设置外部中断 16
EXTI_Line17	选择设置外部中断 17
EXTI_Line18	选择设置外部中断 18

表 4 - 9   **EXTI_Mode 可取值**

EXTI_Mode	描述
EXTI_Mode_Interrupt	中断模式
EXTI_Mode_Event	事件模式

表 4 - 10   **EXTI_Trigger 可取值**

EXTI_Trigger	描述
EXTI_Trigger_Rising	上升沿触发
EXTI_Trigger_Falling	下降沿触发
EXTI_Trigger_Rising_Falling	上升沿和下降沿都触发

表 4 - 11   **EXTI_LineCmd 可取值**

EXTI_LineCmd	描述
ENABLE	开启、使能
DISABLE	关闭、除能

EXTI_LineCmd 是选择开启或关闭中断的选项。

③外部中断服务函数格式。

外部中断服务函数的名字是在 startup_stm32f10x_hd. s 中是定义好的,具体如下:

中断线 0 ~ 4 的每个中断线对应一个 EXTI0 _ IRQHandler ~ EXTI4 _ IRQHandler 中断服务函数;

中断线 5 ~ 9 共用一个 EXTI9_5_IRQHandler 中断服务函数;

断线 10 ~ 15 共用一个 EXTI15_10_IRQHandler 中断服务函数。

以中断线 3 为例,中断服务函数格式如下:

```
void EXTI2_IRQHandler(void)
{
If(EXTI_GetITStatus(EXTI_Line3)!=RESET)//判断某条线上的
中断是否发生
  {
  EXTI_ClearITPendingBit(EXTI_Line3);   //清除 LINE 上的
中断标志位
  }
}
```

（7）其他常用 EXTI 的库函数。

除函数 EXTI_Init 外，还有其他库函数可用于对外部中断进行设置，EXTI 的库函数如表 4 - 12 所示，下面对常用的几个库函数作简要的介绍。

表 4 - 12 　　　　　　　　　　　　　　EXTI 的库函数

函数名	描述
EXTI_DeInit	将外设 EXTI 寄存器重设为缺省值
EXTI_Init	根据 EXTI_InitStruct 中指定的参数初始化外设 EXTI 寄存器
EXTI_StructInit	把 EXTI_InitStruct 中的每一个参数按缺省值填入
EXTI_GenerateSWInterrupt	产生一个软件中断
EXTI_GetFlagStatus	检查指定的 EXTI 线路标志位设置与否
EXTI_ClearFlag	清除 EXTI 线路挂起标志位
EXTI_GetITStatus	检查指定的 EXTI 线路触发请求发生与否
EXTI_ClearITPendingBit	清除 EXTI 线路挂起位

①检查外部中断标志位函数 EXTI_GetFlagStatus。

表 4 - 13 　　　　　　　　　　　函数 EXTI_GetFlagStatus

函数名	EXTI_GetFlagStatus
函数原形	FlagStatus EXTI_GetFlagStatus（u32 EXTI_Line）
功能描述	检查指定的 EXTI 线路标志位设置与否
输入参数	EXTI_Line：待检查的 EXTI 线路标志位
输出参数	无
返回值	EXTI_Line 的新状态（SET 或者 RESET）

例：

```
/* 检查 EXTI_Line8 的标志位 * /
FlagStatus EXTIStatus;
EXTIStatus = EXTI_GetFlagStatus(EXTI_Line8);
```

②清除 EXTI 标志位函数 EXTI_ClearFlag。

表 4 – 14   函数 EXTI_ClearFlag

函数名	EXTI_ClearFlag
函数原形	void EXTI_ClearFlag（u32 EXTI_Line）
功能描述	清除 EXTI 线路挂起标志位
输入参数	EXTI_Line：待清除标志位的 EXTI 线路
输出参数	无
返回值	无
先决条件	无
被调用函数	无

例：

```
/* 清除 EXTI_Line2 的挂起标志位 * /
EXTI_ClearFlag(EXTI_Line2);
```

③检查触发请求信号状态函数 EXTI_GetITStatus。

表 4 – 15   函数 EXTI_GetITStatus

函数名	EXTI_GetITStatus
函数原形	ITStatus EXTI_GetITStatus（u32 EXTI_Line）
功能描述	检查指定的 EXTI 线路触发请求发生与否
输入参数	EXTI_Line：待检查 EXTI 线路的挂起位
输出参数	无
返回值	EXTI_Line 的新状态（SET 或者 RESET）
先决条件	无
被调用函数	无

例：

```
/* 检查 EXTI_Line8 的触发请求是否发生 * /
ITStatus EXTIStatus;
```

```
EXTIStatus = EXTI_GetITStatus(EXTI_Line8);
```

④清除 EXTI 线路挂起位函数 EXTI_ClearITPendingBit。

表 4 - 16　　　　　　　　　　　函数 EXTI_ClearITPendingBit

函数名	EXTI_ClearITPendingBit
函数原形	void EXTI_ClearITPendingBit（u32 EXTI_Line）
功能描述	清除 EXTI 线路挂起位
输入参数	EXTI_Line：待清除 EXTI 线路的挂起位
输出参数	无
返回值	无
先决条件	无
被调用函数	无

例：

```
/* 清除 EXTI_Line2 的中断挂起位 * /
EXTI_ClearITpendingBit(EXTI_Line2);
```

（8）外部中断编程步骤。
①初始化 IO 为输入。
②开启 IO 复用时钟。
③利用函数 GPIO_EXTILineConfig( ) 设置 IO 口与中断线的映射关系。
④初始化线上中断，利用函数 EXTI_Init( ) 设置触发条件等。
⑤利用函数 NVIC_PriorityGroupConfig( ) 选择使用哪种优先级分组方式。
⑥利用 NVIC_Init( ) 函数，设置中断优先级，并使能中断。
⑦编写中断服务函数。

4.1.3　任务实施

1. 构思——方案选择

针对按键控制，我们可以采用按键扫描法识别也可以采用中断识别或定时扫描。本项目我们采用中断法识别按键状态，并控制 LED 灯的状态。

2. 设计——软硬件设计

（1）硬件电路设计。

PC13 为按键输入引脚，PC6 为输出引脚，按灌电流方式外接 LED 灯，电路原理如图 4 – 5 所示。

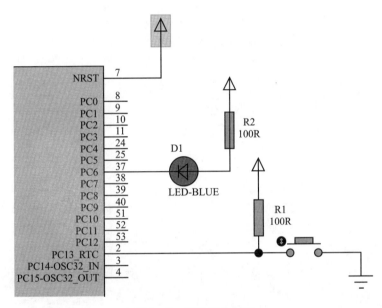

图 4 – 5　硬件电路原理

（2）软件程序设计。
系统主程序：

```c
#include"stm32f10x.h"
void RCC_Configuration(void);
void GPIO_Configuration(void);
void EXTI_Configuration(void);
void NVIC_Configuration(void);
int main(void)
{
```

```
    RCC_Configuration();//配置时钟
    GPIO_Configuration();//配置 GPIO
    EXTI_Configuration();//配置外部中断源
    NVIC_Configuration();//配置向量中断控制器
    while(1)
    {
    }
}
void RCC_Configuration(void)//时钟配置子程序
{
    RCC_APB2PeriphClockCmd(RCC_APB2Periph_GPIOC,ENA-
BLE);//使能 GPIOC 的时钟
    RCC_APB2PeriphClockCmd(RCC_APB2Periph_AFIO,ENA-
BLE);//使能 AFIO 的时钟
}
    void GPIO_Configuration(void)//配置 GPIO 口
    {
        GPIO_InitTypeDef GPIO_InitStructure;//声明 GPIO
初始化结构变量
        GPIO_InitStructure.GPIO_Pin=GPIO_Pin_6;//配置管
脚 PC6
        GPIO_InitStructure.GPIO_Mode = GPIO_Mode_Out_
PP;//IO 口配置为推挽输出口
        GPIO_InitStructure.GPIO_Speed = GPIO_Speed_
50MHz;
        GPIO_Init(GPIOC,&GPIO_InitStructure);//初始化 PC 口

        GPIO_InitStructure.GPIO_Pin=GPIO_Pin_13;//配置
管脚 13
        GPIO_InitStructure.GPIO_Mode = GPIO_Mode_IN_
FLOATING;//IO 口配置为浮空输入
        GPIO_Init(GPIOC,&GPIO_InitStructure);//初始化
PC13 口
```

```
    }
void EXTI_Configuration(void)//配置外部中断源
{
    EXTI_InitTypeDef EXTI_InitStructure;//声明外部中断初
始化结构体
    EXTI_InitStructure.EXTI_Line=EXTI_Line13;//外部中断
线 Line13
    EXTI_InitStructure.EXTI_Mode = EXTI_Mode_Inter-
rupt;//选择中断模式
    EXTI_InitStructure.EXTI_Trigger=EXTI_Trigger_Fall-
ing;//下降沿触发
    EXTI_InitStructure.EXTI_LineCmd=ENABLE;//使能中断
    EXTI_Init(&EXTI_InitStructure);//初始化外部中断
    GPIO_EXTILineConfig(GPIO_PortSourceGPIOC,GPIO_Pin-
Source13);//PC13 配置为外部中断源
}
void NVIC_Configuration(void)//嵌套向量中断初始化
{
    NVIC_InitTypeDef NVIC_InitStructure;
    NVIC_PriorityGroupConfig(NVIC_PriorityGroup_1);//
中断优先级分组配置分组 1:1 位抢占优先级、3 位子优先级
    NVIC_InitStructure.NVIC_IRQChannel = EXTI15_10_
IRQn;//EXTI15_10 中断源
    NVIC_InitStructure.NVIC_IRQChannelPreemptionPriority
=0;//抢占先优先级设定,取值为 0-1
    NVIC_InitStructure.NVIC_IRQChannelSubPriority =
0;//从优先级设计定,取值为 0-7
    NVIC_InitStructure.NVIC_IRQChannelCmd=ENABLE;
    NVIC_Init(&NVIC_InitStructure);
}
```

中断程序:

```
#include"stm32f10x_it.h"
void delay_nms(u16 time);//延时子函数
static uint8_t led=1;
void EXTI15_10_IRQHandler(void)//外部中断源15-10的中断
子程序
{delay_nms(10);//延时去抖
if(GPIO_ReadInputDataBit(GPIOC,GPIO_Pin_13)==0)//延时
后再次判断按键状态
    if(EXTI_GetITStatus(EXTI_Line13)!=RESET)
    {led=~led;
while(GPIO_ReadInputDataBit(GPIOC,GPIO_Pin_13)==
0);//等待按键释放
    if(led==1)
        GPIO_SetBits(GPIOC,GPIO_Pin_6);
    else
        GPIO_ResetBits(GPIOC,GPIO_Pin_6);
}
    EXTI_ClearITPendingBit(EXTI_Line13);
    }
void delay_nms(u16 time)//延时子程序
{   u16 i=0;
    while(time--)
    {   i=10000;  //自己定义
        while(i--);
    }
}
```

3. 实现——软硬件调测

在 Keil MDK 开发环境中，运行管理配置时，因为我们用到了外部中断，所以外设选择时还需要打钩 EXTI，如图 4-6 所示。按照电路连接硬件电路，下载程序后观察实验现象如图 4-7 所示。

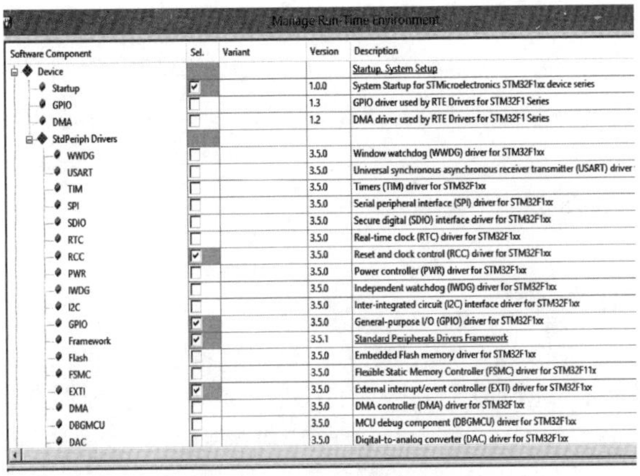

图 4 - 6　运行管理配置

图 4 - 7　实验结果

4. 运行——结果分析、功能拓展

（1）结果分析。

　　按照电路原理图连接硬件电路并下载程序后，正常情况下可看到，按下按键 LED 灯点亮，再次按下按键后 LED 灯熄灭，如此反复。如果系统运行不正常，可以用万用表或者示波器检测相应引脚，判断与程序是否一致，对程序进行单步运行，观察运行结果是否正确，修改程序直到运行正常。

（2）功能拓展。

①利用按键控制流水灯的流向，每按下一次按键流水灯反向一次。

②利用两个按键实现 LED 灯亮暗的控制，按键 1 被按下则 LED 亮，按键 2 按下则 LED 熄灭。

③数码管显示按键次数。

4.1.4　任务小结

通过对按键控制 LED 灯亮灭的实现，掌握按键的基本操作和编程方法，通过本任务的完成掌握 STM32 单片机的中断系统的原理及应用方法。

4.2　任务二　矩阵键盘

4.2.1　任务描述

利用数码管显示 4*4 键盘的按键值。

4.2.2　知识链接

1. 矩阵键盘简介

在人机交互中，键盘是最常用的输入设备，通常由数据键和功能键组成，常用来实现单片机应用系统中的数据和控制命令的输入。键盘的种类比较多，有按键式、感应式、触摸式等，最常用的是由触点式按键组成的按键式键盘，硬件结构简单、功能容易实现、软件调试方便。

由按键组成的独立式键盘的电路如图 4-8 所示，组成的矩阵式键盘的电路如图 4-9 所示。由于独立式键盘每个按键都要占用一个 I/O 口，I/O 口利用率不高，当按键数量多时，为了减少占用单片机的 I/O 端口线，可采用矩阵式键盘结构。

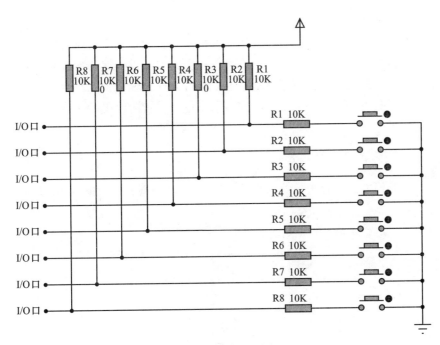

图 4 - 8 独立式键盘

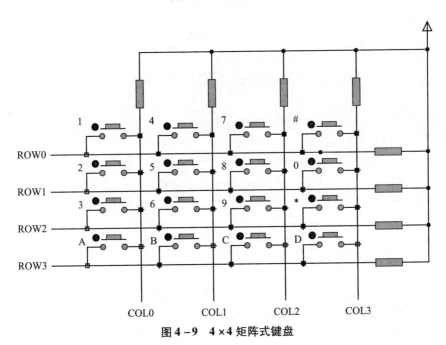

图 4 - 9 4 × 4 矩阵式键盘

矩阵式键盘，每条行线与列线在交叉处通过一个按键相连，当键盘上没有按键按下时，所有的行线和列线都被断开，相互独立，所有行线和列线 I/O 口都是高电平；当键盘上有按键按下时，该键连接的行线和列线将被接通，即行列状态保持一致，这时若通过 I/O 口输出低电平至行线，则对应的列线也将会变为低电平。通常采用行列反转法或逐行（列）扫描法识别键盘。

2. 矩阵键盘识别

键盘识别的过程大致分为以下几步，键盘扫描过程如图 4-10 所示。

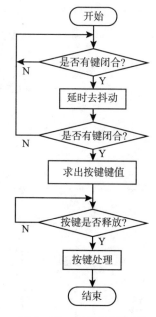

图 4-10　键盘扫描流程

第一步：判断是否有键按下。

第二步：延时去抖动，如确有键按下，判断是哪一个按键被按下并求出相应的键值。

第三步：判断键释放，按键闭合一次只能进行一次按键功能操作。要等待按键释放后才能根据键值执行相应的功能操作。

第四步：键处理。判断键释放后，根据键值，找到相应的按键处理程序入口并执行。

在编写键盘识别程序时，需要兼顾两个方面的要求：一是 CPU 响应要及时，以保证对每次按键都能作出响应；二是 CPU 不能占用太多，毕竟除了扫描键盘，CPU 还有其他大量的任务需要处理。因此，要根据需要选择适当的键盘扫描方式。键盘扫描方式有以下 3 种：

（1）编程扫描方式。

编程扫描方式也称查询方式，利用 CPU 空闲时间调用键盘扫描子程序，响应键盘的输入请求。这种扫描方法中，CPU 在空闲时间必须扫描键盘，否则有键按下时 CPU 将无法及时响应。这种方法占用 CPU 的时间，不利于程序的优化。软件设计中，键盘扫描程序在主程序中被调用。

（2）定时扫描方式。

利用单片机内部定时器产生定时中断申请键盘扫描，CPU 通过响应中断申请实现对键盘的扫描，并在确认有键按下后转入相应的键盘处理程序。软件设计中，键盘扫描程序在定时中断服务程序中。

（3）中断扫描方式。

由键盘的扫描原理可知，当按键被按下后，列线中必有一个为低电平。将列线通过与门接入单片机的外部中断输入引脚。则当有键按下时，列线中必有一个为低电平，经与门输出低电平，向单片机发出中断请求，CPU 响应该请求执行中断服务程序，判断闭合的键号并进行响应的处理。该方式的优点是不需要在无按键按下时进行键盘扫描，因而大大提高 CPU 的效率。软件设计中，键盘扫描程序在外部中断服务程序中。

4.2.3 任务实施

1. 构思——方案选择

该项目实现的功能为：一个由 16 个按键构成的 4×4 矩阵式键盘，当某个按键按下时，利用 1 个数码管显示该按键的键值 0～F。

对 4×4 矩阵式键盘进行扫描可以采用的方式有：查询式扫描方式、定时扫描方式、中断扫描方式。利用查询式实现以上功能，CPU 一直读取 IO 口并处理，耗电很大。

考虑到键盘是个慢速的设备，可以采用定时扫描方式对键盘进行扫描，每 10ms 对 IO 口扫描一次，在 10ms 的间隔时间内，让 CPU 及其他无关设备休眠以降低功耗。也可以通过中断唤醒模式进行扫描，即只在有键按下时，才唤醒 CPU 并处理，其余时间处于休眠状态。

在此，考虑到功耗的因素，本方案选择中断法扫描键盘并利用共阳型数码管静态显示方式显示键值。

2. 设计——软硬件设计

（1）硬件电路设计。

PC6 ~ PC9 分别连接矩阵键盘的行线 ROW0 ~ ROW3，PB10 ~ PB13 分别连接矩阵键盘的列线 COL0 ~ COL3。PA0 ~ PA7 作为数码管的段选信号分别连接数码管的 A ~ H 段，共阳型数码管的公共端接电源，如图 4 – 11 所示。

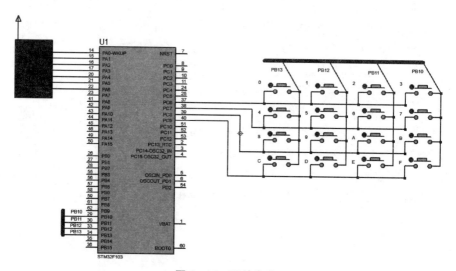

图 4 – 11　硬件电路

（2）软件程序设计。

矩阵键盘的扫描有行（列）扫描法和行（列）反转法。

行（列）扫描法又称逐行（列）扫描查询法，若将行作为输出，列作为输入，则扫描过程是：依次将列线 Y0 ~ Y3 置为低电平，再逐行检测各行的电平状态。若某行的电平为低，则该行与置为低的列线的相交处的按键为闭合的按键。

行（列）反转法确认键值的过程为：首先，行线输出低电平，读入列线状态。当有键按下时，列线至少有一位为低电平，说明该列至少有一个按键闭合，即可确认出该键所在的列。然后，线反转。列线输出低电平，读入行线状态。当有键按下时，行线至少有一位为低电平，说明该行至少有一个按键闭合，即可确认出该键所在的行。最后，将确认的列和行进行组合，即可得到按键的键值。

本任务采用逐行扫描法，检测各行的电平状态。程序代码如下：

```
//按下 4×4 键盘的按键,在数码管上显示按键值
#include"stm32f10x.h"
#include"stm32f10x_it.h"
#define ROW0(x)x ? GPIO_SetBits(GPIOC,GPIO_Pin_6):GPIO_
    ResetBits(GPIOC,GPIO_Pin_6)
#define ROW1(x)x ? GPIO_SetBits(GPIOC,GPIO_Pin_7):GPIO_
    ResetBits(GPIOC,GPIO_Pin_7)
#define ROW2(x)x ? GPIO_SetBits(GPIOC,GPIO_Pin_8):GPIO_
    ResetBits(GPIOC,GPIO_Pin_8)
#define ROW3(x)x ? GPIO_SetBits(GPIOC,GPIO_Pin_9):GPIO_
    ResetBits(GPIOC,GPIO_Pin_9)
#define uchar unsigned char//宏的定义变量类型 uchar 代替 un-
signed char
#define uint  unsigned int//宏的定义变量类型 uint 代替 un-
signed int
uchar  keyscan(void);
void delay_nms(u16 time);
void RCC_Configuration(void);
void GPIO_Configuration(void);
void EXTI_Configuration(void);
void NVIC_Configuration(void);
//此表为共阳数码管的段码值,若采用共阴数码管,需去掉 ~。
unsigned char  LED7Code[] = { ~0x3F, ~0x06, ~0x5B, ~0x4F, ~
0x66, ~0x6D, ~0x7D, ~0x07, ~0x7F, ~0x6F, ~0x77, ~0x7C,
 ~0x39, ~0x5E, ~0x79, ~0x71, ~0x00};
u16  temp;
```

```
uchar  key;  //键顺序码
int main(void)
{
     RCC_Configuration();//配置时钟
     GPIO_Configuration();//配置 GPIO
     EXTI_Configuration();//配置外部中断源
     NVIC_Configuration();//配置向量中断控制器
     GPIO_Write(GPIOA,LED7Code[16]);//数码管全灭
     ROW0(0);ROW1(0);ROW2(0);ROW3(0);//行线拉低
while(1);
}
void RCC_Configuration(void)//时钟配置子程序
{
    SystemInit();//72MHz
    RCC_APB2PeriphClockCmd(RCC_APB2Periph_GPIOA, ENA-
BLE);//开启 PA 的时钟
    RCC_APB2PeriphClockCmd(RCC_APB2Periph_GPIOB, ENA-
BLE);//使能 GPIOB 的时钟
    RCC_APB2PeriphClockCmd(RCC_APB2Periph_GPIOC, ENA-
BLE);//使能 GPIOC 的时钟
    RCC_APB2PeriphClockCmd(RCC_APB2Periph_AFIO, ENA-
BLE);//使能 AFIO 的时钟
}
void GPIO_Configuration(void)//配置 GPIO 口
    {
        GPIO_InitTypeDef GPIO_InitStructure;//声明 GPIO
初始化结构变量。
        GPIO_InitStructure.GPIO_Pin=0x0ff;//PA0 ~ PA7 引
脚
        GPIO_InitStructure.GPIO_Mode=GPIO_Mode_Out_PP;
   //配置成推挽式输出
        GPIO_InitStructure.GPIO_Speed = GPIO_Speed_
50MHz;
```

```
    GPIO_Init(GPIOA,&GPIO_InitStructure);  //初始化
PA口
    GPIO_InitStructure.GPIO_Pin=GPIO_Pin_6|GPIO_Pin_
7|GPIO_Pin_8|GPIO_Pin_9;//配置管脚6-9
    GPIO_InitStructure.GPIO_Mode=GPIO_Mode_Out_
PP;//IO口配置为推挽输出口
    GPIO_InitStructure.GPIO_Speed=GPIO_Speed_
50MHz;
    GPIO_Init(GPIOC,&GPIO_InitStructure);//初始化
PC口
    GPIO_InitStructure.GPIO_Pin=GPIO_Pin_10|  GPIO_
Pin_11|  GPIO_Pin_12|  GPIO_Pin_13;
    GPIO_InitStructure.GPIO_Mode=GPIO_Mode_IPU;  //
上拉输入
    GPIO_InitStructure.GPIO_Speed=GPIO_Speed_
50MHz;
    GPIO_Init(GPIOB,&GPIO_InitStructure);  //PB口初
始化
    GPIO_Write(GPIOB,0x3C00);//上拉输入需要把对应的
ODR置1
}


    void EXTI_Configuration(void)//配置外部中断源
{
    EXTI_InitTypeDef EXTI_InitStructure;//声明外部中断初
始化结构体
    EXTI_InitStructure.EXTI_Line=EXTI_Line10|EXTI_
Line11|EXTI_Line12|EXTI_Line13;//外部中断线Line10~13
    EXTI_InitStructure.EXTI_Mode=EXTI_Mode_Inter-
rupt;//选择中断模式
    EXTI_InitStructure.EXTI_Trigger=EXTI_Trigger_Fall-
ing;//下降沿触发
    EXTI_InitStructure.EXTI_LineCmd=ENABLE;//使能中断
```

```
    EXTI_Init(&EXTI_InitStructure);//初始化外部中断
    GPIO_EXTILineConfig(GPIO_PortSourceGPIOB,GPIO_Pin-
Source13);//PB13 配置为外部中断源
    GPIO_EXTILineConfig(GPIO_PortSourceGPIOB,GPIO_Pin-
Source12);//PB12 配置为外部中断源
    GPIO_EXTILineConfig(GPIO_PortSourceGPIOB,GPIO_Pin-
Source11);//PB11 配置为外部中断源
    GPIO_EXTILineConfig(GPIO_PortSourceGPIOB,GPIO_Pin-
Source10);//PB10 配置为外部中断源
}
void NVIC_Configuration(void)//嵌套向量中断初始化
{
    NVIC_InitTypeDef NVIC_InitStructure;
    NVIC_PriorityGroupConfig(NVIC_PriorityGroup_1);//
中断优先级分组配置分组 1:1 位抢占优先级、3 位从优先级
    NVIC_InitStructure.NVIC_IRQChannel = EXTI15_10_
IRQn;//EXTI15_10 中断源
    NVIC_InitStructure.NVIC_IRQChannelPreemptionPrior-
ity=0;//抢占先优先级设定为 0
    NVIC_InitStructure.NVIC_IRQChannelSubPriority =
0;//从优先级设计定为 0
    NVIC_InitStructure.NVIC_IRQChannelCmd=ENABLE;
    NVIC_Init(&NVIC_InitStructure);
}
//键盘扫描子程序
uchar keyscan(void)
  { temp=0;
    ROW0(0);ROW1(0);ROW2(0);ROW3(0);//行线拉低
    delay_nms(5);//延时去抖
    if((GPIOB->IDR & 0x3C00)==0x3C00)//如果延时后,
PB13-PB10 又全为 1,则刚才引脚的电位变化是抖动产生的,则让数码管
全灭。
    GPIO_Write(GPIOA,LED7Code[16]);
```

```
      ROW3(1);ROW2(1);ROW1(1);ROW0(0);//第 1 行的行线拉
低,判断按下的键是否在第一行
      temp = ~(GPIOB->IDR|0xC3FF);
      temp = temp>>10;
      switch(temp)//对 PB13-PB10 的值进行判断,以输出不同
的键值
      {
          case 0x0008:key=0;break;
          case 0x0004:key=1;break;
          case 0x0002:key=2;break;
          case 0x0001:key=3;break;
      }
      ROW3(1);ROW2(1);ROW1(0);ROW0(1);//第 2 行的行线拉
低,判断按下的键是否在第 2 行
      temp = ~(GPIOB->IDR|0xC3FF);
      temp = temp>>10;
      switch(temp)//对 PB13-PB10 的值进行判断,以输出不同
的键值
      {
          case 0x0008:key=4;break;
          case 0x0004:key=5;break;
          case 0x0002:key=6;break;
          case 0x0001:key=7;break;
      }
      ROW3(1);ROW2(0);ROW1(1);ROW0(1);//第 3 行的行线拉
低,判断按下的键是否在第 3 行
      temp = ~(GPIOB->IDR|0xC3FF);
      temp = temp>>10;
      switch(temp)//对 PB13-PB10 的值进行判断,以输出不同
的键值
      {   case 0x0008:key=8;break;
          case 0x0004:key=9;break;
          case 0x0002:key=10;break;
```

```
            case 0x0001:key =11;break;
         }
         ROW3(0);ROW2(1);ROW1(1);ROW0(1);//第4行的行线拉
低,判断按下的键是否在第4行
         temp = ~(GPIOB ->IDR|0xC3FF);
         temp=temp >>10;
         switch(temp)//对PB13-PB10的值进行判断,以输出不同
的键值
         {
            case 0x0008:key =12;break;
            case 0x0004:key =13;break;
            case 0x0002:key =14;break;
            case 0x0001:key =15;break;
         }
         return key;
}
void delay_nms(u16 time)//延时子程序
{   u16 i =0;
while(time --)
   {   i =12000;   //自己定义
while(i --);
   }
}
void EXTI15_10_IRQHandler(void)//外部中断源15-10的中断
子程序
{
   if(EXTI_GetITStatus(EXTI_Line10|EXTI_Line11|EXTI_
Line12|EXTI_Line13)!=RESET)
{
   keyscan();
   GPIO_Write(GPIOA,LED7Code[key]);//显示按键值;
   EXTI_ClearITPendingBit(EXTI_Line10|EXTI_Line11|EX-
TI_Line12|EXTI_Line13);
```

```
    ROW0(0);ROW1(0);ROW2(0);ROW3(0);//行线拉低
  }
}
```

3. 实现——软硬件调测

按照电路连接系统硬件，并下载程序后可看到结果，如图 4 - 12 所示。

图 4 - 12　系统电路连接

4. 运行——结果分析、功能拓展

（1）结果分析。

按照电路原理图连接硬件电路并下载程序后，正常情况下可看到，按下按键后数码管显示相应的键值。如果系统运行不正常，可以用万用表或者示波器检测相应引脚，判断与程序是否一致，对程序进行单步运行，观察运行结果是否正确，修改程序直到运行正常。

（2）功能拓展。

利用 4×4 键盘开发电子密码锁功能。当输入密码正确时，数码管显示 O，当密码错误时，数码管显示 E，并用蜂鸣器进行报警。

4.2.4　任务小结

通过对数码管显示按键值的调试与制作，掌握矩阵键盘的基本操作和编程方法。通过本任务的完成，掌握 STM32 单片机的中断系统的原理及应用方法。

项目 5　液 晶 显 示

【学习目标】

知识目标

1. 掌握 LCD 液晶显示技术和数据手册中时序图的使用。

2. 掌握中文取模软件的使用。

能力目标

能够利用 LCD 实现字符、汉字以及图形显示。

5.1　任务一　带中文字库液晶模块 HS12864 显示

5.1.1　任务描述

利用 LCD 第一行显示"Hello，STM32!"，第二行显示"你好，单片机!"。

5.1.2　知识链接

1. LCD 基础

LCD（Liquid Crystal Display）是一种采用液晶为材料的显示器，它主要是以电流刺激液晶分子产生点、线、面配合背部灯管构成画面。液晶显示器件由于具有显示信息丰富、功耗低、体积小、质量小、无辐射等优点，得到了广泛的应用。液晶显示模块是将液晶显示器件 LCD、连接件、集成电路、PCB 线路板、背光源、结构件装配在一起的组件，简称为 LCM（Liquid Crystal Display Module）。

根据显示方式，LCD 显示器可分为：字符型、点阵型以及专用符号型。字符型 LCD 可在屏幕上固定显示各种符号、数字和字母，常用型号有 1602、0801 等，其中 1602 表示每行显示 16 个字符，可以显示 2 行。点阵型 LCD 由按行、列排列的像素点组成，可以在任意位置显示任意符号，适合于需要显示图形以及汉字等场合，常用点阵的行、列数来命名，目前常用的型号有 12864 等。

12864 液晶的型号通常为 XX12864Y，其中 XX 是厂家标志，12864 是指 128×64 点阵，Y 是厂家对各种 12864 的编号。12864 液晶的控制器主要有以下几类：

（1）ST7920 类：带中文字库，支持画图方式，支持 68 时序 8 位和 4 位并口以及串口。

（2）KS0108 类：指令简单，不带字库，支持 68 时序 8 位并口。

（3）T6963C 类：功能强大，带西文字库，有文本和图形两种显示方式，支持 80 时序 8 位并口。

（4）COG 类：结构轻便，成本低，支持 68 时序 8 位并口，80 时序 8 位并口和串口。

以上四类控制器液晶屏的引脚不同，我们可以根据引脚区分液晶屏是哪种控制器，PSB 是 ST7920 类液晶的标志性引脚；CS1 和 CS2 是 KS0108 类引脚的标志性引脚；FS 是 T6963C 类液晶的标志性引脚。如果你拿到的液晶接口有丝印指示，就可以判断出液晶的类型。

2. ST7920 类 12864 液晶屏

本项目选用的是带中文字库的 HS12864 - 15B 液晶模块，控制器为 ST7920，具有 8 位/4 位并行接口和串行接口。其显示分辨率为 128×64，内置 8192 个 16×16 点汉字和 126 个 16×8 点 ASCII 字符集。利用该模块灵活的接口方式和简单、方便的操作指令，可以显示 8×4 行 16×16 点阵的汉字，也可完成图形显示。

（1）引脚及功能。

12864 共计 20 的引脚，如图 5 - 1 所示。

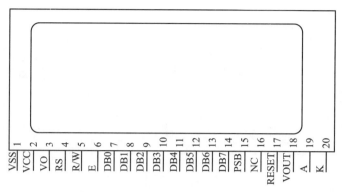

图 5 - 1 12864 引脚

12864 各引脚功能如表 5 - 1 所示。

表 5 - 1   12864 各引脚功能表

管脚号	管脚名称	电平	管脚功能描述
1	VSS	0V	电源地
2	VCC	+5V	电源正
3	V0	—	对比度（亮度）调整
4	RS（CS）	H/L	并行时为指令/数据选择信号： RS = "H"，表示 DB7—DB0 为显示数据 RS = "L"，表示 DB7—DB0 为显示指令 串行为片选信号，低电平有效
5	R/W（SID）	H/L	并行的读写选择信号： R/W = "H"，E = "H"，数据被读到 DB7—DB0 R/W = "L"，E = "H→L"，DB7—DB0 的数据被写到 IR 或 DR 串行的数据线
6	E（SCLK）	H/L	并行的使能信号；串行的同步时钟输入
7 ~ 14	DB0 ~ DB7	H/L	三态数据线
15	PSB	H/L	H：8 位或 4 位并口方式，L：串口方式 注：如在实际应用中仅使用串口通信模式，可将 PSB 接固定低电平，也可以将模块上的 J8 和 "GND" 用焊锡短接
16	NC	—	空脚
17	/RESET（RST）	H/L	复位端，低电平有效 注：模块内部接有上电复位电路，因此在不需要经常复位的场合可将该端悬空
18	VOUT（VEE）	—	LCD 驱动电压输出端

管脚号	管脚名称	电平	管脚功能描述
19	A	VDD	背光源正端（+5V） 注：如背光和模块共用一个电源，可以将模块上的 JA、JK 用焊锡短接
20	K	VSS	背光源负端（0V） 注：如背光和模块共用一个电源，可以将模块上的 JA、JK 用焊锡短接

（2）时序。

模块有并行和串行两种连接方法，时序如图 5 - 2 所示。

①8 位并行连接时序图。

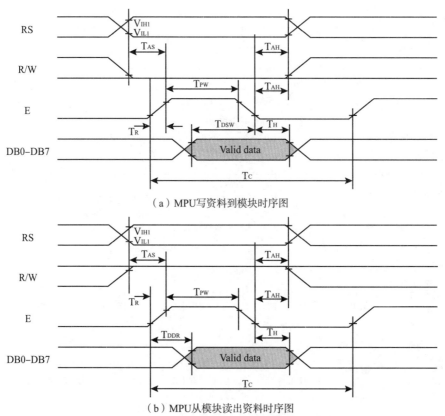

（a）MPU写资料到模块时序图

（b）MPU从模块读出资料时序图

图 5 - 2　12864 芯片 8 位并行连接时序图

②串行连接时序图，如图5-3所示。

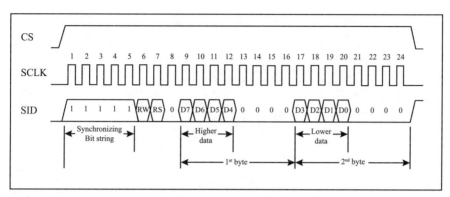

图5-3 串行连接时序图

（3）控制命令。

基本指令集控制命令如表5-2所示。

表5-2 基本指令集控制命令表（RE=0）

指令	指令码								
	RS	RW	DB7	DB6	DB5	DB4	DB3	DB2	DB1	DB0
清除显示	0	0	0	0	0	0	0	0	0	1
	功能：清除显示屏幕，把DDRAM位址计数器调整为"00H"									
地址归位	0	0	0	0	0	0	0	0	1	X
	功能：把DDRAM位址计数器调整为"00H"，游标回原点，该功能不影响显示DDRAM									
进入点设定	0	0	0	0	0	0	0	1	I/D	S
	指定在资料的读取与写入时，设定游标移动方向及指定显示的移位									
显示状态：开/关	0	0	0	0	0	0	1	D	C	B
	D=1：整体显示 ON；　　C=1：游标 ON；　　B=1：游标位置 ON									
光标或显示移位控制	0	0	0	0	0	1	S/C	R/L	X	X
	功能：设定游标的移动与显示的移位控制位；这个指令并不改变DDRAM的内容									

指令	指令码								
	RS	RW	DB7	DB6	DB5	DB4	DB3	DB2	DB1	DB0
功能设定	0	0	0	0	1	DL	X	0/RE	X	X
	DL=1（必须设为1）；RE=1：扩充指令集动作；RE=0：基本指令集动作									
设定 CGRAM 地址	0	0	0	1	AC5	AC4	AC3	AC2	AC1	AC0
	设定 CGRAM 地址到地址计数器（AC）									
设定 DDRAM 地址	0	0	1	AC6	AC5	AC4	AC3	AC2	AC1	AC0
	设定 DDRAM 地址到地址计数器（AC）									
读取忙标志（BF）和地址	0	1	BF	AC6	AC5	AC4	AC3	AC2	AC1	AC0
	读取忙碌标志（BF）可以确认内部动作是否完成，同时可以读出地址计数器（AC）的值									
写数据到 RAM	1	0	D7	D6	D5	D4	D3	D2	D1	D0
	写入资料到内部的 RAM（DDRAM/CGRAM/IRAM/GDRAM）									
读出 RAM 的值	1	1	D7	D6	D5	D4	D3	D2	D1	D0
	从内部 RAM 读取资料（DDRAM/CGRAM/IRAM/GDRAM）									

①清除显示：将 DDRAM 填满"20H"（空格）代码，并且设定 DDRAM 的地址计数器（AC）为 00H；更新设置进入设定点将 I/D 设为1，游标右移 AC 加1。

②地址归0：设定 DDRAM 的地址寄存器为 00H，并且将游标移到开头原点位置；这个指令并不改变 DDRAM 的内容。

③进入设定点：指定在显示数据的读取与写入时，设定游标的移动方向及指定显示的移位。I/D=1，游标右移，DDRAM 地址计数器（AC）加1；I/D=0，游标左移，DDRAM 地址计数器（AC）减1；S：显示画面整体位移，S=1，I/D=1，画面整体左移；S=1，I/D=0，画面整体右移。

④显示开关设置：控制整体显示开关，游标开关，游标位置显示反白开关。D=1，整体显示开；D=0，整体显示关，但是不改变 DDRAM 内容。C=1，游标显示开；C=0，游标显示关。B=1，游标位置显示反白开，将游标所在地址上的内容反白显示；B=0，正常显示。

⑤光标或显示移位控制，见表5-3。

表 5 – 3　　　　　　　　　　光标或显示移位控制指令表

S/C	R/L	方向	AC 的值
L	L	游标向左移动	AC = AC – 1
L	H	游标向右移动	AC = AC + 1
H	L	显示向左移动，游标跟着移动	AC = AC
H	H	显示向右移动，游标跟着移动	AC = AC

⑥功能设定：DL：8/4 位接口控制位，DL = 1，8 位 MPU 接口；DL = 0，4 位 MPU 接口。RE：指令集选择控制位，RE = 1，扩充指令集；RE = 0，基本指令集。同一指令的动作不能同时改变 DL 和 RE，需先改变 DL 再改变 RE 才能确保设置正确。

⑦设定 CGRAM 地址：设定 CGRAM 地址到地址计数器（AC），AC 范围为 00H ~ 3FH 需确认扩充指令中 SR = 0（卷动位置或 RAM 地址选择）。

⑧设定 DDRAM 地址：设定 DDRAM 地址到地址计数器（AC）。第一行 AC 范围 80H ~ 8FH；第二行 AC 范围 90H ~ 9FH。

⑨读取忙标志和地址（RS = 0，R/W = 1）：读取忙标志以确定内部动作是否完成，同时可以读出地址计数器（AC）的值。

⑩写显示数据到 RAM（RS = 1，R/W = 0）：当显示数据写入后会使 AC 改变，每个 RAM（CGRAM，DDRAM）地址都可以连续写入 2 个字节的显示数据，当写入第二个字节时，地址计数器（AC）的值自动加一。

⑪读取显示 RAM 数据（RS = 1，R/W = 1）：读取后会使 AC 改变设定 RAM（CGRAM，DDRAM）地址后，先要 Dummy read 一次后才能读取到正确的显示数据，第二次读取不需要 Dummy read，除非重新设置了 RAM 地址。

扩充指令集控制指令如表 5 – 4 所示。

表 5 – 4　　　　　　　　扩充指令集控制指令表（RE = 1）

指令	指令码								
	RS	RW	DB7	DB6	DB5	DB4	DB3	DB2	DB1	DB0
清除显示	0	0	0	0	0	0	0	0	0	1
	功能：进入待命模式，执行其他命令都可终止待命模式								

续表

指令	指令码									
	RS	RW	DB7	DB6	DB5	DB4	DB3	DB2	DB1	DB0
卷动地址 或 IRAM 地址选择	0	0	0	0	0	0	0	0	1	SR
	SR = 1：允许输入垂直卷动地址；SR = 0：允许输入 IRAM 地址									
反白选择	0	0	0	0	0	0	0	1	R1	R0
	选择 4 行中的任一行作反白显示，并可决定反白与否									
睡眠模式	0	0	0	0	0	0	1	SL	X	X
	SL = 1：脱离睡眠模式；SL = 0：进入睡眠模式									
扩充功能 设定	0	0	0	0	1	1	X	1/RE	G	0
	RE = 1：扩充指令集动作；RE = 0：基本指令集动作 G = 1：绘图显示 ON；G = 0：绘图显示 OFF									
设定 IRAM 地址或卷 动地址	0	0	0	1	AC5	AC4	AC3	AC2	AC1	AC0
	SR = 1：AC5—AC0 为垂直卷动地址； SR = 0：AC3—AC0 为 ICON IRAM 地址									
设定绘图 RAM 地址	0	0	1	AC6	AC5	AC4	AC3	AC2	AC1	AC0
	设定 CGRAM 地址到地址计数器（AC）									

①待命模式：进入待命模式，执行如何使其他指令都可以结束待命模式；该指令不能改变 RAM 的内容。

②卷动位置或者 RAM 地址选择：当 SR = 1 时，允许输入垂直卷动地址当 SR = 0 时，允许设定 CGRAM 地址（基本指令）。

③反白显示：选择 2 行中的任意一行作反白显示，并可决定反白与否。R0 初始值为 0，第一次执行时为反白显示，再次执行时为正常显示通过 R0 选择要做反白处理的行：R0 = 0 第一行，R0 = 1 第二行。

④睡眠模式：SL = 1，脱离睡眠模式；SL = 0，进入睡眠模式。

⑤扩充功能设定：DL：8/4 位接口控制位；DL = 1，8 位 MPU 接口；DL = 0，4 位 MPU 接口。RE：指令集选择控制位。RE = 1，扩充指令集；RE = 0，基本指令集。G：绘图显示控制位，G = 1，绘图显示开；G = 0，绘图显示关。同一指令的动作不能同时改变 RE 及 DL、G，需先改变 DL

或 G 再改变 RE 才能确保设置正确。

⑥设定绘图 RAM 地址：设定 GDRAM 地址到地址计数器（AC），先设置垂直位置再设置水平位置（连续写入 2 字节数据来完成垂直与水平坐标的设置）。垂直地址范围：AC6 ~ AC0，水平地址范围：AC3 ~ AC0。

需要注意的是：

①当模块在接受指令前，微处理器必须先确认模块内部处于非忙碌状态，即读取 BF 标志时 BF 需为 0，方可接受新的指令；如果在送出一个指令前并不检查 BF 标志，那么在前一个指令和这个指令中间必须延迟一段时间，以确保前一个指令执行完成，指令执行的时间请参考指令表中的个别指令说明。

②"RE" 为基本指令集与扩充指令集的选择控制位，当变更 "RE" 的状态后，往后的指令集将维持在最后的状态，除非再次变更 "RE" 状态，否则使用相同指令集时，不需每次重设 "RE"。

3. 12864 显示屏的操作

（1）操作分类。

①并行操作方式。

当模块的 PSB 接高电平时，模块为并行接口模式。可由基本指令集中的功能设定指令 DL 位的设定来选择 8 位或 4 位接口方式。根据时序图 5 – 2 可知，对 LCD12864 的并行操作可以通过 RS、RW 的控制分为四种模式：

✓ 读状态。RS = 0，RW = 1，E = 1。读忙标志 BF（D7），以及地址计数器 AC 的值（D0 ~ D6）。

✓ 写指令。RS = 0，RW = 0，E 由高电平变低电平。液晶屏通过 D7 ~ D0 将指令写入指令寄存器 IR。

✓ 读数据。RS = 1，RW = 1，E = 1。从液晶屏数据寄存器 DR 中读取数据。

✓ 写数据。RS = 1，RW = 0，E 由高电平变低电平，液晶屏通过 D7 ~ D0 传送数据。

②串行工作方式。

当模块的 PSB 接高电平时，模块为串行接口模式。利用串行数据线 SID 和串行时钟线 SCLK 来传送数据。利用片选线 CS 可以实现同时接入多个液晶显示模块，以完成多路信息显示功能。根据串行通信的时序图 5 – 3

可知，串行数据传送共分三个字节完成：

第一字节：串口控制—格式 11111ABC。

A 为数据传送方向控制：H 表示数据从 LCD 到 MCU，L 表示数据从 MCU 到 LCD；

B 为数据类型选择：H 表示数据是显示数据，L 表示数据是控制指令；C 固定为 0。

第二字节：（并行）8 位数据的高 4 位—格式 DDDD0000。

第三字节：（并行）8 位数据的低 4 位—格式 DDDD0000。

（2）LCD12864 显示的操作过程

①使用前的准备。

先给模块加上工作电压，调节 LCD 的对比度，使其显示出黑色的底影。此过程亦可以初步检测 LCD 有无缺段现象。

②液晶屏初始化。

在使用 LCD12864 液晶屏显示之前，必须在主程序中对液晶屏进行初始化操作，即设置液晶控制模块的工作方式，具体项目可根据需要选择，例如，显示模式控制、光标控制、显示器开关控制等。常用的 LCD12864 液晶显示模块初始化内容有：

✓ 写命令 0x30；//基本指令集，若使用扩展指令集，则为 0x34

✓ 写命令 0x02；//地址归位

✓ 写命令 0x01；//清屏，地址指针指向 00H

✓ 写命令 0x0E；//整体显示，开游标，关位置

✓ 写命令 0x06。//光标的移动方向

③确认显示的位置。

字符显示 RAM 在液晶模块中的地址为 80H ~ 9FH。字符显示的 RAM 的地址与 32 个字符显示区域有着一一对应的关系，其对应关系如表 5 – 5 所示。

表 5 – 5　字符显示的 RAM 的地址与 32 个字符显示区域的对应关系

行	X 坐标							
Line1	80H	81H	82H	83H	84H	85H	86H	87H
Line2	90H	91H	92H	93H	94H	95H	96H	97H

行	X 坐标							
Line3	88H	89H	8AH	8BH	8CH	8DH	8EH	8FH
Line4	98H	99H	9AH	9BH	9CH	9DH	9EH	9FH

表 5 – 5 中每个地址都可写入两个字节的内容，它们是按高位在前低位在后排列的，即每一个地址可以写入一个汉字或两个 ASCII 码字符。

④设置要显示的内容。

带中文字库的 12864 每屏可显示 4 行 8 列共 32 个 16 × 16 点阵的汉字，或 4 行 16 列共 64 个 ASCII 码字符。字符显示是通过将字符显示编码写入该字符显示 RAM 实现的。

根据写入内容的不同，可分别在液晶屏上显示 CGROM（中文字库）、半宽的 HCGROM（ASCII 码字库）及 CGRAM（自定义字形）的内容。三种不同字符/字形的选择编码范围为：

显示自定义字形：CGRAM 中可自定义 CGROM 中没有的字符，将两个字节的编码写入显示 RAM，有 0000、0002、0004、0006 四种编码。

中文字库字形：将两个字节的编码写入显示 RAM，先写高 8 位，后写低 8 位，范围是：A1A0H ~ F7FFH（GB2312）。

显示半宽 ASCII 码字符：将要显示字符的编码写入显示 RAM，范围是02H ~ 7FH，字符表代码（02H ~ 7FH）如图 5 – 4 所示。如显示字符 A，将编码 0x41 写入液晶屏即可。

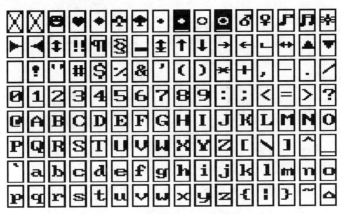

图 5 – 4 字符表代码（02H ~ 7FH）

执行每条指令之前一定要判断液晶显示器是否处于忙状态，即读取 BF 标志时 BF 需为 "0"，方可接受新的指令。如果在送出一个指令前不检查 BF 标志，则在前一个指令和这个指令中间必须延迟一段时间，即等待前一个指令确定执行完成。

5.1.3　任务实施

1. 构思——方案选择

12864 液晶显示方式有 8/4 位并行通信和串行通信方式。并行通信方式时，数据线和控制线与单片机相连，占用 I/O 口资源较多，传输数据速度快。串行通信方式具有节省 I/O 资源的优点，但传送数据速度较慢。

由于本项目硬件较少，连接简单且对速度没有特殊要求，我们将用并行接口方式和串行接口方式分别予以实现。

2. 设计——软硬件设计

方案一：并行通信方式。

（1）硬件电路设计。

PSB 接高时选择为并口方式操作，接低时选择串口方式进行操作，因此在这里我们将 PSB 接电源。硬件电路连接如表 5-6 所示。

表 5-6　　　　　　　　　　　　　12864 并行方式硬件连线

Stm32 引脚				PE0	PE1	PE2	PE3 ~ PE10			
12864 引脚	GND (0V)	VCC (+5V)	VO (+5V)	RS	RW	E	D0 ~ D7	PSB (+5V)	A (+5V)	K (0V)

（2）软件程序设计。

①并行方式驱动液晶屏显示，主程序流程如图 5-5 所示。

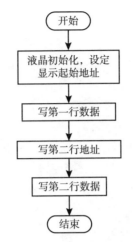

图 5−5　系统主程序流程

源程序：

```
#include"stm32f10x.h"
#define LCD12864_DB7(x)x ? GPIO_SetBits(GPIOE,GPIO_Pin_
10):GPIO_ResetBits(GPIOE,GPIO_Pin_10);
#define LCD12864_DB6(x)x ? GPIO_SetBits(GPIOE,GPIO_Pin_
9):GPIO_ResetBits(GPIOE,GPIO_Pin_9);
#define LCD12864_DB5(x)x ? GPIO_SetBits(GPIOE,GPIO_Pin_
8):GPIO_ResetBits(GPIOE,GPIO_Pin_8);
#define LCD12864_DB4(x)x ? GPIO_SetBits(GPIOE,GPIO_Pin_
7):GPIO_ResetBits(GPIOD,GPIO_Pin_7);
#define LCD12864_DB3(x)x ? GPIO_SetBits(GPIOE,GPIO_Pin_
6):GPIO_ResetBits(GPIOD,GPIO_Pin_6);
#define LCD12864_DB2(x)x ? GPIO_SetBits(GPIOE,GPIO_Pin_
5):GPIO_ResetBits(GPIOD,GPIO_Pin_5);
#define LCD12864_DB1(x)x ? GPIO_SetBits(GPIOE,GPIO_Pin_
4):GPIO_ResetBits(GPIOE,GPIO_Pin_4);
#define LCD12864_DB0(x)x ? GPIO_SetBits(GPIOE,GPIO_Pin_
3):GPIO_ResetBits(GPIOE,GPIO_Pin_3);
#define LCD12864_EN(x)x ? GPIO_SetBits(GPIOE,GPIO_Pin_
```

```
2):GPIO_ResetBits(GPIOE,GPIO_Pin_2);
#define LCD12864_RW(x)x ? GPIO_SetBits(GPIOE,GPIO_Pin_
1):GPIO_ResetBits(GPIOE,GPIO_Pin_1);
#define LCD12864_RS(x)x ? GPIO_SetBits(GPIOE,GPIO_Pin_
0):GPIO_ResetBits(GPIOD,GPIO_Pin_0);
#define setbit(p,b) (p|=(1<<b))
#define clrbit(p,b) (p&=(~(1<<b)))
#define testbit(p,b) (p&(1<<b))
void RCC_Configuration(void);
void GPIO_Configuration(void);
void delay_nms(u16 time);
void LCD_Init(void);
void LCD_WrCmd(unsigned char cmd);
void LCD_WriteDataPort(unsigned char temp);
void LCD_WriteEnglish(unsigned char dat);
unsigned char dis1[]={"Hello,STM32!"};
unsigned char dis2[]={"你好,单片机!"};
int main(void)
{   unsigned char i=0,j=0;
    RCC_Configuration();//配置时钟
    GPIO_Configuration();//配置 GPIO
    LCD_Init();
    LCD_WrCmd(0x80+0);//显示位置:第一行,第一列
    while(dis1[i]!='\0')
    {
      LCD_WriteEnglish(dis1[i]);
      i++;
      delay_nms(15);
    }

void RCC_Configuration(void)//时钟配置子程序
{
    SystemInit();//72MHz
```

```
  RCC_APB2PeriphClockCmd(RCC_APB2Periph_GPIOD,ENA-
BLE);//开启 PD 的时钟
    RCC_APB2PeriphClockCmd(RCC_APB2Periph_GPIOE,ENA-
BLE);//使能 GPIOE 的时钟
}
void GPIO_Configuration(void)//配置 GPIO 口
{
    GPIO_InitTypeDef GPIO_InitStructure;//声明 GPIO 初始
化结构变量。
    GPIO_InitStructure.GPIO_Pin=0x07ff;//配置管脚 0-10
    GPIO_InitStructure.GPIO_Mode=GPIO_Mode_Out_PP;//IO
口配置为推挽输出口
    GPIO_InitStructure.GPIO_Speed=GPIO_Speed_50MHz;
    GPIO_Init(GPIOE,&GPIO_InitStructure);//初始化 PE 口


}
void delay_nms(u16 time)//延时子程序,约 1ms
{   u16 i=0;
    while(time--)
    {   i=1050;   //自己定义
        while(i--);
    }
}
LCD_WrCmd(0x90+0);//显示位置:第一行,第一列
    while(dis2[j]!='\\0')
    {
      LCD_WriteEnglish(dis2[j]);
      j++;
      delay_nms(15);
    }
}
void LCD_Init(void)//   LCD 初始化
{
```

```
    LCD_WrCmd(0x30);//基本指令集
    delay_nms(15);
    LCD_WrCmd(0x02);   //地址归位
    delay_nms(15);
    LCD_WrCmd(0x06);   //游标右移
    delay_nms(15);
    LCD_WrCmd(0x0f);     //显示打开,关光标
    delay_nms(15);
    LCD_WrCmd(0x01);//清屏
    delay_nms(15);
}
void LCD_WrCmd(unsigned char cmd)//   12864 写命令
{
    LCD12864_RS(0);
    LCD12864_RW(0);
    LCD12864_EN(0);
    LCD_WriteDataPort(cmd);//LCD_DATA=cmd;
    delay_nms(1);
    LCD12864_EN(1);
    delay_nms(15);
    LCD12864_EN(0);
}
void LCD_WriteDataPort(unsigned char temp)//数据端口 DB7
~DB0 并行输入 temp 的数值
{
    unsigned char i;
    for(i=0;i<8;i++)
    {
        if(testbit(temp,i))
        {
            switch(i)
            {
                case(0):LCD12864_DB0(1);break;
```

```
            case(1):LCD12864_DB1(1);break;
            case(2):LCD12864_DB2(1);break;
            case(3):LCD12864_DB3(1);break;
            case(4):LCD12864_DB4(1);break;
            case(5):LCD12864_DB5(1);break;
            case(6):LCD12864_DB6(1);break;
            case(7):LCD12864_DB7(1);break;
            default:break;
        }
    }
    else
    {
        switch(i)
        {
            case(0):LCD12864_DB0(0);break;
            case(1):LCD12864_DB1(0);break;
            case(2):LCD12864_DB2(0);break;
            case(3):LCD12864_DB3(0);break;
            case(4):LCD12864_DB4(0);break;
            case(5):LCD12864_DB5(0);break;
            case(6):LCD12864_DB6(0);break;
            case(7):LCD12864_DB7(0);break;
            default:break;
        }
    }
}
}
void LCD_WriteEnglish(unsigned char dat)//往12864写数据
{
    LCD12864_RS(1);
    LCD12864_RW(0);
      LCD12864_EN(0);
    LCD_WriteDataPort(dat);//LCD_DATA=dat;
```

```
    delay_nms(1);
  LCD12864_EN(1);
  delay_nms(15);
  LCD12864_EN(0);
}
```

方案二：串行接口方式。

（1）硬件电路设计。

利用串行方式驱动 HS12864-15B 液晶屏时，PSB 接低电平，硬件连接情况如下所示：

SCLK（EN）---PE12

SID（RW）---PE14

CS（RS）---PE10

（2）代码示例。

```c
#include"stm32f10x.h"
typedef unsigned char uchar;
#define LCD12864_CLK(x)x ? GPIO_SetBits(GPIOE,GPIO_Pin_
12):GPIO_ResetBits(GPIOE,GPIO_Pin_12);
#define LCD12864_SID(x)x ? GPIO_SetBits(GPIOE,GPIO_Pin_
14):GPIO_ResetBits(GPIOE,GPIO_Pin_14);
#define LCD12864_CS(x)x ? GPIO_SetBits(GPIOE,GPIO_Pin_
10):GPIO_ResetBits(GPIOE,GPIO_Pin_10);
#define   setbit(p,b)(p|=(1<<b))
#define   clrbit(p,b)(p&=(~(1<<b)))
#define   testbit(p,b)(p&(1<<b))
void RCC_Configuration(void);
void GPIO_Configuration(void);
void delay_nms(u16 time);
void LCD_Init(void);
void Send(uchar type,uchar transdata);
uchar dis1[]={"Hello,STM32!"};
uchar dis2[]={"你好,单片机!"};
```

```
int main(void)
{   unsigned char i =0,j =0;
    RCC_Configuration();//配置时钟
    GPIO_Configuration();//配置 GPIO
    LCD_Init();
    Send(0,0x80 +0);//显示位置:第一行,第一列
    while(dis1[i]! =' \0 ')
    {
    Send(1,dis1[i]);
    i ++;
    }
    Send(0,0x90 +0);//显示位置:第二行,第一列
    while(dis2[j]! =' \0 ')
    {
    Send(1,dis2[j]);
    j ++;
    }
}
void RCC_Configuration(void)//时钟配置子程序
{
    SystemInit();//72MHz
     RCC_APB2PeriphClockCmd(RCC_APB2Periph_GPIOE,ENA-
BLE);//使能 GPIOE 的时钟
}
void GPIO_Configuration(void)//配置 GPIO 口
{   GPIO_InitTypeDef GPIO_InitStructure;//声明 GPIO 初始化
结构变量。
    GPIO_InitStructure.GPIO_Pin =GPIO_Pin_10 | GPIO_Pin_
12 | GPIO_Pin_14;//配置管脚 10/12/14
    GPIO_InitStructure.GPIO_Mode =GPIO_Mode_Out_PP;//IO
口配置为推挽输出口
    GPIO_InitStructure.GPIO_Speed =GPIO_Speed_50MHz;
    GPIO_Init(GPIOE,&GPIO_InitStructure);//初始化 PE 口
```

```
}
void delay_nms(u16 time)//延时子程序,约1ms
{   u16 i=0;
    while(time--)
    {   i=1050;   //自己定义
    while(i--);
    }
}
//LCD初始化
void LCD_Init(void)
{
Send(0,0x30);//基本指令集
    delay_nms(15);
    Send(0,0x02);   //地址归位
    delay_nms(15);
    Send(0,0x06);   //游标右移
    delay_nms(15);
    Send(0,0x0f);   //显示打开,关光标
    delay_nms(15);
    Send(0,0x01);//清屏
    delay_nms(15);
}
void Send(uchar type,uchar transdata)//MCU向液晶模块发送
1一个字节的数据
{
uchar firstbyte=0xf8;
uchar temp;
uchar i,j=3;
if(type)
    firstbyte|=0x02;//命令控制字:type=0时,0xf8写指令;
type=1时,0xfa写数据
```

```
    LCD12864_CS(1);
    LCD12864_CLK(0);
while(j >0)
    {
if(j ==3)temp =firstbyte;
else if(j ==2)temp =transdata&0xf0;
else   temp =(transdata <<4)&0xf0;
    for(i =8;i >0;i --)
      {
    if(temp & 0x80)
      {LCD12864_SID(1);}
    else
      LCD12864_SID(0);
      LCD12864_CLK(1);
      temp << =1;
      LCD12864_CLK(0);
          }  //三个字节之间一定要有足够的延时,否则易出现时序
问题
if(j ==3)delay_nms(10);
else   delay_nms(10);
j --;
    }
    LCD12864_SID(1);
    LCD12864_CS(0);
}
```

3. 实现——软硬件调测

按照电路图搭建电路并下载程序观察实验现象如图 5 –6 所示。

图 5 - 6　运行结果

4. 运行——结果分析、功能拓展

（1）结果分析。

背光电源正负极接通之后，屏幕就可点亮。按照电路原理图连接硬件电路并下载程序后，一般情况下可看到 LCD 正常显示，如果发现屏幕显示不清楚，可以通过调节连接在 V0 上的电位器以增加对比度。

每次对液晶屏进行读写操作之后，都要读取忙标志位，等待忙标志位 BF 为 0 后，再进行下一次操作。或者延时足够长时间确保该读写操作完成。

（2）功能拓展。

通过 HS12864 - 15B 液晶模块显示图形。

5.1.4　任务小结

通过本任务的完成，了解 LCD 的分类以及 HS12864 - 15B 液晶模块的使用方法，掌握 LCD 与单片机的电路连接及编程实现 LCD 显示。

5.2 任务二 不带中文字库液晶屏 CH12864C 操作

5.2.1 任务描述

利用 LCD 第一行显示汉字"齐鲁师范学院",第二行开始显示一幅图片。

5.2.2 知识链接

1. KS0108 类 12864 液晶屏

本项目采用 CH12864C 系列的液晶模块,以 KS0108 为主控芯片,不带字库的,要借助取模软件才能显示出字符或图形,只能采用并行连接方式。

KS0108 控制的 12864 内部有两个控制器,分别控制左半屏和右半屏。左半屏和右半屏操作时写的地址是一样的,所以只能通过片选 CS1 和 CS2 来选择是哪半个屏,如果两个都选通,则相当于两块 64×64 的液晶了,而且显示的内容是一样的,本项目采用的取模方式是纵向 8 点,高位在下的方式。

每个半屏都为 64×64 点阵,其中列的范围是 0~63,行是不能按位来写的,而是写"页",一个页相当于 8 个点,也就是 8 位,即一个字符,高位在下面,那么页的范围是 0~7,共 8 页,也就是 64 个点。

如果用取模软件完成对一个汉字的取模,将会得到 16×16 大小的点阵,实际上占用了两个"页",16 个列,而我们操作时先固定一个页,比如从 n 页开始写入,从列 0 写到 16,然后到页 n+1,再从列 0 写到 16,这样一个"们"字就出来了,下面是其代码 {0×40, 0×20, 0×F8, 0×07, 0×00, 0×F8, 0×02, 0×04, 0×08, 0×04, 0×04, 0×04, 0×04, 0×FE, 0×04, 0×00, 0×00, 0×00, 0×FF, 0×00, 0×00, 0×FF, 0×00, 0×00, 0×00, 0×00, 0×00, 0×40, 0×80, 0×7F,

0×00，0×00，}

可见 16×16 的字符占了 32 个字节（上面 n 页 16 个字节加 n+1 页 16 个），那么如果一幅满幅的图片，就是 128×64，占用 $128\times8=1k$ 个字节，可见还是非常占空间的。

（1）引脚与功能。

CH12864C 液晶屏的引脚功能，如表 5-7 所示。

表 5-7 　　　　　　　　CH12864C 引脚功能表

管脚号	管脚名称	电平	管脚功能描述
1	VSS	0V	电源地
2	VCC	+5V	电源正
3	V0	—	对比度（亮度）调整
4	RS	H/L	指令/数据选择信号： RS="H"，数据寄存器；RS="L"，指令寄存器
5	R/W	H/L	读写/选择信号： R/W="H"，读操作；R/W="L"，写操作
6	E	H/L	使能信号
7~14	DB0~DB7	H/L	三态数据线
15	CS1	H/L	片选信号，低电平时选择左半屏
16	CS2	H/L	片选信号，低电平时选择左半屏
17	/RST	H/L	复位端，低电平有效 注：模块内部接有上电复位电路，因此在不需要经常复位的场合可将该端悬空
18	VOUT	—	LCD 驱动负电压输出端，对地接 10k 电位器
19	A	VDD	背光源正端（+5V） 注：如背光和模块共用一个电源，可以将模块上的 JA、JK 用焊锡短接
20	K	VSS	背光源负端（0V） 注：如背光和模块共用一个电源，可以将模块上的 JA、JK 用焊锡短接

（2）工作时序。

KS0108 操作时序图如图 5-7 所示。

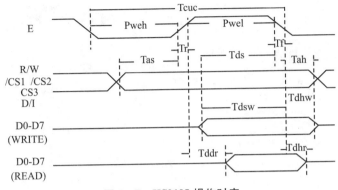

图 5 - 7   KS0108 操作时序

（3）KS0108 控制器系列产品指令集如图 5 - 8 所示。

指令名称	控制状态		指令代码							
	RS	R/W	D7	D6	D5	D4	D3	D2	D1	D0
显示开关设置	0	0	0	0	1	1	1	1	1	D
显示起始行设置	0	0	1	1	L5	L4	L3	L2	L1	L0
页面地址设置	0	0	1	0	1	1	1	P2	P1	P0
列地址设置	0	0	0	1	C5	C4	C3	C2	C1	C0
读取状态字	0	1	BUSY	0	ON/OFF	RESET	0	0	0	0
写显示数据	1	0	数据							
读显示数据	1	1	数据							

图 5 - 8   KS0108 控制器系列产品指令列

2. PCtoLCD2002 取模软件简介

（1）双击图标打开软件可以看到图 5 - 9 所示的画面。

（2）软件有两种工作模式：字符模式和图形模式；默认是图形模式。图形模式下可以将 BMP 格式的二值图像转换成在液晶模块上显示时对应的数据。

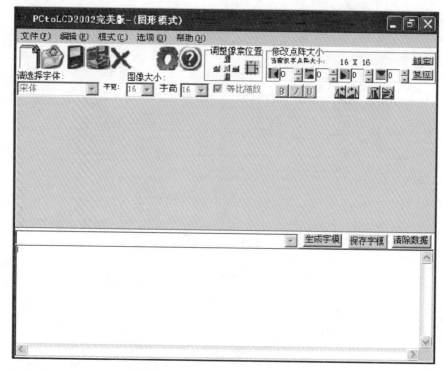

图 5 - 9　PCtoLCD2002 取模软件

（3）单击工具栏左侧新建图标按钮将弹出图 5 - 10 所示对话框，要求用户输入新建图形的宽度和高度。假设我们要建立一个 16 × 16 的图形，则分别在两个文本框中输入 16 以后单击确定，看到图 5 - 11 所示画面。

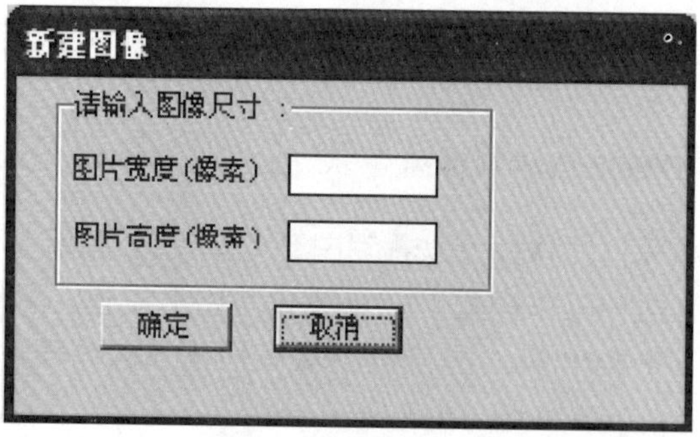

图 5 - 10　新建图像

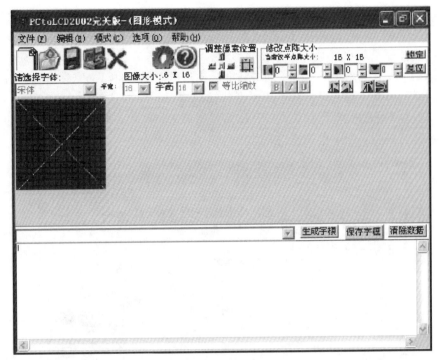

图 5–11　图形模式

（4）图 5–12 以点阵格式显示了图形背景，每一个小方块代表一个像素，在每一个小方块内单击左键可以将方框变黑，表示画上了一个点，单击右键表示擦除了一个点；通过这样的操作，可以用鼠标画出要在液晶上显示的图形。例如，我们要在液晶上显示一个"工"字，可以用鼠标手工绘制如图 5–12 所示图形。

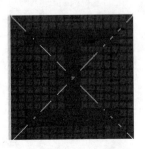

图 5–12　鼠标绘制图形显示

（5）如果需要，也可以对画好的图像进行一些简单的处理。工具栏上有调整像素位置图标按钮和图像旋转图标按钮等一些小工具，使用简单方便。

（6）如果已经确定了图形的形状，那么单击工具栏中的设置图标按钮，可以看到图 5-13 所示的对话框。用户可以根据自己的实际需要进行设置，需要注意的是，在生成图形数据前要设置字模选项。设置完成后，单击左下角的确定保存。本项目取模方式采用列行式，取模走向选择逆向（低位在前），C51 格式输出。

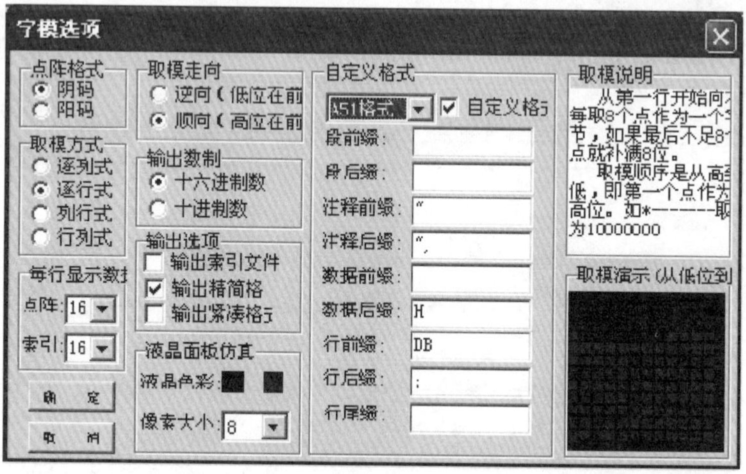

（a）

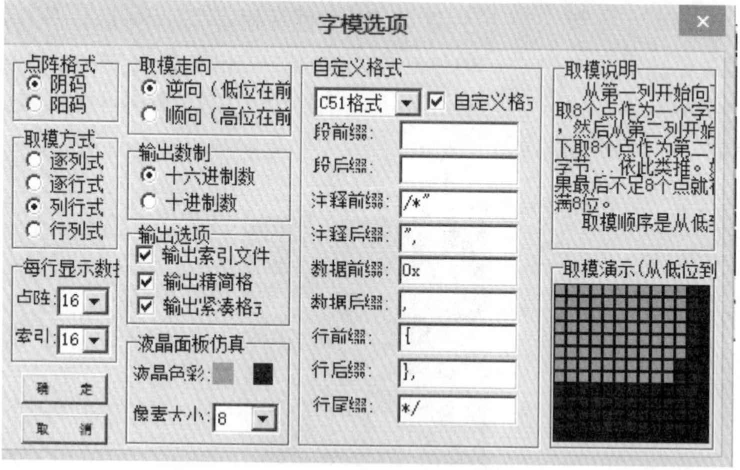

（b）

图 5-13　系统设置

（7）单击生成字模图标按钮，可以看到软件下方的数据显示区域出现了对应的显示数据。单击保存字模图标按钮，将弹出图 5 – 14 所示的对话框，提示用户可以将生成的数据以文本格式保存在电脑上。如果单击清除数据图标按钮，那么将清空数据显示区的数据。

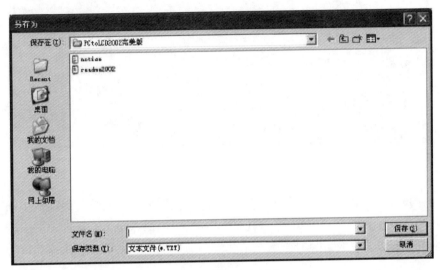

图 5 – 14　保存字模数据

（8）以上就完成了绘制一幅图形并生成液晶显示数据的操作。如果用户想保存自己绘制的图形，那么单击工具栏中的保存图标按钮就可以了，将会出现另存为的对话框，提示用户保存，可以将图形保存成 BMP 格式的图像。

（9）如果用户想将一个现成的图形转换成对应的数据，那么首先要将图形转换成 BMP 格式。然后单击打开图标按钮，出现图 5 – 15 所示的对话框。打开自己保存的 BMP 格式图像即可。注意，打开的图形必须是二值图像，即只有黑色和白色两种颜色的像素，不能是灰度或者是彩色图像。而且图像不能太大，否则软件将无法打开。

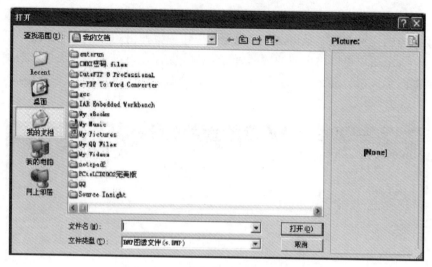

图 5-15　已有图片保存为 BMP 格式

例如，我们打开一个 128×64 大小的二值图形后，在软件界面的中间区域会显示点阵格式的图形，此时用户同样可以通过单击左键向图形中添加像素，单击右键删除像素。然后按照与前面操作相同的步骤生成相应的数据。

（10）如果想清空图形显示区的数据那么单击删除图标按钮就可以了。下面简单介绍字符模式的使用：

打开软件以后，在菜单栏的模式菜单下选择字符模式，看到图 5-16 所示的图形。在界面的中心区域都变成了点阵格式，而非先前的空白模式。在图 5-16 中下部的文本框中输入要转换的文字。

例如，我们输入"齐鲁师范学院"，可以看到图 5-17 所示的图像。通过拖动滚动条可以看到右面的文字。此时通过界面中上部的小工具，可以设置文字的字体，对应字符的大小等信息。通过修改点阵大小下面的工具，如图 5-18 所示，可以很方便地对文字进行各种调整。

完成对文字的调整以后，单击设置图标按钮进行字模设置，然后单击生成字模图标按钮，就可以看到文字对应的显示数据了。

需要注意的是，对于内置字库的液晶在试图显示文字通常是不需要生成显示数据的，只要向液晶控制器传送文字对应的国标码就可以了。

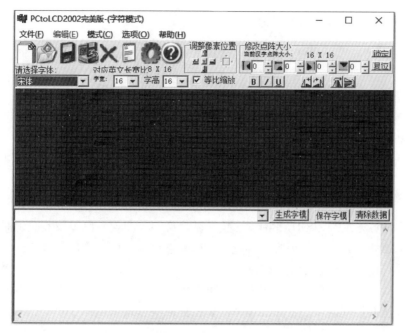

图 5 – 16 字符模式

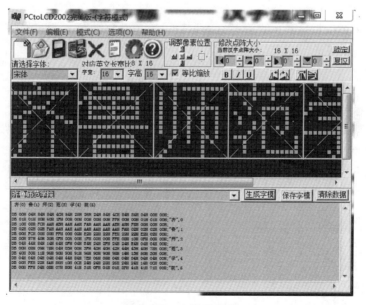

图 5 – 17 字符码生成

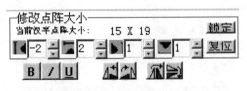

图 5-18　点阵大小修改

5.2.3　任 务 实 施

1. 构思——方案选择

任务要求利用 CH12864C 液晶屏显示汉字与图像，由于该液晶屏是不带字库的，要显示的内容需要先用取模软件得到对应字形码。取模方式采用列行式，高位在下的方式，即从第一列开始向下取 8 个点作为一个字节，然后从第二列开始向下取 8 个点作为第二个字节，以此类推。取模顺序是从低位到高位。程序的编写需要根据取模方式来设计。

2. 设计——软硬件设计

（1）硬件设计。

CH12864C 液晶屏只有并行数据口，采用并行通信方式。引脚连线表如表 5-8 所示。

表 5-8　　　　　　　　　　　　　　引脚连线表

Stm32 引脚	PE4	PE2	PE0	PE1	PE3	PE5	PE7	PE9	PE11	PE13	PE15	PE12	PE10	PE8	PE6
12864 引脚	RS	RW	E	D0	D1	D2	D3	D4	D5	D6	D7	CS1	CS2	RST	VEE

（2）软件设计。

接下来，我们编程来实现汉字显示"齐鲁师范学院"以及图片显示。

```
#include"stm32f10x.h"
#define LCD12864_BL(x)x ? GPIO_SetBits(GPIOE,GPIO_Pin_
6):GPIO_ResetBits(GPIOE,GPIO_Pin_6);
```

```
#define LCD12864_RST(x)x ? GPIO_SetBits(GPIOE,GPIO_Pin_
8):GPIO_ResetBits(GPIOE,GPIO_Pin_8);
#define LCD12864_CS2(x)x ? GPIO_SetBits(GPIOE,GPIO_Pin_
10):GPIO_ResetBits(GPIOE,GPIO_Pin_10);
#define LCD12864_CS1(x)x ? GPIO_SetBits(GPIOE,GPIO_Pin_
12):GPIO_ResetBits(GPIOE,GPIO_Pin_12);
#define LCD12864_DB7(x)x ? GPIO_SetBits(GPIOE,GPIO_Pin_
15):GPIO_ResetBits(GPIOE,GPIO_Pin_15);
#define LCD12864_DB6(x)x ? GPIO_SetBits(GPIOE,GPIO_Pin_
13):GPIO_ResetBits(GPIOE,GPIO_Pin_13);
#define LCD12864_DB5(x)x ? GPIO_SetBits(GPIOE,GPIO_Pin_
11):GPIO_ResetBits(GPIOE,GPIO_Pin_11);
#define LCD12864_DB4(x)x ? GPIO_SetBits(GPIOE,GPIO_Pin_
9):GPIO_ResetBits(GPIOE,GPIO_Pin_9);
#define LCD12864_DB3(x)x ? GPIO_SetBits(GPIOE,GPIO_Pin_
7):GPIO_ResetBits(GPIOE,GPIO_Pin_7);
#define LCD12864_DB2(x)x ? GPIO_SetBits(GPIOE,GPIO_Pin_
5):GPIO_ResetBits(GPIOE,GPIO_Pin_5);
#define LCD12864_DB1(x)x ? GPIO_SetBits(GPIOE,GPIO_Pin_
3):GPIO_ResetBits(GPIOE,GPIO_Pin_3);
#define LCD12864_DB0(x)x ? GPIO_SetBits(GPIOE,GPIO_Pin_
1):GPIO_ResetBits(GPIOE,GPIO_Pin_1);
#define LCD12864_EN(x)x ? GPIO_SetBits(GPIOE,GPIO_Pin_
0):GPIO_ResetBits(GPIOE,GPIO_Pin_0);
#define LCD12864_RW(x)x ? GPIO_SetBits(GPIOE,GPIO_Pin_
2):GPIO_ResetBits(GPIOE,GPIO_Pin_2);
#define LCD12864_RS(x)x ? GPIO_SetBits(GPIOE,GPIO_Pin_
4):GPIO_ResetBits(GPIOE,GPIO_Pin_4);
#define testbit(p,b) (p&(1<<b))

void RCC_Configuration(void);
void GPIO_Configuration(void);
void delay_nms(u16 time);
```

```
void LCD_Init(void);
void LCD_Clr(void);
void LCD_Select(unsigned char x,unsigned char y);
void LCD_WrCmd(unsigned char cmd);
void LCD_WriteDataPort(unsigned char temp);
void LCD_DispImg(unsigned char x, unsigned char y, un-
signed char wid,unsigned char lon,unsigned char * img);
void LCD_WrData(unsigned char wdata);
void LCD_WriteChineseString(unsigned char x, unsigned
char y,unsigned char * img,unsigned char len);
const unsigned char hanzi[][16]={
{0x00,0x04,0x84,0x84,0x4C,0x54,0x25,0x26,0x24,0x54,
0x4C,0x84,0x84,0x04,0x00,0x00},
{0x01,0x01,0x80,0x60,0x1F,0x00,0x00,0x00,0x00,0x00,
0xFF,0x00,0x00,0x01,0x01,0x00},/* "齐",0* /
{0x10,0x08,0xFC,0xAA,0xAB,0xAA,0xAA,0xFA,0xAA,0xAA,
0xAE,0xA8,0xF8,0x00,0x00,0x00},
{0x02,0x02,0x02,0xFA,0xAA,0xAA,0xAA,0xAA,0xAA,0xAA,
0xAA,0xFA,0x02,0x02,0x02,0x00},/* "鲁",1* /
{0x00,0xFC,0x00,0x00,0xFF,0x00,0x02,0xE2,0x22,0x22,
0xFE,0x22,0x22,0xE2,0x02,0x00},
{0x00,0x87,0x40,0x30,0x0F,0x00,0x00,0x1F,0x00,0x00,
0xFF,0x08,0x10,0x0F,0x00,0x00},/* "师",2* /
{0x04,0x44,0x84,0x14,0x64,0x0F,0x04,0xE4,0x24,0x2F,
0x24,0x24,0xE4,0x04,0x04,0x00},
{0x00,0x08,0x09,0x78,0x04,0x03,0x00,0x3F,0x40,0x40,
0x42,0x44,0x43,0x40,0x78,0x00},/* "范",3* /
{0x40,0x30,0x11,0x96,0x90,0x90,0x91,0x96,0x90,0x90,
0x98,0x14,0x13,0x50,0x30,0x00},
{0x04,0x04,0x04,0x04,0x04,0x44,0x84,0x7E,0x06,0x05,
0x04,0x04,0x04,0x04,0x04,0x00},/* "学",4* /
{0x00,0xFE,0x22,0x5A,0x86,0x10,0x0C,0x24,0x24,0x25,
0x26,0x24,0x24,0x14,0x0C,0x00},
```

```
{0x00,0xFF,0x04,0x08,0x07,0x80,0x41,0x31,0x0F,0x01,
0x01,0x3F,0x41,0x41,0x71,0x00},/* "院",5* /
};
const unsigned char Fig0[][16] = {
{0xFF,0xFF,0xFF,0xFF,0xFF,0xFF,0xFF,0xFF,0xFF,0xFF,
0xFF,0xFF,0xFF,0xFF,0xFF,0xFF},
{0xFF,0xFF,0xFF,0xFF,0xFF,0xFF,0x7F,0xBF,0x3F,0xFF,
0xFF,0xFF,0xFF,0xFF,0xFF,0xFF},
{0xFF,0xFF,0xFF,0xFF,0xFF,0xFF,0xFF,0xFF,0xFF,0xFF,
0xFF,0xFF,0xFF,0xFF,0xFF,0xFF},
{0xFF,0xFF,0xFF,0xFF,0xFF,0xFF,0xFF,0xFF,0xFF,0xFF,
0xFF,0xFF,0xFF,0xFF,0xFF,0xFF},
{0xFF,0x0F,0xDF,0xDF,0xDF,0x87,0x00,0x01,0x00,0xE1,
0xFF,0xDF,0xDF,0x4F,0x8F,0xFF},
{0xFF,0xFF,0xFF,0xFF,0xFF,0xFF,0xFF,0xFF,0xFF,0xFF,
0xFF,0xFF,0xFF,0xFF,0xFF,0xFF},
{0xFF,0xFF,0xFF,0xFF,0xFF,0xFF,0xFB,0xE3,0xDB,0xB7,
0x77,0x00,0x0D,0x0D,0x73,0x77},
{0x6F,0x7C,0x30,0x00,0x40,0x00,0x00,0x00,0x00,0x00,
0x00,0x00,0x00,0x5C,0x6F,0x77},
{0x7B,0x07,0x0D,0x00,0x77,0xB7,0x9B,0xEB,0xF3,0xFF,
0xFF,0xFF,0xFF,0xFF,0xFF,0xFF},
{0xFF,0xFF,0xFF,0xFF,0xFF,0xFF,0xFF,0xFD,0xF9,0xF5,
0xF6,0xE4,0x64,0x9C,0x70,0x00},
{0x00,0x00,0x00,0x00,0x00,0x00,0x00,0x00,0x00,0x00,
0x00,0x00,0x00,0x00,0x00,0x00},
{0x6C,0xB8,0x6C,0xEC,0xF6,0xF5,0xF9,0xFD,0xFF,0xFF,
0xFF,0xFF,0xFF,0xFF,0xFF,0xFF},
{0xFF,0xFF,0xFF,0xFF,0xFF,0xFF,0xFF,0xFF,0xFF,0xFF,
0xF9,0xFA,0xFB,0xFF,0xF7,0xF6},
{0xF6,0xF6,0xF6,0xF4,0xF6,0xFA,0xFA,0x1E,0xF8,0xFA,
0xF6,0xF6,0xF6,0xF2,0xF6,0xF6},
{0xF7,0xF7,0xFB,0xFA,0xF9,0xFF,0xFF,0xFF,0xFF,0xFF,
```

```
0xFF,0xFF,0xFF,0xFF,0xFF,0xFF},
{0xFF,0xFF,0xFF,0xFF,0xFF,0xFF,0xFF,0xFF,0xFF,0xFF,
0xFF,0xFF,0xFF,0xFF,0xFF,0xFF},
{0xFF,0xFF,0xFF,0xFF,0xFF,0xEF,0xF3,0xFF,0xFF,0xFF,
0xFF,0xFF,0xFF,0xFF,0xFF,0xFF},
{0xFF,0xFF,0xFF,0xFF,0xFF,0xFF,0xFF,0xFF,0xFF,0xFF,
0xFF,0xFF,0xFF,0xFF,0xFF,0xFF},/* "C:\\Users\\liu\\
Desktop\\1637627758(1).bmp",0* /
};
int main(void)
{
    RCC_Configuration();//配置时钟
    GPIO_Configuration();//配置GPIO
    LCD_Init();
     LCD_Clr();
    LCD_WriteChineseString(0,0,(unsigned char * )hanzi,
6);
    LCD_DispImg(2,30,48,48,(unsigned char * )Fig0);
}
void RCC_Configuration(void)//时钟配置子程序
{
    SystemInit();//72MHz
     RCC_APB2PeriphClockCmd(RCC_APB2Periph_GPIOE,ENA-
BLE);//使能GPIOE的时钟
}
void GPIO_Configuration(void)//配置GPIO口
{
        GPIO_InitTypeDef GPIO_InitStructure;//声明GPIO初
始化结构变量。
        GPIO_InitStructure.GPIO_Pin=GPIO_Pin_All;//配置
管脚0-15
         GPIO_InitStructure.GPIO_Mode = GPIO_Mode_Out_
PP;//IO口配置为推挽输出口
```

```
        GPIO_InitStructure.GPIO_Speed = GPIO_Speed_
50MHz;
        GPIO_Init(GPIOE,&GPIO_InitStructure);//初始化PE口

}
void delay_nms(u16 time)//延时子程序,约1ms
{  u16 i=0;
  while(time--)
  {  i=1050;   //自己定义
  while(i--);
  }
}

void LCD_Init(void)   //LCD初始化
{
    LCD12864_BL(0);//VEE=0,打开背光
    LCD12864_RST(0);
    delay_nms(100);
    LCD12864_RST(1);
    delay_nms(1);
    LCD12864_CS1(1);
    LCD12864_CS2(1);
    LCD_WrCmd(0xc0);//设置显示起始行
    delay_nms(15);
    LCD_WrCmd(0x3f);//显示打开
    delay_nms(15);
}
void LCD_Clr(void)   //LCD清屏
{
    unsigned char i,x=0;
    for(x=0;x<8;x++)
    {
        LCD_Select(x,0);   //选中左屏
```

```
    for(i=0;i<64;i++)
        {
            LCD_WrData(0);
        }
        LCD_Select(x,64);//选中右屏
    for(i=0;i<64;i++)
        {
            LCD_WrData(0);
        }
    }
}
void LCD_Select(unsigned char x,unsigned char y)//地址转换
{
    if(y>=64)
    {
        LCD12864_CS2(1);    //选中左屏
        LCD12864_CS1(0);
    }
    else
    {
        LCD12864_CS1(1);    //选中右屏
        LCD12864_CS2(0);
    }
    LCD_WrCmd(0xC0);
    LCD_WrCmd(0x40+(y&0x3F));    //列地址
    LCD_WrCmd(0xB8+(x&7));        //行地址
}
void LCD_WrCmd(unsigned char cmd)      //往12864写命令
{
    LCD12864_RS(0);
    LCD12864_RW(0);
    LCD_WriteDataPort(cmd);//LCD_DATA=cmd;
```

```
    delay_nms(1);
    LCD12864_EN(1);
    delay_nms(15);
    LCD12864_EN(0);
}
void LCD_WriteDataPort(unsigned char temp)//从显示屏数据
端口 DB7 ~ DB0 并行输入 temp 的数值
{
    unsigned char i;
    for(i =0;i <8;i ++)
    {
        if(testbit(temp,i))
        {
            switch(i)
            {
                case(0):LCD12864_DB0(1);break;
                case(1):LCD12864_DB1(1);break;
                case(2):LCD12864_DB2(1);break;
                case(3):LCD12864_DB3(1);break;
                case(4):LCD12864_DB4(1);break;
                case(5):LCD12864_DB5(1);break;
                case(6):LCD12864_DB6(1);break;
                case(7):LCD12864_DB7(1);break;
                default:break;
            }
        }
        else
        {
            switch(i)
            {
                case(0):LCD12864_DB0(0);break;
                case(1):LCD12864_DB1(0);break;
```

```
                case(2):LCD12864_DB2(0);break;
                case(3):LCD12864_DB3(0);break;
                case(4):LCD12864_DB4(0);break;
                case(5):LCD12864_DB5(0);break;
                case(6):LCD12864_DB6(0);break;
                case(7):LCD12864_DB7(0);break;
                default:break;
            }
        }
    }
}
```
/* 指定位置显示特定大小的图片:从 x 行 y 列开始,显示宽度为 wid,长度为 lon 的图片 img,其中 x = 0 ~ 7,y = 0 ~ 127,wid = 1 ~ 64 像素,lon = 1 ~ 128 像素* /
```
void LCD_DispImg(unsigned char x, unsigned char y, unsigned char wid,unsigned char lon,unsigned char * img)
{
    unsigned char i = 0,j = 0,k;
    k = wid/8;
    for(i = x;i < (k + x);i ++)
    {
        LCD_Select(i,y);
        for(j = y;j < (lon + y);j ++)
        {
            if(j == 64)
            {
            LCD_Select(i,j);   //选中右屏
            }
            LCD_WrData(* img);
            img ++;
        }
    }
}
```

```
void LCD_WrData(unsigned char wdata)    //往12864写数据
{
    LCD12864_RS(1);
    LCD12864_RW(0);
    LCD_WriteDataPort(wdata);//LCD_DATA = wdata;
    LCD12864_EN(1);
    delay_nms(15);
    LCD12864_EN(0);
}
void LCD_WriteChineseString(unsigned char x, unsigned
char y,unsigned char * img,unsigned char len)
{
    unsigned char i;
    for(i =0;i < len;i ++)
    {
        LCD_DispImg(x,y,16,16,(unsigned char * )img);
        y + =16;
        img + =32;
    }
}
```

3. 实现——软硬件调测

连接电路，并下载程序后，可得如下运行结果，见图 5 – 19。

4. 运行——结果分析、功能拓展

（1）结果分析。

汉字大小为 16 × 16，每行 8 个像素点，所以占 0，1 两行，图片从第 2 行开始显示。由于液晶屏像素点为 128 × 64，分辨率较低，所以只能显示简单的位图格式图片。

图 5 –19   液晶显示结果

（2）功能拓展。

在 CH12864C 液晶屏，显示英文字符。提示：每个英文字符大小为 8 × 16 个像素点。

5.2.4   任务小结

本次任务实现了不带中文字库液晶屏的显示操作，需要掌握 KS0108 控制器类的液晶屏工作原理及对字符、汉字、图像的显示方法。

项目6　定时器应用设计与实现

【学习目标】

知识目标

1. 了解定时器的分类和使用方法。

2. 掌握系统滴答定时器 SysTick 和 TIM 定时器的配置方法。

能力目标

1. 能利用 STM32 系统滴答定时器 SysTick 实现精确定时。

2. 能利用 STM32 定时器实现精确定时。

3. 能利用 STM32 定时器实现 PWM 输出控制。

6.1　任务一　0.5s 精确定时的实现

6.1.1　任务描述

利用通用定时器实现 0.5s 精确定时，控制 LED 灯以 1s 为周期闪烁。

6.1.2　知识链接

1. 定时器基础

定时器是 MCU 中常用的外设，用于实现计数、定时、输入捕获、匹配输出等功能。常用于脉冲计数、脉宽测量、时间控制和波形输出等场合。

STM32F103 有 8 个通用功能的定时器，分别是 TIM1~TIM8，它们可以分为三组：高级控制定时器（TIM1、TIM8）、通用定时器（TIM2~

TIM5）和基本定时器（TIM6、TIM7）。此外还有几个专用定时器，例如，看门狗、实时时钟 RTC 以及系统滴答定时器 SysTick 等，见表 6 - 1。

表 6 - 1　　　　　　　　　　　　　STM32 的定时器

高级控制定时器 TIM1、TIM8 功能特性	通用定时器 TIMx（x = 2 - 5）功能特性	基本定时器 TIM6、TIM7 功能特性
16 位向上、向下、向上/下自动装载计数器		16 位自动重装载累加计数器
16 位可编程（可以实时修改）预分频器，计数器时钟频率的分频系数为 1 ~ 65535 之间的任意数值		
4 个独立通道：输入捕获、输出比较、PWM 生成（边缘或中间对齐模式）、单脉冲模式输出		—
使用外部信号控制定时器和定时器互联的同步电路		触发 DAC 的同步电路
电机驱动，带死区时间（可设置）的互补输出	—	—
允许在指定数目的计数器周期之后更新定时器寄存器的重复计数器	—	—
刹车输入信号可以将定时器输出信号置于复位状态或者一个已知状态	—	—
电机驱动，带死区时间（可设置）的互补输出	—	—
允许在指定数目的计数器周期之后更新定时器寄存器的重复计数器	—	—
刹车输入信号可以将定时器输出信号置于复位状态或者一个已知状态	—	—
如下事件发生时产生中断/DMA：更新：计数器向上溢出/向下溢出，计数器初始化；触发事件（计数器启动、停止、初始化或者由内部/外部触发计数）；输入捕获；输出比较		在更新事件（计数器溢出）时产生中断/DMA 请求
刹车信号输入（用于电机控制）	—	—
支持针对定位的增量（正交）编码器和霍尔传感器电路		—
触发输入可作为外部时钟或者电流管理		—

2. STM32 定时器使用的 GPIO 引脚

STM32 各个定时器所占用的 GPIO 的引脚情况，如表 6-2 所示。

表 6-2 STM32 定时器使用的 GPIO 引脚

定时器引脚	GPIO 引脚						配置
	TIM1	TIM2	TIM3	TIM4	TIM5	TIM8	
CH1	PA. 08	PA. 00	PA. 06	PB. 06	PA. 0	PC6	浮空输入（输入捕获）复用推挽输出（输出比较）
CH2	PA. 09	PA. 01	PA. 07	PB. 07	PA. 1	PC7	
CH3	PA. 10	PA. 02	PB. 00	PB. 08	PA. 2	PC8	
CH4	PA. 11	PA. 03	PB. 01	PB. 09	PA. 3	PC9	
ETR	PA. 12	PA. 00	PD. 02		—	PA. 0	浮空输入
BKIN	PB. 12	—	—			PB. 6	浮空输入
6CH1N	PB. 13	—	—			PB. 7	用推挽输出
CH2N	PB. 14	—	—			PB. 0	
CH3N	PB. 15	—	—		—	PB. 1	

3. STM32 定时器的寄存器

STM32F103 的定时器通过以下寄存器进行操作，如表 6-3 所示。

表 6-3 TIM 的寄存器

偏移地址	名称	类型	复位值	说明
0x00	CR1	读/写	0x0000	控制寄存器 1
0x04	CR2	读/写	0x0000	控制寄存器 2
0x08	SMCR	读/写	0x0000	从模式控制寄存器
0x0C	DIER	读/写	0x0000	DMA/中断使能寄存器
0x10	SR	读/写 0 清除	0x0000	状态寄存器

偏移地址	名称	类型	复位值	说明
0x14	EGR	写	0x0000	事件产生寄存器
0x18	CCMR1	读/写	0x0000	捕获/比较模式寄存器 1
0x1C	CCMR2	读/写	0x0000	捕获/比较模式寄存器 2
0x20	CCER	读/写	0x0000	捕获/比较使能寄存器
0x24	CNT	读/写	0x0000	计数器（16 位计数值）
0x28	PSC	读/写	0x0000	预分频器（16 位预分频值）
0x2C	ARR	读/写	0x0000	自动重装载寄存器
0x30	RCR	读/写	0x00	重复计数寄存器
0x34	CCR1	读/写	0x0000	捕获/比较寄存器 1
0x38	CCR2	读/写	0x0000	捕获/比较寄存器 2
0x3C	CCR3	读/写	0x0000	捕获/比较寄存器 3
0x40	CCR4	读/写	0x0000	捕获/比较寄存器 4
0x44	BDTR	读/写	0x0000	刹车和死区寄存器
0x48	DCR	读/写	0x0000	DMA 控制寄存器
0x4C	DMAR	读/写	0x0000	DMA 地址寄存器

4. 高级和通用定时器 TIMx

由于 TIM1 和 TIM8 连在 APB2 总线，而其他定时器在 APB1 总线，当调用库函数开启它们时钟的时候，需要特别注意函数和参数的一致。

例：

```
/* 使能 TIM1 时钟 */
RCC_APB2PeriphClockCmd(RCC_APB2Periph_TIM1,ENABLE);
/* 使能 TIM3 时钟 */
RCC_APB1PeriphClockCmd(RCC_APB1Periph_TIM3,ENABLE);
```

（1）高级和通用定时器 TIMx 的主要特性。

TIMx 由一个 16 位的自动装载的计数器组成，受一个可配置的预分频器驱动。主要特性如下：

①基本计数，定时功能，计数范围 1～65535。

②每个定时器有四个独立通道，TIM1 还有三个通道可产生 PWM 互补信号。

③适合多种用途，包含测量输入信号的脉冲宽度（输入捕获），或者产生输出波形。使用定时器预分频器和 RCC 时钟控制预分频器，可以实现脉冲宽度和波形周期从几个微秒到几个毫秒的调节。

④定时器之间完全独立的，它们不共享任何资源，可以同步操作。

（2）高级和通用定时器 TIMx 的时钟源。

计数器 TIMx 的时钟 CK_PSC 可由多种时钟源提供，如表 6 - 4 所示。

表 6 - 4   TIMx 的时钟源选择

时钟源	说明
内部时钟（CK_INT）	预分频器的时钟 CK_PSC 由内部时钟 CK_INT 提供。常用来使用内部时钟定时
外部时钟模式 1：外部输入引脚（TIx）	计数器可以在选定输入端的每个上升沿或下降沿计数。例如，对 TIMx_CH1 管脚输入的脉冲进行计数
外部时钟模式 2：外部触发输入（ETR）	计数器能够在外部触发 ETR 的每一个上升沿或下降沿计数。例如，对 TIMx 的外部触发输入引脚的脉冲进行计数
内部触发输入（ITRx）	使用一个定时器作为另一个定时器的预分频器。例如，可以配置一个定时器 Timer1 而作为另一个定时器 Timer2 的预分频器

例：

```
/* 选择 TIM1 为内部时钟源 */
void TIM_InternalClockConfig(TIM1);
```

默认情况下，TIMx 使用的都是内部时钟源 CK_INT 作为 CK_PSC 的输入，如果选择的是内部时钟模式，TIM1、TIM8 在 APB2 总线的最大时钟频率为 72MHz，则计数器输入的时钟 CK_PSC 的最高频率为 72MHz，虽然其他定时器在 APB1 总线，最大时钟频率为 36MHz，但由于内部有一个 2 倍频电路，其他定时器的最高频率也是 72MHz，也就是说只要使用默认的库配置方式配置时钟为 72MHz，无论 TIM1 还是 TIMx，它们的计数频率都是 72MHz。因此当同样的应用更改定时器（如将 TIM1 改为 TIM3）时，不需要重新计算重装载值和预分频等数值。此外，定时器还可以通过级联得到更大的定时范围。

（3）高级和通用定时器 TIMx 的时基单元。

TIMx 的 16 位计数器、预分频器、自动装载寄存器以及重复次数计数器（TIM1 特有）组成了"时基单元"如图 6-1 所示。

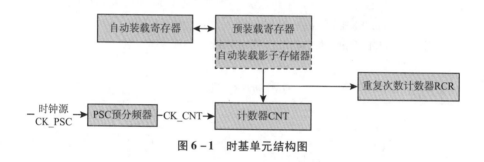

图 6-1 时基单元结构图

①计数器：

计数器 CNT 是一个 16 位的寄存器，计数范围 1~65535，可以向上计数、向下计数或者向上向下双向计数。每收到一个 CK_CNT 时钟脉冲，计数器会按照设定的计数方向进行计数的加减，当计数值达到设定值时，便产生溢出事件，进行自动装载寄存器的重新加载或其他更新。如果已知 CK_CNT 时钟的频率，则可以按照计数数值计算时间。

②预分频器寄存器：

预分频寄存器是基于一个 16 位寄存器控制的 16 位计数器。可以将时钟源 CK_PSC 的时钟频率按 1~65536 之间的任意值分频，然后输出 CK_CNT 时钟脉冲给计数器。若预分频寄存器数值为 x，则预分频系数为 x+1，比如，预分频寄存器数值为 1，那么预分频系数为 2，每两个 CK_PSC 时钟脉冲到来输出一个 CK_CNT，计数器才会相应进行一次计数操作，相当于对 CK_PSC 进行了二分频操作。

③自动装载寄存器：

自动装载寄存器是预先装载的，用于每次溢出事件后自动装载设置的计数数值，当计数器达到溢出条件时便产生更新事件。

④重复次数寄存器：

与预分频器的作用类似，重复次数寄存器相当于对计数器又进行了一次分频：假设 N 是重复次数寄存器中的值，则每 N 次计数上溢或者下溢时，计数器产生一次中断或事件。重复次数寄存器是自动加载的，重复速率由重复次数寄存器的值定义。例如，设置次数为 1，则每次溢出事件都会产生中断，如果设置次数为 2，则每两次溢出事件才会产生一次中断，相当于将中断频率进行了二分频。

（4）计数模式。

TIMx 有三种计数模式，分别是向上计数、向下计数和中央对齐模式，各个计数模式的特性如表 6 - 5 所示。

表 6 - 5　　　　　　　　　　　TIMx 的三种计数模式

计数模式	特性
向上计数	计数器从 0 计数到自动加载值（TIMx_ARR 计数器的内容），然后重新从 0 开始计数并且产生一个计数器溢出事件
向下计数	计数器从自动装入的值（TIMx_ARR 计数器的值）开始向下计数到 0，然后从自动装入的值重新开始并且产生一个计数器向下溢出事件
中央对齐	计数器从 0 开始计数到自动加载的值（TIMx_ARR 寄存器）- 1，产生一个计数器溢出事件，然后向下计数到 1 并且产生一个计数器下溢事件；然后再从 0 开始重新计数。这种计数模式下，一个周期可以产生对称的两次更新事件，可用于产生 50% 占空比的方波

向上计数、向下计数和中央对齐模式工作方式很类似，有相同的特点和步骤，如下所述：

①如果使用了重复计数器功能，溢出次数达到设置的重复计数时，产生更新事件。

②发生溢出或更新事件后，"自动装载影子寄存器"将被重新置入"预装载寄存器（TIMx_ARR）"的值。

③发生溢出或更新事件后,"预分频器的缓冲区"被置入"预装载寄存器"的值(即TIMx_PSC寄存器的内容)。

④"自动装载寄存器"在计数器重载入之前被更新,因此下一个周期才会生效。

(5)计数模式配置。

"定时"是定时器最常用的功能之一,定时器的定时功能是通过以下步骤来实现的:

①计算计数脉冲数量:时间=计数脉冲数量×(1/输入时钟频率),然而其本质还是通过计数来实现。因此,若要实现定时功能,需要先使用以下公式计算出"脉冲数量":计数脉冲数量=时间×输入时钟频率。

②计算预分频数值:因为计数器是16位的,最大计数为65535,所以需要将输入时钟进行分频(即设置预分频系数),以便计数数值能够在此范围内。

③计算自动重装数值。

④计算重复次数值。

STM32的TIMx定时器初始化步骤:

①时钟使能。

②配置预分频、自动重装值和重复计数值。

③清除中断标志位(否则会先进入一次中断)。

④使能TIMx中断,选择中断源。

⑤设置中断优先级。

⑥使能TIMx外设。

任务:使用TIM1产生一个1s定时。

本例输入时钟CK_PSC为系统时钟72MHz,将预分频系数设为7200 − 1(从0开始计数),则计数器CNT的输入时钟为CK_CNT为10KHz:计数脉冲数量=1s * 10000Hz = 10000,即自动装载ARR填入10000 − 1,每计数10000便产生一个更新时间和中断。

```
TIM1_Config()
void TIM1_Config(void)
{
    /* 定义一个TIM_TimeBaseInitTypeDef类型的结构体* /
```

```
TIM_TimeBaseInitTypeDef  TIM_TimeBaseStructure;
/* 使能 TIM1 时钟 */
RCC_APB2PeriphClockCmd(RCC_APB2Periph_TIM1,ENA-
BLE);
```

/* 设置自动装载的计数值,计数个数为 10000 */

```
TIM_TimeBaseStructure.TIM_Period = (10000 -1);
```

/* 预分频系数,当由于为 0 时表示不分频,所以要减 1。此时计数频率设置为 72MHz/7200,计数脉冲周期为 0.1ms */

```
TIM_TimeBaseStructure.TIM_Prescaler = (7200 -1);
```

/* 向上计数 */

```
TIM_TimeBaseStructure.TIM_CounterMode = TIM_Counter-
Mode_Up;
```

/* 重复次数为 0,即每次溢出都更新 */

```
TIM_TimeBaseStructure.TIM_RepetitionCounter = 0;
```

/* 时钟分割,用于数字滤波器等,计数模式中无作用 */

```
TIM_TimeBaseStructure.TIM_ClockDivision = 0;
```

/* 根据设定的参数设置 TIM1 */

```
TIM_TimeBaseInit(TIM1,&TIM_TimeBaseStructure);
```

/* 计数器使能,开始工作 */

```
TIM_Cmd(TIM1,ENABLE);
}
```

以上初始化过程用到了函数 TIM_TimeBaseInit( ),用于初始化定时器自动重装值、分频系数、计数方式等参数。库函数 TIM_Cmd( ) 的作用是使能定时器。

5. STM32 定时器常用库函数

定时器相关的库函数主要集中在固件库文件 stm32f10x_tim. c 中。下面简要介绍常用定时器函数。

(1) 库函数 TIM_TimeBaseInit( )。

TIM_TimeBaseInitStructure 为 TIM_TimeBaseInitTypeDef 类型的指针(定义于文件 "stm32f10x_tim. h"),其结构原型如下:

```
typedef struct
{
/* 设置了用来作为 TIMx 时钟频率除数的预分频值,计数范围 0 -
0xffff * /
    uint16_t TIM_Prescaler;
    /* 计数模式选择 * /
    uint16_t TIM_CounterMode;
    /* 自动装载的计数值,即 ARR 寄存器,计数范围 0 -0xffff * /
    uint16_t TIM_Period;
    /* 时钟分割,用于数字滤波器等,计数模式中无作用 * /
    uint16_t TIM_ClockDivision;
    /* 重复次数,即 RCR 寄存器,取值范围 0 -0xff * /
    uint8_t TIM_RepetitionCounter;
}TIM_TimeBaseInitTypeDef;
```

其中,①参数 TIM_CounterMode 选择计数器模式。该参数取值见表 6-6。

表 6-6   参数 TIM_CounterMode 描述

TIM_CounterMode	描述
TIM_CounterMode_Up	TIM 向上计数模式
TIM_CounterMode_Down	TIM_CounterMode_Down
TIM_CounterMode_CenterAligned1	TIM 中央对齐模式 1 计数模式
TIM_CounterMode_CenterAligned2	TIM 中央对齐模式 2 计数模式
TIM_CounterMode_CenterAligned3	TIM 中央对齐模式 3 计数模式

②参数 TIM_ClockDivision 设置了时钟分割。该功能在外部触发输入,输入捕获功能,死区时间设定时才会用的,该参数取值见表 6-7。

表 6 – 7 　　　　　　　　　　　　　**参数 TIM_ClockDivision 描述**

TIM_ClockDivision	描述
TIM_CKD_DIV1	TDTS = Tck_tim
TIM_CKD_DIV2	TDTS = 2Tck_tim
TIM_CKD_DIV4	TDTS = 4Tck_tim

（2）TIM_Cmd()，使能或者禁止 TIMx。

例：

```
TIM_Cmd(TIM8,ENABLE);//使能 TIM8 计时器
```

（3）检查指定的 TIM 标志位函数 TIM_GetFlagStatus 用于检查指定的 TIMx 标志位的状态。函数原型为：FlagStatus TIM_GetFlagStatus（TIM_TypeDef ∗ TIMx，u16 TIM_FLAG），其中，参数 TIM_FLAG 的取值情况如表 6 – 8 所示。

表 6 – 8 　　　　　　　　　　　　　**参数 TIM_FLAG 描述**

TIM_FLAG	描述
TIM_FLAG_Update	TIM 更新标志位
TIM_FLAG_CC1	TIM 捕获/比较 1 标志位
TIM_FLAG_CC2	TIM 捕获/比较 2 标志位
TIM_FLAG_CC3	TIM 捕获/比较 3 标志位
TIM_FLAG_CC4	TIM 捕获/比较 4 标志位
TIM_FLAG_Trigger	TIM 触发标志位
TIM_FLAG_CC1OF	TIM 捕获/比较 1 溢出标志位
TIM_FLAG_CC2OF	TIM 捕获/比较 2 溢出标志位
TIM_FLAG_CC3OF	TIM 捕获/比较 3 溢出标志位
TIM_FLAG_CC4OF	TIM 捕获/比较 4 溢出标志位

（4）TIM_ClearFlag：清除 TIMx 的待处理标志位。

例：

／＊清除 TIM2 捕获比较 1 的标志位 ＊／

```
TIM_ClearFlag(TIM2,TIM_FLAG_CC1);
```

TIM_ITConfig：使能或者禁止指定的 TIMx 中断。

例：

／＊使能 TIM2 捕获比较 1 中断源＊／

```
TIM_ITConfig(TIM2,TIM_IT_CC1,ENABLE);
```

（5）TIM_GetITStatus：检查指定的 TIMx 中断是否发生。

例：

／＊检查 TIM2 捕获比较 1 中断是否发生＊／

```
if(TIM_GetITStatus(TIM2,TIM_IT_CC1)==SET)
```

（6）TIM_ClearITPendingBit：清除 TIMx 的中断待处理位。

例：

／＊清除 TIM2 捕获比较 1 中断挂起位 ＊／

```
TIM_ClearITPendingBit(TIM2,TIM_IT_CC1);
```

6.1.3 任务实施

1. 构思——方案选择

LED 以 1s 为周期闪烁，需要每隔 0.5s 改变一次 LED 灯的状态。实现 0.5s 的精确定时，可以采用高级定时器 TIM1 和 TIM8，也可以采用普通的 TIMx 定时器来实现。这里，我们采用通用定时器 TIM2 来实现。

2. 设计——软硬件设计

（1）硬件设计。

本实验项目硬件电路的设计与项目二 LED 灯点亮的电路相同，如图 6-2 所示。

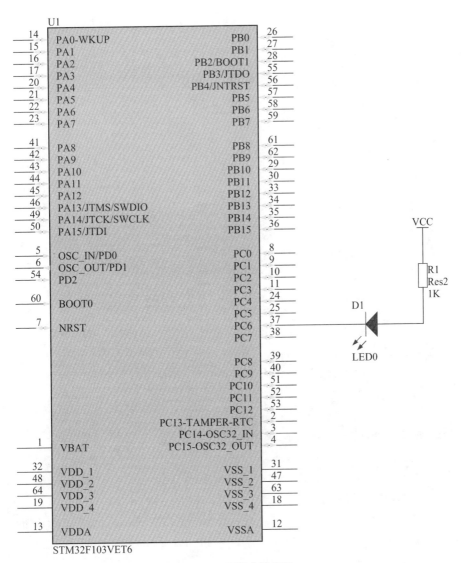

图 6-2　硬件电路设计

（2）软件设计。

采用定时器实现 0.5s 定时，控制 LED 灯的闪烁，源程序如下：

```
/* 利用 TIM2 实现 0.5s 精确延时,从而以 1s 为周期点亮 LED */
#include"stm32f10x.h"
```

```
void RCC_Configuration(void);
void TIM_Configuration(void);
void NVIC_Configuration(void);
void LED_Init(void);//LED GPIO 配置
int main(void)
{   RCC_Configuration();
    LED_Init();
    TIM_Configuration();
    NVIC_Configuration();
    while(1)
    {   }
}
void RCC_Configuration(void)//时钟配置子程序
{
    SystemInit();
    RCC_APB2PeriphClockCmd(RCC_APB2Periph_GPIOC,ENA-
BLE);//使能 GPIOA 的时钟
    RCC_APB1PeriphClockCmd(RCC_APB1Periph_TIM2,ENA-
BLE);//使能 TIM2 的时钟
}
void LED_Init(void)//LED GPIO 配置
{
    GPIO_InitTypeDef GPIO_InitStructure;
    GPIO_InitStructure.GPIO_Pin=GPIO_Pin_6;
    GPIO_InitStructure.GPIO_Mode=GPIO_Mode_Out_PP;//推
挽输出
    GPIO_Init(GPIOC,&GPIO_InitStructure);//配置管脚 PC6
    GPIO_SetBits(GPIOC,GPIO_Pin_6);//熄灭 LED
}
void NVIC_Configuration(void)
{
    NVIC_InitTypeDef NVIC_InitStructure;
    NVIC_PriorityGroupConfig(NVIC_PriorityGroup_1);
```

```
    NVIC_InitStructure.NVIC_IRQChannel = TIM2_IRQn;//设置
TIM2 中断
    NVIC_InitStructure.NVIC_IRQChannelPreemptionPriority
=0;//抢占优先级 0
    NVIC_InitStructure.NVIC_IRQChannelSubPriority =
0;//子优先级为 0
    NVIC_InitStructure.NVIC_IRQChannelCmd = ENABLE;
    NVIC_Init(&NVIC_InitStructure);
}
void TIM_Configuration(void)
{
    TIM_TimeBaseInitTypeDef TIM_BaseInitStructure;
    TIM_BaseInitStructure.TIM_Prescaler = 36000 - 1;//预
分频数值,72000 000/36000 = 2000Hz
    TIM_BaseInitStructure.TIM_Period = 1000 - 1;//预装载
值,从 0 计数至 1000 后,产生中断信号,共 0.5s
    TIM_BaseInitStructure.TIM_ClockDivision = 0;//时钟分
频值,即 Clock/(x +1),用于产生输出捕获单元的时钟
    TIM_BaseInitStructure.TIM_CounterMode = TIM_Counter-
Mode_Up;//上升计数模式
    TIM_TimeBaseInit(TIM2,&TIM_BaseInitStructure);
    TIM_UpdateRequestConfig(TIM2,TIM_UpdateSource_
Global);
    TIM_Cmd(TIM2,ENABLE);
    TIM_ITConfig(TIM2,TIM_IT_Update,ENABLE);
}
void TIM2_IRQHandler(void)
{
    if(TIM_GetITStatus(TIM2,TIM_IT_Update) = = SET)
    {
    GPIOC - >ODR^ = GPIO_Pin_6;//PC6 状态取反
    TIM_ClearITPendingBit(TIM2,TIM_FLAG_Update);//清除
中断标志
```

```
      }
  }
```

3. 实现——软硬件调测

按照电路图搭建电路，并下载程序观察实验现象，发现 LED 灯以 1s 为周期进行闪烁，如图 6 - 3 所示。注意在进行运行管理配置时，因为我们用到了定时器，所以外设选择时还需要打钩 TIM，如图 6 - 4 所示。

图 6 - 3　电路连接　　　　　　　图 6 - 4　编程环境配置

4. 运行——结果分析、功能拓展

（1）结果分析。

利用定时器的定时功能实现 0.5s 定时，控制 LED 灯亮 0.5s，灭 0.5s，从而实现以 1s 为周期的闪烁，注意程序初始化时，一定要先配置 GPIO，再配置 TIM 和 NVIC，否则灯不亮。

（2）任务拓展。

控制两个 LED 灯，其中一个闪烁频率为 2s，另一个的闪烁频率为 4s。要求分别用一个定时器和两个定时器两种方法来实现。

6.1.4　任务小结

STM32 通用定时器具有定时、计数、捕获、比较等功能。通过本任务的学习，掌握通过对库函数的调用实现定时功能的方法。

6.2 任务二 利用系统滴答定时器 SysTick 实现电子音乐播放

6.2.1 任务描述

利用定时器 SysTick 实现播放"祝你生日快乐"歌曲。

6.2.2 知识链接

1. 蜂鸣器

蜂鸣器是一种能将音频信号转化为声音信号的发音器件，主要用于提示或报警，根据设计和用途的不同，能发出音乐声、汽笛声、蜂鸣声、警报声、电铃声等各种不同的声音。按照驱动方式可分为有源蜂鸣器和无源蜂鸣器。这里有源和无源不是指有无电源，而是指有无振荡源。有源蜂鸣器内部自带了振荡源，外接额定电压就可驱动它连续发声。而无源蜂鸣器内部是不带振荡源的，必须外接 500Hz ~ 4.5kHz 之间的脉冲频率信号来驱动它才会响。无源蜂鸣器的声音频率是可以控制的，而音阶与频率又有确定的对应关系，接入变频方波，可得到不同音调的声音，从而作出"do re mi fa so la si"的效果。常用三极管驱动蜂鸣器，常用的蜂鸣器及驱动电路如图 6 - 5 所示。

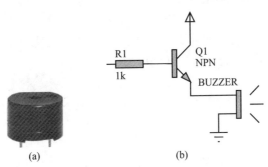

(a)   (b)

图 6 - 5 蜂鸣器及其驱动电路

2. 系统滴答定时器 SysTick

在 Cortex – M3 中，SysTick 为一个 24 位递减计数器，当计数值减到 0 时，会触发中断，并自动重装初值，继续向下计数。SysTick 的时钟源为 AHS 时钟，可设置为 8 分频或不分频。当系统嘀嗒时钟设定为 9MHz（HCLK/8 的最大值）时，系统 SysTick 的计数初始值为 9000，则产生 1ms 时间基准。

SysTick 位于 Cortex – M3 内核的内部，SysTick 定时器被捆绑在 NVIC 中，用于产生 SysTick 异常（异常号：15）。滴答中断对于操作系统尤其重要，例如，操作系统可以为多个任务分配不同数目的时间段，确保没有一个任务能霸占系统，此外操作系统提供的各种定时功能，都与滴答定时器有关。因此需要一个定时器来产生周期性的中断，而且最好让用户程序不能随意访问它的寄存器，以维持操作系统"心跳"的节律。

SysTick 定时器除了可以服务操作系统之外，还能用于其他目的，如作为闹铃或者用于测量时间等。

SysTick 定时器的使用方法总结如下：

（1）时钟源设置。通过时钟源调用函数：SysTick_CLKSourceConfig（uint32_t SysTick_CLKSource）；实现。

（2）SysTick 定时器初始化设置，只需调用 SysTick_Config（uint32_t ticks）函数即可完成：重装载值的装载，时钟源选择，计数寄存器复位，中断优先级的设置（最低），开中断，开始计数的工作；

（3）要修改中断优先级需调用函数：void NVIC_SetPriority（IRQn_Type IRQn，uint32_t priority）。

下面对常用库函数进行介绍。

（1）时钟源设置库函数。对于 SysTick，库函数文件 misc. c 中函数可以对其时钟源进行配置，该函数的原型如下：

```
void SysTick _ CLKSourceConfig (uint32 _ t SysTick _ CLK-
Source);
```

表 6 – 9 给出了函数 SysTick_CLKSource 的可取参数及使用。

表 6 – 9   **SysTick_CLKSource**

SysTick_CLKSource	描述
SysTick_CLKSource_HCLK_Div8	SysTick 时钟源为 AHB 时钟除以 8
SysTick_CLKSource_HCLK	SysTick 时钟源为 AHB 时钟

（2）SysTick 的初始化设置，通过 SysTick_Config（uint32_t ticks）实现，该函数原型如下：

```
__STATIC_INLINE uint32_t SysTick_Config(uint32_t ticks)
{
  if((ticks -1UL) >SysTick_LOAD_RELOAD_Msk)
  {
return(1UL);            /* 重装值无效 */
  }
  SysTick ->LOAD = (uint32_t)(ticks -1UL);/* 设置重装初值
寄存器 */
  NVIC_SetPriority(SysTick_IRQn,(1UL << __NVIC_PRIO_
BITS) -1UL);/* 打开中断并设置中断优先级 */
  SysTick ->VAL  =0UL;           /* 装载计数器的值* /
  SysTick ->CTRL  =SysTick_CTRL_CLKSOURCE_Msk|
            SysTick_CTRL_TICKINT_Msk|
            SysTick_CTRL_ENABLE_Msk;
/* 设置时钟源 72M、使能 SysTick 中断、使能 SysTick 定时器 */
  return(0UL);  /* 设置成功返回 0 */
}
```

由以上代码可知，该函数的主要作用：

（1）初始化 SysTick。

（2）打开 SysTick。

（3）打开 SysTick 的中断并设置优先级。

（4）返回一个 0 代表成功或 1 代表失败。

注意：函数参数"uint32_t ticks"即为重装值，这个函数默认使用的时钟源是 AHB，即不分频。此时定时时间为 ticks/72MHz。要想分频，需再次调用 void SysTick_CLKSourceConfig（uint32_t SysTick_CLK-Source）。

6.2.3　任务实施

1. 构思——方案选择

利用定时器 SysTick 控制蜂鸣器播放"祝你生日快乐"歌曲。蜂鸣器需要发出不同音调的声音，所以选用无源蜂鸣器，蜂鸣器的振荡信号源由 PC6 引脚输出矩形波实现，矩形波频率决定音调高低，矩形波的长度决定声音的长短。矩形波频率和长度均由定时器 SysTick 得到的延时程序控制。

2. 设计——软硬件设计

（1）硬件设计。

蜂鸣器播放原理如图 6-6 所示。

（2）软件设计。

利用滴答定时器实现 1ms 定时，如果设置 1ms 定时的次数为 n，则可得到延时时间为 nms。改变 PC6 引脚输出电平，使该引脚产生矩形波，控制输出矩形波的频率可得到不同的音高，控制矩形波的时间可得到不同的音长。

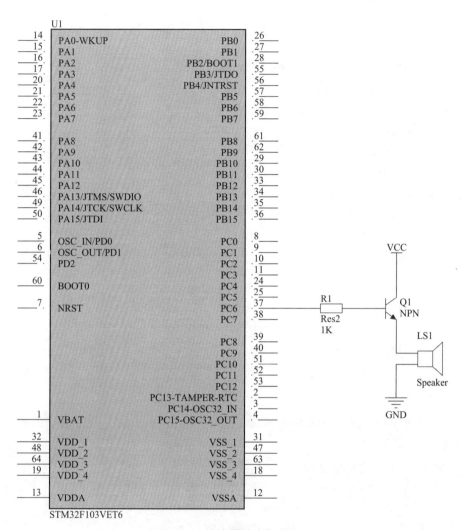

图 6-6　蜂鸣器播放电路原理

```
#include"stm32f10x.h"
uint8_t
SONG_TONE[] = {212,212,190,212,159,169,212,212,190,
212,142,159,212,212,106,126,129,169,190,119,119,126,
159,142,159,0};
uint8_t
SONG_LONG[] = {9,3,12,12,12,24,9,3,12,12,12,24,9,3,12,
```

```
12,12,12,12,9,3,12,12,12,24,0};
static uint8_t TimingDelay;
void GPIO_Configuration(void);
void PlayMusic(void);
void Delay_ms(uint16_t nTime);
int main(void)
{
  GPIO_Configuration();   //配置 GPIO
  SysTick_Config(9000);//定时 1ms,9000 * 8/72M = 1ms
  SysTick_CLKSourceConfig(SysTick_CLKSource_HCLK_
Div8);
  while(1)
  {PlayMusic();
Delay_ms(1000);
  }
}
void GPIO_Configuration(void)
{
  GPIO_InitTypeDef GPIO_InitStructure;
  RCC_APB2PeriphClockCmd(RCC_APB2Periph_GPIOC,ENA-
BLE);//开 GPIO 时钟
  GPIO_InitStructure.GPIO_Pin = GPIO_Pin_6;
  GPIO_InitStructure.GPIO_Mode = GPIO_Mode_Out_PP;
  GPIO_InitStructure.GPIO_Speed = GPIO_Speed_50MHz;
  GPIO_Init(GPIOC,&GPIO_InitStructure);//配置 PC6
}
void SysTick_Handler(void)
{
  if(TimingDelay != 0x00)
{
TimingDelay --;
  }
}
```

```
void Delay_ms (uint16_t nTime)//利用系统滴答定时器实现
nTime 毫秒延时
{
TimingDelay = nTime;
  while(TimingDelay != 0);
}
void PlayMusic()
{
  uint16_t i =0,j,k;
  while(SONG_LONG[i]!=0 ||SONG_TONE[i]!=0)
  {
    for(j =0;j < SONG_LONG[i]* 1000;j ++)   //控制音长
    {
    GPIOC - >ODR^ = GPIO_Pin_6;//利用异或使 PC6 状态取反
    for(k =0;k < SONG_TONE[i];k ++);//控制音调
    }
  Delay_ms(10);
  i ++;
  }
}
```

3. 实现——软硬件调测

按照电路图搭建电路，下载程序并运行，蜂鸣器会循环播放程序中歌曲。改变语句 for （j = 0；j < SONG_LONG[i] * 1000；j ++）循环中，SONG_LONG[i] * 1000 的值，可改变歌曲的播放速度，改变语句 for （k = 0；k < SONG_TONE[i]；k ++）中 SONG_TONE[i] 的值可改变音调。

4. 运行——结果分析、功能拓展

Systick 定时器的应用说明：

（1）Systick 是一个 24 位的定时器，故重装值最大值为 2 的 24 次方 = 16777215，要注意不要超出这个值。

（2）Systick 是 cortex_m3 的标配，不是外设。故不需要在 RCC 寄存器组打开他的时钟。

（3）每次 Systick 溢出后会置位计数标志位和中断标志位，计数标志位在计数器重装载后被清除，而中断标志位也会随着中断服务程序的响应被清除，所以这两个标志位都不需要手动清除。

（4）采用使用库函数的方法，只能采用中断的方法响应定时器计时时间到，如要采用查询的方法，那只能采用设置 Systick 的寄存器的方法。

6.2.4　任务小结

SysTick 定时器具有自动重载和溢出中断功能，所有基于 Cortex_M3 处理器的微控制器都可以由这个定时器获得一定的时间间隔。利用 STM32 的内部 SysTick 定时器可以实现延时的功能且不占用系统定时器。

6.3　任务三　利用定时器 PWM 输出实现呼吸灯

6.3.1　任务描述

利用定时器 PWM 输出控制 LED 灯的亮度变化，实现呼吸灯。

6.3.2　知识链接

1. PWM 简介

脉冲宽度调制（Pulse Width Modulation，PWM）是指在脉冲周期一定的情况之下，通过调整脉冲的宽度，来获得等效的波形。PMW 是一种对模拟信号电平进行数字编码的方法，它利用脉冲宽度即占空比来表示一个模拟信号电平的高低，是一种数字信号对模拟电路进行控制的非常有效的技术，广泛应用在测量、通信、功率控制与变换的许多领域中。

在 STM32F103 中，TIMx 模块可以产生一个由 TIMx_ARR（自动重载）寄存器确定频率、由 TIMx_CCR（捕获/比较）寄存器确定占空比的 PWM 信号。计数器寄存器 CNT 里的值不断加 1，一旦加到与 CCRX 寄存器值相等，便会产生相应的动作。

当 TIMx_CNT < TIMx_CCRx 时 PWM 信号 OCxREF 为高，否则为低。如果 TIMx_CCRx 中的比较值大于自动重装载值（TIMx_ARR）则 OCxREF 保持为 0。图 6-7 为 TIMx_ARR = 8 时边沿对齐的 PWM 波形实例。

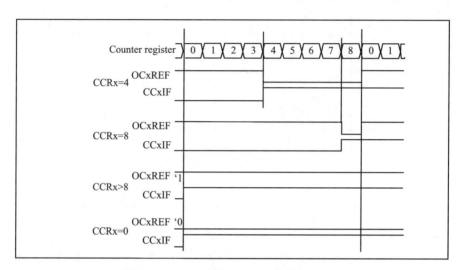

图 6-7　边沿对齐的 PWM 波形（ARR = 8）

2. PWM 模式配置

（1）PWM 的工作模式。

PWM 可以产生不同占空比的波形，用以达到调制的目的。改变脉冲的周期可以达到调频的效果，改变脉冲的宽度可以达到调节电压的效果。

PWM 有边沿对齐模式和中央对齐模式。

①边沿对齐模式。

边沿对齐模式下可配置为向上计数和向下计数。以 PWM1 为例，向上计数时，当 TIMx_CNT < TIMx_CCRx 时 PWM 信号参考 OCxREF 为高，否则为低。如果 TIMx_CCRx 中的比较值大于自动重装载值（TIMx_ARR），则 OCxREF 保持为 "1"。如果比较值为 0，则 OCxREF 保持为 "0"。向下计数时，当 TIMx_CNT > TIMx_CCRx 时参考信号 OCxREF 为低，否则为高。如果 TIMx_CCRx 中的比较值大于 TIMx_ARR 中的自动重装载值，则 OCxREF 保持为 "1"。该模式下不能产生 0% 的 PWM 波形。

②中央对齐模式。

中央对齐模式使用的是向上/向下计数配置，图 6 - 8 为中央对齐的 PWM 波形的例子。

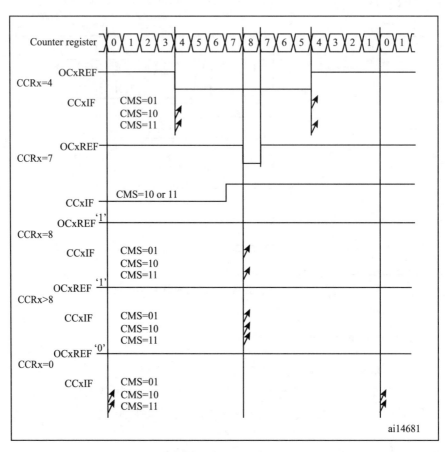

图 6 - 8　中央对齐的 PWM 波形（APR = 8）

使用 TIM3 可产生 4 路不同的 PWM 波形，设置步骤如下：

①开启 TIM3 时钟，需要注意 TIM3 在 APB1 总线。

②设置预分频系数。

③设置自动装载的计数值，该数值决定 PWM 波的频率。

④设置计数模式：即向上，向下还是中央对齐。

⑤初始化 TIM3 通道 1、2、3、4 为 PWM 输出模式 1，输出使能，溢

出值为 CCRx_Val（x 取值为 1~4），分别决定四路 PWM 波的占空比。

```
void TIM3_Config(void)
{
    /* 定义一个 TIM_TimeBaseInitTypeDef 类型的结构体* /
    TIM_TimeBaseInitTypeDef  TIM_TimeBaseStructure;
    /* 定义一个 TIM_OCInitTypeDef 类型的定时器输出比较结构
体* /
    TIM_OCInitTypeDef  TIM_OCInitStructure;
    /* 使能 TIM3 时钟 * /
    RCC_APB1PeriphClockCmd(RCC_APB1Periph_TIM3,ENA-
BLE);
    /* 自动重装初值,决定 PWM 的周期 * /
    TIM_TimeBaseStructure.TIM_Period=1000-1;
    /* 设置预分频系数,若系统时钟 72Mhz,PWM 的周期为 1000 *
72000/72Mhz=1s* /
    TIM_TimeBaseStructure.TIM_Prescaler=72000-1;
    TIM_TimeBaseStructure.TIM_ClockDivision=0;
    TIM_TimeBaseStructure.TIM_CounterMode=TIM_Counter-
Mode_Up;
    TIM_TimeBaseInit(TIM3,&TIM_TimeBaseStructure);
/* TIM3 为 PWM1 模式,输出使能,溢出值为 CCR1_Val,占空比为 CCR1/
1000* /
    TIM_OCInitStructure.TIM_OCMode=TIM_OCMode_PWM1;
    TIM_OCInitStructure.TIM_OutputState=TIM_Output-
State_Enable;
    TIM_OCInitStructure.TIM_Pulse=CCR1_Val;
    TIM_OCInitStructure.TIM_OCPolarity=TIM_OCPolarity_
Low;
    TIM_OC1Init(TIM3,&TIM_OCInitStructure);//通道 1 初
始化
    /* 开启通道 1 的预装载寄存器* /
    TIM_OC1PreloadConfig(TIM3,TIM_OCPreload_Enable);
```

```
TIM_OCInitStructure. TIM_Pulse = CCR2_Val;
TIM_OC2Init(TIM3,&TIM_OCInitStructure);
/* 使能通道 2 预装载寄存器 * /
TIM_OC2PreloadConfig(TIM3,TIM_OCPreload_Enable);
TIM_OCInitStructure. TIM_Pulse = CCR3_Val;
TIM_OC3Init(TIM3,&TIM_OCInitStructure);
/* 使能通道 3 预装载寄存器 * /
TIM_OC3PreloadConfig(TIM3,TIM_OCPreload_Enable);
TIM_OCInitStructure. TIM_Pulse = CCR4_Val;
TIM_OC4Init(TIM3,&TIM_OCInitStructure);
/* 使能通道 4 预装载寄存器 * /
TIM_OC4PreloadConfig(TIM3,TIM_OCPreload_Enable);
TIM_CtrlPWMOutputs(TIM3,ENABLE);//设置 TIM3 的 PWM 输
```
出为使能
```
}
```

注意：在输出模式中，每一个通道都需要单独配置，例如，为 TIM3 输出通道 1 的初始化库函数调用是：

```
TIM_OC1Init(TIM3,&TIM_OCInitStructure);
```

（2）常用库函数。

下面对 PWM 操作时的常用库函数进行介绍。

①函数 TIM_OCxInit（TIM_TypeDef * TIMx，TIM_OCInitTypeDef * TIM_OCInitStruct）。

函数中参数 1 TIMx，用于选择 TIM 外设，x 可以是 1、2、3、4、5、8。参数 2 指向 TIMx_OCInitTypeDef 类型的指针（定义于文件 "stm32f10x_tim. h"），其结构如下：

```
TIM_OCInitTypeDef
typedef struct
{
    /* 定时器输出模式 * /
    uint16_t TIM_OCMode;
```

```
    /* 定时器输出比较状态 */
    uint16_t TIM_OutputState;
    /* 定时器互补输出比较状态 */
    uint16_t TIM_OutputNState;
    /* 待装入捕获比较寄存器的脉冲值 */
    uint16_t TIM_Pulse;
    /* 定时器输出极性 */
    uint16_t TIM_OCPolarity;
    /* 定时器互补输出极性 */
    uint16_t TIM_OCNPolarity;
    /* 定时器输出空闲状态 */
    uint16_t TIM_OCIdleState;
    /* 定时器输出互补的空闲状态 */
    uint16_t TIM_OCNIdleState;
}TIM_OCInitTypeDef;
```

TIM_OCMode 定时器输出模式参数可取值如表 6 – 10 所示。

表 6 – 10　　　　TIM_OCMode 定时器输出模式参数可取值及描述

TIM_OCMode	描述
TIM_OCMode_Timing	TIM 输出比较时间模式
TIM_OCMode_Active	TIM 输出比较主动模式
TIM_OCMode_Inactive	TIM 输出比较非主动模式
TIM_OCMode_Toggle	TIM 输出比较触发模式
TIM_OCMode_PWM1	TIM 脉冲宽度调制模式 1
TIM_OCMode_PWM2	TIM 脉冲宽度调制模式 2

模式 1：向上计数时，当 CNT < CCR1 时通道 1 为有效电平（OC1REF = 1），否则为无效电平（OC1REF = 0），向下计数时，当 CNT > CCR1 时通道为无效电平（OC1REF = 0），否则为有效电平（OC1REF = 1）。模式 2 正好相反。

定时器输出比较状态 TIM_OutputState 可取值如表 6 – 11 所示。

表 6 – 11　　**TIM_OutputState**（定时器输出比较状态）可取值及描述

TIM_OutputState	描述
TIM_OutputState_Disable	输出除能
TIM_OutputState_Enable	输出使能

定时器互补输出比较状态 TIM_OutputNState 可取值如表 6 – 12 所示。

表 6 – 12　　**TIM_OutputNState** 定时器互补输出比较状态参数可取值及描述

TIM_OutputNState	描述
TIM_OutputNState_Disable	输出除能
TIM_OutputNState_Enable	输出使能

定时器输出极性 TIM_OCPolarity 可取参数如表 6 – 13 所示。

TIM_Pulse 设置了待装入捕获比较寄存器的脉冲值。它的取值必须在 0x0000 和 0xFFFF 之间。

表 6 – 13　　**TIM_OCPolarity**（定时器输出极性）参数可取值及描述

TIM_OCPolarity	描述
TIM_OCPolarity_High	比较匹配之后，输出极性为高
TIM_OCPolarity_Low	比较匹配之后，输出极性为低

定时器输出极性 TIM_OCNPolarity 可取参数如表 6 – 14 所示。

表 6 – 14　　**TIM_OCNPolarity**（定时器互补输出极性）参数可取值及描述

TIM_OCNPolarity	描述
TIM_OCNPolarity_High	输出极性为高
TIM_OCNPolarity_Low	输出极性为低

定时器输出空闲状态 TIM_OCIdleState 可取参数如表 6 – 15 所示。

表 6 – 15　　**TIM_OCIdleState** 定时器输出空闲状态参数可取值及描述

TIM_OCIdleState	描述
TIM_OCIdleState_Set	输出空闲状态置高
TIM_OCIdleState_Reset	输出空闲状态置低

表 6 – 16   **TIM_OCNIdleState** 定时器输出互补的参数可取值及描述

TIM_OCNIdleState	描述
TIM_OCNIdleState_Set	输出互补空闲状态置高
TIM_OCNIdleState_Reset	输出互补空闲状态置低

②库函数 TIM_OCxPreloadConfig( ) 的作用是开启或关闭指定定时器的预装载寄存器。注意，四个输出通道有四个不同的配置函数。

例：

```
TIM_OC2PreloadConfig(TIM3,TIM_OCPreload_Enable);
```

③函数 void TIM_CtrlPWMOutputs(TIM_TypeDef * TIMx, FunctionalState NewState)，使能或失能 TIM 的主输出。

例：

```
TIM_CtrlPWMOutputs(TIM8,ENABLE);//设置 TIM8 的 PWM 输出为
```
使能

④库函数 void TIM_SetCompare1(TIM_TypeDef * TIMx, uint16_t Compare2)，设置 TIMx 捕获比较寄存器 1 的值，从而可以得到 PWM 波的不同占空比。同理可以设置其他通道捕获比较寄存器的值。

6.3.3 任 务 实 施

1. 构思——方案选择

利用 TIM8 的通道 2（Ch2）实现 PWM 输出占空比的动态改变，从而实现呼吸灯的效果。

2. 设计——软硬件设计

（1）硬件设计。

为了产生 PWM 波，我们首先要确定定时器的输出通道。TIM8 有 7 个 PWM 输出通道。这 7 个通道都可以输出 PWM 波。假设我们采用 TIM8 的 CH2 产生 PWM 输出。查表可知，TIM8_CH2 连接到 PC7 上。因此，需要把 PC7 连接到 LED 上。

（2）软件设计。

利用定时器 TIM8 输出 PWM 的步骤如下：

①设置时钟；

②设置 GPIO；

③定时器 TIM8 初始化；

④初始化 TIM8 定时器的 PWM 相关寄存器。

代码如下：

```
#include"stm32f10x.h"
void RCC_Configuration(void);
void TIM_Configuration(void);
void GPIO_Configuration(void);
void PWM_Configuration(void);
void delay_ms(u16 time);
int UpDown_Flag =1;
int count =0;//外部计数
int CCR_Value;   //PWM 波的 CCR 寄存器的数值，
int ARR_Value =300 -1;//定时器自动重载寄存器的数值
int main(void)
{
    RCC_Configuration();
    GPIO_Configuration();
    TIM_Configuration();
    PWM_Configuration();
    TIM_Cmd(TIM8,ENABLE);//使能 TIM8 计时器,开始输出 PWM
    while(1)
    {
        delay_ms(5);
        if(UpDown_Flag ==1)
        {
         count ++;
        }
        else
```

```
        {
         count -- ;
        }
        if(count >300)   UpDown_Flag =0;
        if(count ==0)    UpDown_Flag =1;
        CCR_Value =count;//定时器 PWM 的 CCR 的数值
        TIM_SetCompare2 (TIM8,CCR_Value);   //TIM8_CH2,设
置 TIM8 捕获比较寄存器 2 的值
    }
}
void RCC_Configuration(void)//时钟配置子程序
{   SystemInit();
  RCC_APB2PeriphClockCmd(RCC_APB2Periph_GPIOC,ENABLE);
  RCC_APB2PeriphClockCmd(RCC_APB2Periph_TIM8,ENABLE);
}
void GPIO_Configuration(void)//GPIO 配置
{
    GPIO_InitTypeDef GPIO_InitStructure;
     GPIO_InitStructure.GPIO_Pin = GPIO_Pin_7;//TIM8_
CH2—PC7
    GPIO_InitStructure.GPIO_Speed =GPIO_Speed_50MHz;
     GPIO_InitStructure.GPIO_Mode =GPIO_Mode_AF_PP;   //复
用推挽输出
    GPIO_Init(GPIOC,&GPIO_InitStructure);
}
void TIM_Configuration(void)
{
TIM_TimeBaseInitTypeDef TIM_TimeBaseStructure;
TIM_TimeBaseStructure.TIM_Period = ARR_Value;   //设置预
装载值
TIM_TimeBaseStructure.TIM_Prescaler =1 -1;   ////预分频数
值 72000000
TIM_TimeBaseStructure.TIM_ClockDivision = TIM_CKD_
```

DIV1；//定时器时钟(CK_INT)频率与数字滤波器(ETR,TIx)使用的采样频率之间的分频比为1

TIM_TimeBaseStructure.TIM_CounterMode=TIM_CounterMode_Up；//向上计数模式

    TIM_TimeBaseInit(TIM8,&TIM_TimeBaseStructure)；

}

void PWM_Configuration(void)

{

    TIM_OCInitTypeDef TimOCInitStructure；

    TimOCInitStructure.TIM_OCMode=TIM_OCMode_PWM1；//PWM模式1输出

    TimOCInitStructure.TIM_Pulse=0； //设置占空比(LED亮度)

    TimOCInitStructure.TIM_OCPolarity=TIM_OCPolarity_High；//TIM输出比较极性高

    TimOCInitStructure.TIM_OutputState = TIM_OutputState_Enable；//使能输出状态

    TIM_OC2Init(TIM8,&TimOCInitStructure)； //TIM8的CH2输出

    TIM_CtrlPWMOutputs(TIM8,ENABLE)；//设置TIM8的PWM输出为使能

}

void delay_ms(u16 time)

{

    u16 i=0；

    while(time--)

    {

        i=12000；

        while(i--)；

    }

}

3. 实现——软硬件调测

PC7 口连接 LED，编译并下载程序后，可观察 LED 灯的明暗变化，也可以通过示波器观察 PC7 输出波形的变化情况为周期不变，占空比由 0% 到 100% 循环变化，如图 6 – 9 所示。

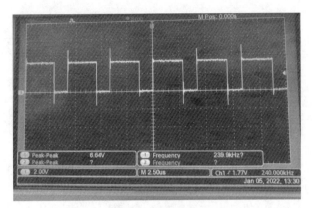

图 6 – 9　输出波形

4. 运行——结果分析、功能拓展

（1）结果分析。

采用内部时钟模式，时钟频率为 72MHz，程序中自动重装寄存器 TIM_ARR 的值为 300 – 1，即计数值为 300 个，所以 PWM 波的周期应为 300 × (1/72MHz) = 1/240k。由示波器输出波形也可看出，PWM 波的频率为 240kHz。

复用 IO 时钟（RCC_APB2Periph_AFIO）在以下两种情况下才需要开启：

①需要用到外设的重映射功能。

②用到外部中断（EXTI）中与 AFIO 有关的寄存器时，用来选择 EX-TIx 外部中断的输入脚之用。本任务虽用到管脚复用功能，但不需要使能 AFIO 时钟。

（2）功能拓展。

试用 4 个 PWM 波分别控制 4 个 LED 灯，改变 PWM 波的占空比控制灯的亮度，使 4 个灯由明到暗排列。

6.3.4　任务小结

通过呼吸灯的实现，掌握使用定时器产生不同占空比和不同频率波形的方法。

6.4　任务四　利用 PWM 实现电机控制

6.4.1　任务描述

利用 PWM 实现电机转向、转速调节。利用 TIM2 的通道 1 和通道 2（PA1）分别产生 PWM，来控制电动机，通过按键调节电动机的转速，按键 1 每按下一次，电机转向改变一次，按键 2 每按下一次，转速增大，当增至最高速后，重新从 0 开始。

6.4.2　知识链接

1. 电动机基础

电动机是依据电磁感应定律实现电能转换或传递的一种电磁装置。在电路中常用于产生驱动转矩，作为电器或各种机械设备的动力源。按电动机的结构和工作原理可分为直流电动机、异步电动机、同步电动机。

（1）直流电动机是将直流电能转化为机械能的装置。电动机定子提供磁场，直流电源向转子的绕组提供电流，换向器使转子电流与磁场产生的转矩保持方向不变。根据是否配置有常用的电刷–换向器可以将直流电动机分为两类，包括有刷直流电动机和无刷直流电动机。无刷直流电机是近几年来随着微处理器技术的发展和高开关频率、低功耗新型电力电子器件的应用，以及控制方法的优化和低成本、高磁能级的永磁材料的出现而发展起来的一种新型直流电动机，如图 6 – 10 所示。

图 6 – 10　直流电动机

（2）异步电动机又称感应电动机，是由气隙旋转磁场与转子绕组感应电流相互作用产生电磁转矩，从而实现机电能量转换为机械能量的一种交流电机。三相异步电机主要用作拖动各种生产机械，例如：风机、泵、压缩机、机床、轻工及矿山机械、农业生产中的脱粒机和粉碎机、农副产品中的加工机械等。结构简单、制造容易、价格低廉、运行可靠、坚固耐用、运行效率较高并具有适用的工作特性。

（3）同步电动机是由直流供电的励磁磁场与电枢的旋转磁场相互作用而产生转矩，以同步转速旋转的交流电动机。同步电动机属于交流电机，定子绕组与异步电动机相同。它的转子旋转速度与定子绕组所产生的旋转磁场的速度是一样的，所以称为同步电动机。正由于这样，同步电动机的电流在相位上是超前于电压的，即同步电动机是一个容性负载。为此，在很多时候，同步电动机被用来改进供电系统的功率因数。

电动机的正反转、转速等都可以利用单片机技术实现数字化控制。利用单片机的控制，使整个系统实现全数字化，并且具有结构简单、可靠性高、操作维护方便等优点。下面主要介绍利用 PWM 对直流电动机的控制方法。

2. 电动机的驱动

一般情况下，电动机不能使用单片机的端口直接驱动，需要使用驱动电路才能驱动。目前，市场上有许多集成驱动芯片和模块。驱动芯片不但可以供给电动机足够的驱动电流还能起到隔离的作用，避免电动机产生的冲击电流损坏控制器件。

L298N 是一种内含两个 H 桥的高电压大电流全桥式驱动器。该芯片有 Mutiwatt15 和 PowerSO20 两种封装形式，引脚如图 6 – 11 所示。该驱动器可以用来驱动直流电动机和步进电动机、继电器线圈等感性负载。它可以驱动两个二相电机或一个四相步进电机，也可以驱动两台直流电机。L298N 可实现电机正反转及调速，启动性能好，启动转矩大，适合应用于机器人设计及智能小车的设计中。

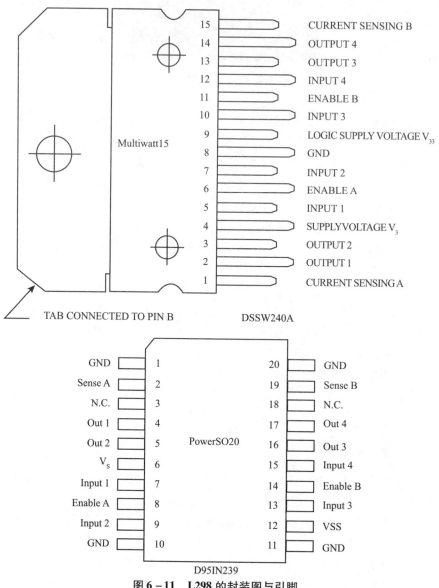

图 6-11　L298 的封装图与引脚

引脚功能如表 6 – 17 所示：

表 6 – 17　　　　　　　　　　　　**L298 引脚功能**

Mutiwatt15 封装引脚	PowerSO20 封装引脚	引脚名	功能
1，15	2，19	Sense A，Sense B	这个引脚和地之间连接电阻来控制负载的电流，不用时可直接接地
2，3	4，5	OUT1，OUT2	A 桥的输出
4	6	Vs	接 2.5 到 46 的电压，用来驱动电机，这个引脚和地之间需连接 100nF 电容
5，7	7，9	Input 1，Input 2	A 桥输入端
6，11	8，14	EnableA，EnableB	A 桥和 B 桥的使能端，低电平禁止工作
8	1，10，11，20	GND	接地端
9	12	VSS	接 4.5 到 7V 的电压，用来驱动 L298 芯片，这个引脚和地之间需连接 100nF 电容
10，12	13，15	Input 3，Input 4	B 桥输入端
13，14	16，17	Out 3，Out 4	B 桥输出端
–.	3，18	N. C	无连接

用 L298N 控制直流电机时，电路简单，使用方便，只需单片机端口高低就可以控制开始、停止、正反转，引脚与电机运行状态的关系如表 6 – 18 所示。

表 6 – 18　　　　　　　　　　　　**L298 功能模块**

EnableA	Input1	Input2	运转状态
0	×	×	停止
1	1	0	正转
1	0	1	反转
1	1	1	刹停
1	0	0	停止

利用 L298N 驱动一个直流电机时的硬件连线图，如图 6 - 12 所示。

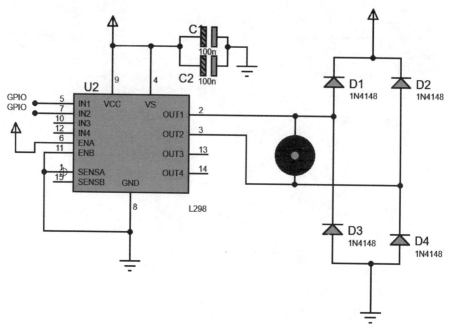

图 6 - 12 L298N 驱动电机连线图

3. PWM 对直流电机的控制

PWM 技术中，负载接通时间与一个周期总时间之比叫作占空比。输出电压的平均值取决于输出波形的幅度和占空比，当波形幅度一定时，占空比越大，平均值就越大。在 PWM 控制的系统中，可以根据需要改变一个周期内"接通"和"断开"时间的长短。通过改变直流电机电枢上电压的"占空比"可以达到改变平均电压大小的目的，从而控制电动机的转速。脉冲波形如图 6 - 13 所示。

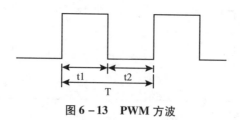

图 6 - 13 PWM 方波

在图 6 – 13 中，波形周期为 T，高电平脉冲宽度时间为 t1，低电平脉冲宽度时间为 t2，则占空比为：D = t1/T；加在直流电动机两端的电压平均值为：U_0 = t1/T × Umax。

设电机始终接通电源，电机转速最大为 Vmax，电机的平均速度为 Va，占空比为 D = t1/T，则电机的平均速度为 Va = Vmax × D。

由上面的公式可见，当我们改变占空比 D = t1/T 时，就可以得到不同的电机平均速度 Va，从而达到调速的目的。严格来说，平均速度 Vd 与占空比 D 并非严格的线性关系，但是在一般的应用中，我们可以将其近似地看成是线性关系。

PWM 控制本身属于开环控制，具有调节功能，但不具有稳定负载的能力，也不保证输出结果正比于占空比。例如，在电机调速实验中，通过 PWM 控制可以改变电动机的功率，但不能稳定电动机的转速，电动机的转速会受负载力矩的影响。当需要高精度，高稳定性，快速且无超调的控制时，必须采用反馈控制系统。反馈控制系统，是将系统输出值与期望值相比较，并根据两者之间的误差调制系统，使输出值尽量接近于期望值的闭环控制系统。

直流电动机具有优秀的线性机械特性、宽的调速范围、大的启动转矩、简单的控制电路等优点。能满足生产过程、自动化系统各种不同的特殊运行要求，在许多需要调速或快速正反向的电力拖动系统领域中得到了广泛的应用。

直流电动机的转速调节主要有三种方法：调节电枢供电的电压、减弱励磁磁通和改变电枢回路电阻。改变电枢回路电阻调速只能实现有级调速，减弱磁通虽然能够平滑调速，但这种方法的调速范围不大，一般都是配合变压调速使用。所以在直流调速系统中，都是以变压调速为主。其中，在变压调速系统中，大体上又可分为可控整流式调速系统和直流 PWM 调速系统两种。直流 PWM 调速系统与可控整流式调速系统相比有下列优点：

由于 PWM 调速系统的开关频率较高，仅靠电枢电感的滤波作用就可获得平稳的直流电流，低速特性好、稳速精度高、调速范围宽。同样，由于开关频率高，快速响应特性好，动态抗干扰能力强，可以获得很宽的频带；开关器件只工作在开关状态，因此主电路损耗小、装置效率高；直流电源采用不可控整流时，电网功率因数比相控整流器高。

根据 PWM 控制的基本原理可知，一段时间内加在惯性负载两端的

PWM 脉冲与相等时间内冲量相等的直流电加在负载上的电压等效，要改变等效直流电压的大小，可以通过改变脉冲幅值 U 和占空比来实现，因为在实际系统设计中脉冲幅值一般是恒定的，所以通常通过控制占空比的大小实现等效直流电压在 0～U 之间任意调节，从而达到利用 PWM 控制技术实现对直流电机转速进行调节的目的。

由于单片机 I/O 口的驱动能力有限，使用单片机产生的 PWM 波控制直流电机时还需要外加驱动电路。利用驱动电路还可以改变电机的转速。常用的驱动方法有：由分立元件实现或专用驱动芯片。

目前常用的驱动电路由复合体管组成 H 型桥式电路构成，原理图如图 6-14 所示，电路中 4 只三极管和电机组成一个 H 形状，4 个二极管在电路中起保护作用，防止晶体管产生反向电压。

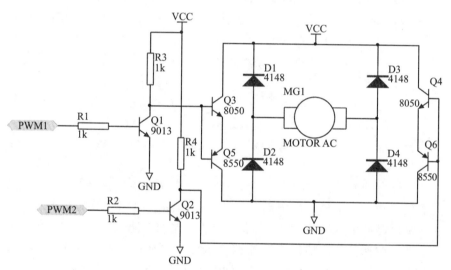

图 6-14 H 桥驱动电路原理

要使电机运转，必须导通对角线上的一对三极管。根据不同三极管对的导通情况，可以控制电机中电流的流向，从而控制电机的转向。当 Q1 管和 Q4 管导通时，电流流向如图 6-15 中电流方向箭头所示，该流向的电流将驱动电机顺时针转动。当三极管 Q2 和 Q3 导通时，电流流向如图 6-16 中电流方向箭头所示，从而驱动电机沿逆时针方向转动。

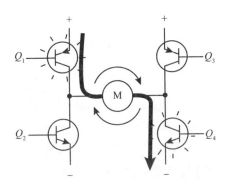

图 6 – 15　Q1、Q4 管导通时，电流流向

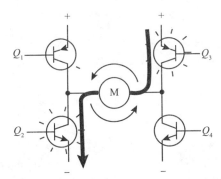

图 6 – 16　Q2、Q3 管导通时，电流流向

当 PWM1 输入高电平，PWM2 输入低电平时，电机正转；当 PWM1 输入低电平，PWM2 输入高电平时，电机反转。这样，我们实现了对电动机转向的控制。利用 PWM 波的占空比的调节，能够实现对电动机速度的控制。

4. 步进电动机原理及应用

步进电动机是将电脉冲信号转换成角位移或线位移的电磁机械装置。步进电机是数字控制电机，它将脉冲信号转变成角位移，即步进电动机接收到一个脉冲信号，就转动一个固定角度（步距角）。在非超载的情况下，电动机的步距角和转速只取决于脉冲信号的频率和脉冲数，而不受负载变化等外界因素的影响，我们可以通过控制脉冲个数来控制角位移量，通过控制脉冲频率来控制电机转动的速度和加速度，从而达到调速的目的，非常适合于单片机控制。

步进电动机可分为反应式步进电动机（VR）、永磁式步进电动机

（PM）和混合式步进电动机（HB）。

下面以应用广泛的反应式步进电动机为例，介绍单片机对步进电动机的控制技术。

（1）反应式步进电机原理。

反应式步进电动机有二相、三相、四相、五相等多种。其中相数指的是产生不同对极 N、S 磁场的激磁线圈对数。

以三相步进电动机为例，用 A、B、C 表示三相，若要按 A→B→C→A 相顺序轮流通电，步进电动机会按顺时针方向正转。如果将通电顺序改为 A→C→B→A，则步进电动机会按逆时针方向反转。以上通电方式，每次只对一个相通电，完成一个磁场周期性变化需要换相 3 次即 3 个脉冲信号，所以这种工作方式称为："单三拍"工作方式。另外，还有"双三拍"工作方式：正转通电方式为 AB→BC→CA，反转通电方式为 BA→AC→CB；"六拍"工作方式：正转通电方式为 A→AB→B→BC→C→CA，反转通电方式为 A→AC→C→CB→B→BA。

对应一个脉冲信号，电机转子转过的角位移称为步距角，用 θ 表示。当通电状态的改变完成一个循环时，转子转过一个齿距角。θ = 360 度/（转子齿数 × 运行拍数），那么电动机转过一周需要的脉冲为 360/θ 个。

步进电机的驱动电路根据控制信号工作，控制信号由单片机产生。通过控制电动机各相通电顺序控制电机的转动方向，通过调整单片机发出的脉冲频率或占空比，对步进电机进行调速。

（2）步进电动机的单片机控制。

步进电动机的控制系统由硬件电路和软件程序组成。

①硬件电路。

步进电动机要靠单片机产生的脉冲来控制转矩，不能由单片机 I/O 口直接驱动，需要驱动电路，常用的驱动方式有：由分立元件构建驱动电路和专用驱动芯片，所以一个步进电机控制系统包括控制器、驱动器、电机三部分。

使用分立元件组成驱动电路的方法有很多，例如，图 6 - 17 为采用双电压驱动的三相双拍步进电机驱动控制系统设计的主要电路结构。

图 6 - 17 中的 74AC04B 反相器用来给功率三极管提供驱动信号，P00 用来输出高频和低频脉冲时的控制选择信号，P00 为低电平时，Q1 导通，D1 截止，低电压源不起作用，D2 截止，P05、P06、P07 输出高频脉冲，使得高电压源作用，使得电流响应变快；P00 为高电平时，Q1 截止，高电

压源不起作用，低电压源作用，P05、P06、P07 输出低频脉冲，经三极管 Q2，在线圈上产生低电压的脉冲电源。Q2 截止时，因线圈电感电流不可突变，D2 起续流的作用，使能量消耗在电阻 Rs 上。

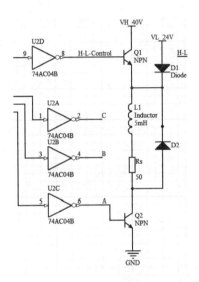

图 6-17　分立元件构建驱动电路

也可以用驱动芯片实现对步进电动机的驱动，常用的驱动芯片有 ULN2003、L297、L298N 等。驱动电路如图 6-18 所示。

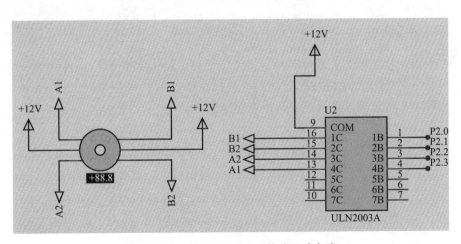

图 6-18　利用 ULN2003A 构建驱动电路

②程序设计。

下面以常用的步进电机 28BYJ – 48 为例，说明步进电动机的程序设计方法，步进电机 28BYJ48 型为四相八拍电动机，电压为 DC5V ~ 12V。四相步进电机常见的通电方式有单四拍（A – B – C – D – A），双四拍（AB – BC – CD – DA – AB），八拍（A – AB – B – BC – C – CD – D – DA – A）。28BYJ – 48 是一款带减速的步进电机，减速比为 1∶64，步距角为 5.625/64。所以脉冲个数 N = 64 时，电动机转一圈（不是外面所看到的输出轴，是里面的传动轮转了一周），N = 64 × 64 时，步进电动机主轴转一圈。

在四相单四拍方式下，控制代码如表 6 – 19 所示。

表 6 – 19　　　　　　　四相单四拍方式下的控制代码

PA3	PA2	PA1	PA0	正转	反转	控制代码 (P1)
D 相	C 相	B 相	A 相			
0	0	0	1			0x01
0	0	1	0			0x02
0	1	0	0	↓	↑	0x04
1	0	0	0			0x08

根据表 6 – 19 可知，控制字数组为：

```
unsigned char cw[4] = {0x01,0x02,0x04,0x08};
```

电机使用端口：PA0、PA1、PA2、PA3，将上组数据按正序送到 PA 口，可控制电动机正转，按逆序送到 PA 口时，可控制电动机反转。28BYJ48 型步进电动机正反转控制程序为：

```
unsigned char   cw[4] = {0x01,0x02,0x04,0x08};
void delay(unsigned int t)
{
    unsigned int k;
    while(t --)
    {
```

```
      for(k=0;k<125;k++);
   }
}
void motor_ffw(unsigned int n)        //步进电动机正转 n 圈子
程序
  {
    unsigned char i;
    unsigned int  j;
    for(j=0;j<16*64*n;j++)//电动机输出轴转动一圈需要的
脉冲数为 16*64*4
      {
        for(i=0;i<4;i++)
          {
          GPIO_Write(GPIOA,cw[i]);
          delay(1);       //通过改变延时时间,可以控制转速
          }
      }
  }
void motor_rev(unsigned int n)    //步进电动机反转 n 圈子程序
{
  unsigned char i;
  unsigned int  j;
  for(j=0;j<16*64*n;j++)
      {
        for(i=3;i>=0;i--)
        {
          GPIO_Write(GPIOA,cw[i]);
          delay(1);
        }
      }
  }
```

6.4.3 任务实施

1. 构思——方案选择

本项目是利用 STM32 单片机控制直流电机，通过按键操作改变电机的转速。

PWM 控制技术具有控制简单、灵活和动态响应好等优点，可以利用这种控制方式，通过改变电压的占空比实现对直流电机速度的控制。

单片机 IO 口的驱动能力有限，所以需要外加驱动电路，常用的驱动方式有：

方案一：采用"H 桥"驱动电路，通过 PWM 波控制三极管的通断来实现电机的正反转，但电路连接复杂，正反转时电流大，易烧毁三极管。

方案二：采用 L298N 驱动模块，其优点是：电路驱动能力强，有过流保护功能。实现直流电机调速，实现简单，调速范围大，在这里我们选用方案二。

2. 设计——软硬件设计

（1）硬件设计。

利用 TIM2 的通道 1（PA0）和通道 2（PA1）分别产生 PWM，连接至 L298 的 5 引脚和 7 引脚，L298 的 2 引脚和 3 引脚接电动机的两个输入端；PA8 接按键 1、PA9 接按键 2，如图 6 – 19 所示。

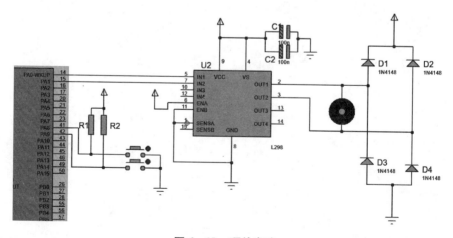

图 6 – 19　硬件电路

(2) 软件设计

```
#include"stm32f10x.h"
void delay_nms(u16 time);//延时子函数
void RCC_Configuration(void);
void GPIO_Configuration(void);
void TIM_Configuration(void);
void PWM_Configuration(void);
void EXTI_Configuration(void);
void NVIC_Configuration(void);
void motorctr(unsigned char ctr);
unsigned char flag=1;//flag=1 正转,flag=0 反转
int count=0;//外部计数
int CCR_Value;   //PWM 波的 CCR 寄存器的数值,
int ARR_Value=6000-1;//定时器自动重载寄存器的数值
int main(void)
{
    RCC_Configuration();
    GPIO_Configuration();
    TIM_Configuration();
    PWM_Configuration();
    EXTI_Configuration();//配置外部中断源
    NVIC_Configuration();//配置向量中断控制器
    TIM_Cmd(TIM2,ENABLE);//使能 TIM2 计时器,开始输出 PWM
    while(1);
}
void RCC_Configuration(void)
{    SystemInit();
    RCC_APB2PeriphClockCmd(RCC_APB2Periph_GPIOA,ENA-
BLE);//使能 GPIOA 的时钟
    RCC_APB2PeriphClockCmd(RCC_APB2Periph_AFIO,ENA-
BLE);//使能 AFIO 的时钟
    RCC_APB1PeriphClockCmd(RCC_APB1Periph_TIM2,ENA-
```

```
BLE);//TIM2 在 APB1 上
}
void GPIO_Configuration(void)
{
    GPIO_InitTypeDef GPIO_InitStructure;
/* 初始化 PA8,PA9 口,配置为浮空输入模式,作为按键输入端* /
    GPIO_InitStructure.GPIO_Pin =GPIO_Pin_8|GPIO_Pin_9;
        GPIO_InitStructure.GPIO_Mode = GPIO_Mode_IN_
FLOATING;
    GPIO_InitStructure.GPIO_Speed =GPIO_Speed_50MHz;
    GPIO_Init(GPIOA,&GPIO_InitStructure);
/* 初始化 PA0,PA1 口作为 PWM 输出端口* /
    GPIO_InitStructure.GPIO_Pin =GPIO_Pin_0|GPIO_Pin_1;
    GPIO_InitStructure.GPIO_Speed =GPIO_Speed_50MHz;
    GPIO_InitStructure.GPIO_Mode =GPIO_Mode_AF_PP;
    GPIO_Init(GPIOA,&GPIO_InitStructure);
}
void TIM_Configuration(void)
{
    TIM_TimeBaseInitTypeDef TIM_TimeBaseStructure;
    TIM_TimeBaseStructure.TIM_Period = ARR_Value;   //设
置预装载值
    TIM_TimeBaseStructure.TIM_Prescaler =1 -1;//设置预分
频数值
    TIM_TimeBaseStructure.TIM_ClockDivision =0;//定时器
时钟(CK_INT)频率与数字滤波器(ETR,TIx)使用的采样频率之间的分
频比为 1
    TIM_TimeBaseStructure.TIM_CounterMode = TIM_Counter-
Mode_Up;
//向上计数模式
TIM_TimeBaseInit(TIM2,&TIM_TimeBaseStructure);//将配置
应用到 TIM2
}
```

```
void PWM_Configuration(void)
{
    TIM_OCInitTypeDef TimOCInitStructure;
    TimOCInitStructure.TIM_OCMode = TIM_OCMode_PWM1;//PWM
模式 1 输出
    TimOCInitStructure.TIM_Pulse = 0;    //设置占空比
    TimOCInitStructure.TIM_OCPolarity = TIM_OCPolarity_
High;
//TIM 输出比较极性高
    TimOCInitStructure.TIM_OutputState = TIM_Output-
State_Enable;
//使能输出状态
    TIM_OC1Init(TIM2,&TimOCInitStructure);//TIM2 的 CH1
输出
    TIM_OC2Init(TIM2,&TimOCInitStructure);    //TIM2 的
CH2 输出
    TIM_CtrlPWMOutputs(TIM2,ENABLE);//设置 TIM2 的 PWM 输
出为使能
}
void EXTI_Configuration(void)//配置外部中断源
{   EXTI_InitTypeDef EXTI_InitStructure;//声明外部中断初
始化结构体
    EXTI_InitStructure.EXTI_Line = EXTI_Line8 | EXTI_
Line9;//外部中断线 Line8 和 Line9
    EXTI_InitStructure.EXTI_Mode = EXTI_Mode_Inter-
rupt;//选择中断模式
    EXTI_InitStructure.EXTI_Trigger = EXTI_Trigger_Fall-
ing;//下降沿触发
    EXTI_InitStructure.EXTI_LineCmd = ENABLE;//使能中断
    EXTI_Init(&EXTI_InitStructure);//初始化外部中断
    GPIO_EXTILineConfig(GPIO_PortSourceGPIOA,GPIO_Pin-
Source8);//PA8 配置为外部中断源
    GPIO_EXTILineConfig(GPIO_PortSourceGPIOA,GPIO_Pin-
```

Source9);//PA9 配置为外部中断源

}

void NVIC_Configuration(void)

{

    NVIC_InitTypeDef NVIC_InitStructure;

    NVIC_PriorityGroupConfig(NVIC_PriorityGroup_1);//
中断优先级分组配置分组 1:1 位抢占优先级、3 位子优先级

    NVIC_InitStructure.NVIC_IRQChannel=EXTI9_5_IRQn;//
EXTI9_5 中断源

    NVIC_InitStructure.NVIC_IRQChannelPreemptionPrior-
ity=0;//抢占先优先级设定,取值为 0-1

    NVIC_InitStructure.NVIC_IRQChannelSubPriority=
0;//从优先级设定,取值为 0-7

    NVIC_InitStructure.NVIC_IRQChannelCmd=ENABLE;

    NVIC_Init(&NVIC_InitStructure);

}

void motorctr(unsigned char ctr)   //电机转速控制函数

{

    CCR_Value=count;//定时器 PWM 的 CCR 的数值

   if(ctr==1) //正转

   {

    TIM_SetCompare1(TIM2,CCR_Value); //TIM2_CH1,设置
TIM1 捕获比较寄存器 2 的值

    TIM_SetCompare2(TIM2,0); //TIM2_CH2,PWM 波占空比
为 0

   }

   else //反转

   {

    TIM_SetCompare1(TIM2,0); //TIM2_CH1,PWM 波占空比
为 0

    TIM_SetCompare2(TIM2,CCR_Value);//TIM2_CH2,设置

TIM1 捕获比较寄存器 2 的值

```
        }
}
void EXTI9_5_IRQHandler(void)//外部中断源 15-10 的中断子程序
{
  delay_nms(10);//延时去抖
if(GPIO_ReadInputDataBit(GPIOA,GPIO_Pin_8&GPIO_Pin_9)=
=0)//延时后再次判断按键状态
{  if(EXTI_GetITStatus(EXTI_Line8)!=RESET)   //方向键被
按下
  {
  while(GPIO_ReadInputDataBit(GPIOA,GPIO_Pin_8)==
0);//等待按键释放
       flag = ~flag;
  }
   if(EXTI_GetITStatus(EXTI_Line9)!=RESET)//速度键被
按下
   {

while(GPIO_ReadInputDataBit(GPIOA,GPIO_Pin_9)==0);//
等待按键释放
      count=count+1000;
      if(count>=6000)  count=0;
  }
   EXTI_ClearITPendingBit(EXTI_Line8|EXTI_Line9);
   motorctr(flag);
  }
}
void delay_nms(u16 time)//延时子程序
{  u16 i=0;
   while(time--)
   {  i=10000;
      while(i--);
```

```
    }
}
```

3. 实现——软硬件调测

L298N 需要加散热片，将 L298N 和电机按原理图连接完毕，其中输入引脚 in1、in2 分别与电源和地相连，观察电机状态。改变两个输入引脚的电压，看电机状态变化，从而判断电机及其驱动模块是否正常工作。然后用 LED 灯或示波器检测单片机的 PWM 波输出是否正常。

由于本任务用到定时器和外部中断，所以在运行管理配置时，要勾选 EXTI 和 TIM，如图 6 – 20 所示。

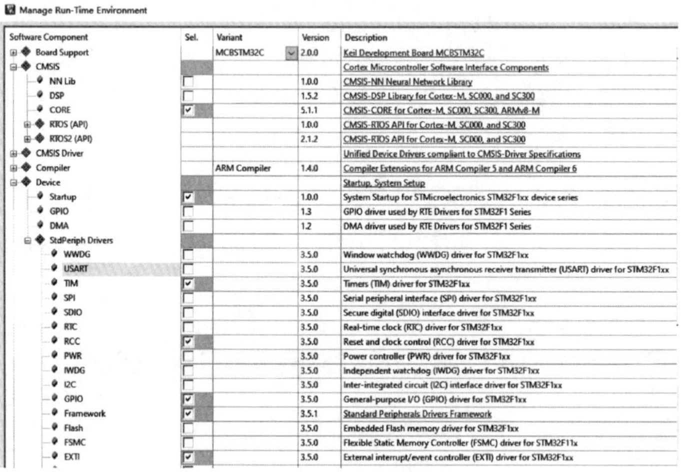

Software Component	Sel.	Variant	Version	Description
⊞ ◆ Board Support		MCBSTM32C	2.0.0	Keil Development Board MCBSTM32C
⊟ ◆ CMSIS				Cortex Microcontroller Software Interface Components
◆ NN Lib	☐		1.0.0	CMSIS-NN Neural Network Library
◆ DSP	☐		1.5.2	CMSIS-DSP Library for Cortex-M, SC000, and SC300
◆ CORE	☑		5.1.1	CMSIS-CORE for Cortex-M, SC000, SC300, ARMv8-M
◆ RTOS (API)	☐		1.0.0	CMSIS-RTOS API for Cortex-M, SC000, and SC300
◆ RTOS2 (API)	☐		2.1.2	CMSIS-RTOS2 API for Cortex-M, SC000, and SC300
⊞ ◆ CMSIS Driver				Unified Device Drivers compliant to CMSIS-Driver Specifications
⊞ ◆ Compiler		ARM Compiler	1.4.0	Compiler Extensions for ARM Compiler 5 and ARM Compiler 6
⊟ ◆ Device				Startup, System Setup
◆ Startup	☑		1.0.0	System Startup for STMicroelectronics STM32F1xx device series
◆ GPIO	☐		1.3	GPIO driver used by RTE Drivers for STM32F1 Series
◆ DMA	☐		1.2	DMA driver used by RTE Drivers for STM32F1 Series
⊟ ◆ StdPeriph Drivers				
◆ WWDG	☐		3.5.0	Window watchdog (WWDG) driver for STM32F1xx
◆ USART	☐		3.5.0	Universal synchronous asynchronous receiver transmitter (USART) driver for STM32F1xx
◆ TIM	☑		3.5.0	Timers (TIM) driver for STM32F1xx
◆ SPI	☐		3.5.0	Serial peripheral interface (SPI) driver for STM32F1xx
◆ SDIO	☐		3.5.0	Secure digital (SDIO) interface driver for STM32F1xx
◆ RTC	☐		3.5.0	Real-time clock (RTC) driver for STM32F1xx
◆ RCC	☑		3.5.0	Reset and clock control (RCC) driver for STM32F1xx
◆ PWR	☐		3.5.0	Power controller (PWR) driver for STM32F1xx
◆ IWDG	☐		3.5.0	Independent watchdog (IWDG) driver for STM32F1xx
◆ I2C	☐		3.5.0	Inter-integrated circuit (I2C) interface driver for STM32F1xx
◆ GPIO	☑		3.5.0	General-purpose I/O (GPIO) driver for STM32F1xx
◆ Framework	☑		3.5.1	Standard Peripherals Drivers Framework
◆ Flash	☐		3.5.0	Embedded Flash memory driver for STM32F1xx
◆ FSMC	☐		3.5.0	Flexible Static Memory Controller (FSMC) driver for STM32F11x
◆ EXTI	☑		3.5.0	External interrupt/event controller (EXTI) driver for STM32F1xx

图 6 – 20　运行管理配置

4. 运行——结果分析、功能拓展

（1）结果分析。

软、硬件测试完毕后，将程序下载至单片机运行。运行结果为：按下加速键后，电机转速变快，到达最大转速之后，又从 0 开始重新加速；每按下一次转向键，电机转动方向改变一次。

（2）功能扩展。

①增加测速功能，测量电动机的实际转速。

②用 PID 算法实现闭环控制。

（3）补充知识。

PWM 控制属于开环控制，虽然可以控制电动机的转速，但要得到高精度、高稳定度、快速、无超调的控制结果时，需要反馈式控制系统。利用软件实现反馈控制算法，常用的是 PID 算法。

将偏差信号进行比例（P）、积分（I）、微分（D）运算后，通过线性组合构成控制量，用这一控制量对被控对象进行控制，这样的控制器称为 PID 控制。PID 控制是一种闭环反馈算法，通过 PID 控制可以是负载稳定性提高。PID 控制有模拟 PID 控制和数字 PID 控制。

计算机控制是一种采样控制，如果将信号离散化处理，就可以用软件实现 PID 控制，即数字 PID 控制。数字式 PID 控制算法可以分为位置式 PID 和增量式 PID 控制算法。

①位置式 PID 控制。

位置式又称全量式 PID 控制，表达式为：

$$u_k = Kp\Big[e_k + \frac{T}{Ti}\sum_{j=0}^{k} e_j + Td\frac{e_k - e_{k-1}}{T}\Big] \text{或}$$

$$u_k = Kp \times e_k + Ki\sum_{j=0}^{k} e_j + Kd(e_k - e_{k-1})$$

其中：k 表示采样序号；u_k 表示第 k 次采样的输出值；e_k 表示第 k 次采样的偏差值（e_k ＝理论值－实际值）；e_{k-1} 表示第 $k-1$ 次采样的偏差值；Kp 表示比例系数，Ki 表示积分系数，Kd 表示微分系数。

这种算法的缺点是：由于全量输出，所以每次输出均与过去状态有关，计算时要对其进行累加，工作量大；并且，因为计算机输出的对应的是执行机构的实际位置，如果计算机出现故障，输出的将大幅度变化，会引起执行机构的大幅度变化，有可能因此造成严重的生产事故，这在实际生产中是不允许的。增量式 PID 控制算法可以避免这种现象发生。

位置式 PID 算法的程序实现：

```
long int integral =0;//积分累计
float rk,yk,ek,ek_1;//rk:理论值;yk:实际值;ek:第 k 次采
样的偏差;
                    //ek_1:第 k-1 次采样的偏差
```

```
    float kp,ki,kd;     //系数
    float P,I,D;        //PID 分量
    float uk;           //输出值
```
/* *
* * * * * * * * * * *

位置式 PID 算法

入口参数:yk,实际测量值

出口参数:PID 输出值

说明:根据位置式 PID 算法,利用理论值与实际值的偏差,调整输出

* *
* * * * * * * * * * * /

```
    float pid(float yk)        //位置式 PID 计算输出量
    {
        ek = rk - yk;          //ek 为给定值与实际输出值的差
        P = kp* ek;            //计算比例分量
        I = ki* integral;      //计算积分分量
        D = kd* (ek-ek_1);     //计算微分分量
        uk = P + I + D;        //PID 合成输出量
        integral + = ek;       //累计偏差值,下次计算积分分量用
        if(uk >100)
            uk =100;//限定输出上限
         if(uk <5)
            uk =5;   //限定输出下限
        return(uk);
    }
```

②增量 PID 控制。

增量式 PID 是指数字控制器的输出只是控制量的增量。当执行机构需要的控制量是增量,而不是位置量的绝对数值时,可以使用增量式 PID 控制算法进行控制。增量式 PID 控制的表达式为:

$$\Delta u_k = u_k - u_{k-1} = Kp\left(1 + \frac{T}{T_i} + \frac{T_d}{T}\right)e_k - Kp\left(1 + \frac{2T_d}{T}\right)e_{k-1} + Kp\frac{Td}{T}e_{k-2}$$

$$= Ae_k - Be_{k-1} + Ce_{k-2}$$

其中 $A = Kp\left(1 + \dfrac{T}{T_i} + \dfrac{T_d}{T}\right)$, $B = Kp\left(1 + \dfrac{2T_d}{T}\right)$, $C = Kp\dfrac{Td}{T}$

下面为增量式 PID 算法的程序实现:

```
float rk,yk,ek,ek_1,ek_2;//rk:理论值;yk:实际值;
//ek,ek_1,ek_2:第 k、k-1、k-2 次采样的偏差
float a,b,c;        //系数
float uk,uk_1;   //输出值
/* * * * * * * * * * * * * * * * * * * * * * * * * * * *
* * * * * * * * * * * *
功能:增量式 PID 算法
入口参数:yk,实际测量值
出口参数:PID 输出值
说明:根据增量式 PID 算法,利用理论值与实际值的偏差,调整输出
* * * * * * * * * * * * * * * * * * * * * * * * * * * * *
* * * * * * * * * * * * * /
float pid(float yk)//增量 PID 计算输出量
{
  ek=rk-yk;   //ek 为给定值与实际输出值的差
uk=uk_1+a* ek-b* ek_1+c* ek_2;
  ek_2=ek_1;
  ek_1=ek;
  uk_1=uk;
  if(uk>100)
    uk=100;//限定输出上限
  if(uk<5)
    uk=5;   //限定输出下限
return(uk);
}
```

程序中的 3 个系数,需要不断凑试、调整,以达到最佳效果。

6.4.4　任务小结

本项目利用 STM32 实现对直流电机状态的控制。通过本项目的学习，掌握直流电机的工作原理及驱动方法，能够利用 PWM 波控制直流电机的状态。

项目 7　串口通信设计与实现

【学习目标】
知识目标
1. 掌握 STM32 的 USART 串口通信的配置方法。
2. 掌握利用 USART 库函数实现数据发送与接收。
能力目标
能够利用 STM32 的 USART 库函数，实现串口数据发送和数据接收，实现串口通信的设计、运行和调试。

7.1　任务一　串口发送

7.1.1　任务描述

通过 STM32 串口发送字符给计算机，计算机通过串口调试助手显示收到的字符。

7.1.2　知识链接

1. USART 基础

串行通信接口，简称串口，是处理器与外界进行数据传输最常用的方式之一。串行通信采用一条数据线，将数据一位一位地依次传输，每一位数据占据一个固定的时间长度。与并行通信相比，串行通信速度较慢，但占用更少的 I/O 资源，只需要少数几条线就可以在系统间交换信息，特别适用于计算机与计算机、计算机与外设之间的远距离通信。

串行通信可以分为同步通信和异步通信两种类型。如果带有同步时钟，则称为同步串行通信，如常用的 SPI 和 I²C 接口就属于同步串行通信接口。如果没有同步时钟，依靠严格的时间间隔来传输每一比特，则称为异步串行通信，如 UART 接口。

通用同步/异步串行接收/发送器（Universal Synchronous/Asynchronous Receiver/Transmitter，USART）是 MCU 的常用外设，具有全双工通用同步/异步串行收发能力。常用于 MCU 之间、MCU 与 PC 或 MCU 与其他模块之间的通信，有非常广泛的应用。

STM32F103 中有 3 个通用同步/异步收发器（USART）和 2 个 UART（UART4 和 UART5，只支持异步模式），除了支持异步双工通信外，USART 还支持多种工作模式，并且可以使用多缓冲器配置的 DMA 方式，实现高速数据通信。

2. USART 主要特性和硬件连接

（1）USART 主要特性。

USART 主要功能、特性如下所述：

①支持全双工，异步通信。

②NRZ（Not Return Zero，不归零码）标准格式。

③发送和接收共用分数波特率发生器，可灵活设置波特率，最高达 4.5Mbits/s。

④可设置 8 位或 9 位数据字长度。

⑤可设置 1 或 2 个停止位。

⑥单线半双工通信模式。

⑦LIN（局域互联网）功能。

⑧同步模式时，作为发送方为同步传输提供时钟。

⑨具有 IrDA（红外数据组织）SIR 编码器解码器。

⑩智能卡模拟功能，接口支持 ISO7816 - 3 标准中定义的异步智能卡协议。

⑪可在 SRAM 里使用 DMA 缓冲接收/发送字节。

⑫可单独开启或关闭发送器和接收器。

USART 模式配置如表 7 -1 所示。

表 7–1 USART 模式配置

USART 模式	USART1	USART2	USART3	UART4	UART5
异步模式	支持	支持	支持	支持	支持
硬件流控制	支持	支持	支持	—	—
多缓存通讯（DMA）	支持	支持	支持	支持	支持
多处理器通讯	支持	支持	支持	支持	支持
同步	支持	支持	支持	—	—
智能卡	支持	支持	支持	—	—
半双工（单线模式）	支持	支持	支持	支持	支持
IrDA	支持	支持	支持	支持	支持
LIN	支持	支持	支持	支持	支持

（2）USART 串口硬件连接。

USART 串口是通过 RX（接收数据串行输入）、TX（发送数据输出）和第 3 个引脚与其他设备连接在一起的。

①USART1 串口的 TX 和 RX 引脚使用的是 PA9 和 PA10。

②USART2 串口的 TX 和 RX 引脚使用的是 PA2 和 PA3。

③USART3 串口的 TX 和 RX 引脚使用的是 PB10 和 PD11。

这些引脚默认的功能是 GPIO，在作为串口使用时，就要用到这些引脚的复用功能，在使用复用功能前，必须对复用的端口进行设置。

3. USART 异步模式

异步通信模式是一种常用的通信模式。相对于同步通信，异步通信不需要一个专门的时钟信号来控制数据的收发，因此发送数据时，每一位之间的间隙可以任意调整。虽然需要额外的开销用于定义数据的开始位和停止位等，但是可以省掉一条时钟线，有很大的实用意义。在异步模式下，有几个重要的参数和概念需要严格匹配才能保证通信的正常进行，如下所述：

波特率是指通信线路单位时间内传输的码元个数。比特率是指串口通信中每秒实际传送的 bit 数量（包括起始位和停止位）。在数字传输过程中，若 0V 表示为数字 0，5V 表示为数字 1，那么每个码元有两种状态 0 和 1，即每个码元代表为一个二进制数字。此时的每秒码元数和每秒二进制代码数是一样的，波特率的值等于比特率的值。

数据位：指每一帧数据里包含数据的位数（8 位或 9 位，通常情况下选择 8 位）。

停止位：作为一帧数据的结束符号。

奇偶校验：串口通信中的简单校验方式。

硬件流控制：硬件流控制常用 RTS 和 CTS 流控制。

（1）波特率的设置。

波特率的计算和匹配是串口通信最重要的参数之一，直接决定着通信是否能顺利进行。而波特率的计算，则直接受系统时钟及运行效率的影响。

在 STM32 固件库的 USART 配置函数里，有专门的代码进行波特率计算，所以只需将需要的波特率填入初始化结构体的成员即可。

例：

```
USART_InitTypeDef USART_InitStructure;
USART_InitStructure.USART_BaudRate =115200;
```

设置完该变量的其他参数后，调用固件库中的初始化函数，例如，USART_Init（USART1，&USART_InitStructure），即可将 USART1 的波特率设为 115200。

（2）数据位和校验位。

USART 的数据位长度可以设置为 8 位或 9 位，最低有效位在前。通过设置 USART_CR1（控制寄存器 1）上的 PCE 位，可以使能奇偶控制（发送时生成一个奇偶位插入到发送数据的 MSB 位，接收时进行奇偶校验）。根据 M 位定义的帧长度，可以有不同的 USART 帧格式，如表 7 - 2 所示。

表 7 - 2　　　　　　　　　　　　数据帧格式

M 位	PCE 位	USART 帧
0	0	｜起始位｜8 位数据｜停止位｜
0	1	｜起始位｜7 位数据｜奇偶检验位｜停止位｜
1	0	｜起始位｜9 位数据｜停止位｜
1	1	｜起始位｜8 位数据｜奇偶检验位｜停止位｜

关于奇偶校验规则如下：

偶校验：一帧数据以及校验位中"1"的个数为偶数。例如：数据 = 00110101，有 4 个"1"，此时校验位为"0"，才能保证"1"的总个数为偶数。

奇校验：一帧数据以及校验位中"1"的个数为奇数。例如：数据 = 00110101，有 4 个"1"，此时校验位为"1"，才能保证"1"的总个数为奇数。

以上数据位长度及奇偶校验位使能的设置，也可以通过 STM32 固件库的 USART 初始化函数 USART_Init( ) 实现。USART 的数据帧格式如表 7 - 2 所示。

（3）发送器。

发送器根据 M 位的状态发送 8 位或 9 位的数据字。在 USART 发送期间，通过 TX 引脚发送数据，在发送每个数据之前都有一个低电平的起始位，然后从数据字的最低有效位（LSB）开始，按照设定的波特率依次地从 TX 引脚输出。数据位之后跟着的停止位。停止位的位数可以设置为：1、2、0.5、1.5 位，其中 1 位停止位为默认值，0.5 和 1.5 位为智能卡模式下使用。

（4）接收器。

USART 接收器负责串行数据的接收，在 USART 发送接收期间，通过 RX 引脚接收数据，等接收到起始位后，接收器开启接收，数据的最低有效位首先从 RX 脚移进。然后按照设定的波特率进行每一位的采样，以确定每一位的电平高低。在此模式里，USART_DR 寄存器包含的缓冲器位于内部总线和接收移位寄存器之间。

（5）中断请求。

STM32F103 的 USART 可以产生多个中断请求，固件库也提供相关函数进行配置和查询。USART 的中断事件如表 7 - 3 所示。

表 7 - 3　　　　　　　　　　　　USART 中断请求

中断事件	事件标志	使能位
发送数据寄存器空	TXE	TXEIE
CTS 标志	CTS	CTSIE
发送完成	TC	TCIE

续表

中断事件	事件标志	使能位
接收数据就绪可读	TXNE	TXNEIE
检测到数据溢出	ORE	
检测到空闲线路	IDLE	IDLEIE
奇偶检验错	PE	PEIE
断开标志	LBD	LBDIE
噪声标志，多缓冲通信中的溢出错误和帧错误	NE 或 ORT 或 FE	EIE

　　USART 的各种中断事件被连接到同一个中断向量，有以下几种中断事件。

　　①发送期间：发送完成中断、清除发送中断、发送数据寄存器空中断。

　　②接收期间：空闲总线检测中断、溢出错误中断、接收数据寄存器非空中断、校验错误中断、LIN 断开符号检测中断、噪声中断（仅在多缓冲器通信）和帧错误中断（仅在多缓冲器通信）。

　　如果对应的使能控制位被设置，这些事件就会产生各自的中断。

4. USART 异步模式配置

　　下述函数代码用于实现初始化 USART1 为异步模式，波特率 9600，8 位数据位，1 位停止位，偶校验，无硬件流控制。

```
void COM_Config(void)
{
    /* 声明 USART 初始化结构体 */
    USART_InitTypeDef USART_InitStructure;
    /* 开启 USART1 时钟 */
    RCC_APB2PeriphClockCmd(RCC_APB2Periph_USART1,ENABLE);
    /* 设置波特率 9600 */
    USART_InitStructure.USART_BaudRate=9600;
    /* 设置 8 位数据位 */
    USART_InitStructure.USART_WordLength = USART_Word-
```

```
Length_8b;
    /* 在帧结尾设置 1 位停止位 */
    USART_InitStructure.USART_StopBits=USART_StopBits_
1;
    /* 设置偶校验 */
    USART_InitStructure.USART_Parity=USART_Parity_E-
ven;
    /* 设置不开启硬件流控制 */
    USART_InitStructure.USART_HardwareFlowControl=US-
ART_HardwareFlowControl_None;
    /* 设置 USART 模式为收发 */
    USART_InitStructure.USART_Mode=USART_Mode_Rx|US-
ART_Mode_Tx;
    /* 按照初始化结构体进行 USART1 的初始化 */
    USART_Init(USART1,&USART_InitStructure);
    /* 使能 USART1 */
    USART_Cmd(USART1,ENABLE);
}
```

以上对 USART 的初始化设置，是通过库函数 USART_Init 实现的。其中，参数 USART_InitStructure 为 USART_InitTypeDef 类型的指针，其具体内容如下：

```
USART_InitTypeDef
typedef struct
{
    uint32_t USART_BaudRate;//设置波特率
    uint16_t USART_WordLength;  //设置数据宽度
    uint16_t USART_StopBits;//设置停止位
    uint16_t USART_Parity;  //设置校验
    uint16_t USART_Mode;  //设置收发模式
    uint16_t USART_HardwareFlowControl;//设置硬件流控制器
}USART_InitTypeDef;
```

下面简单介绍一下本结构体中涉及的参数。

（1）波特率 USART_BaudRate：该参数设置了 USART 传输的波特率，只需选择相应的波特率，初始化函数会自动计算并填入相关寄存器。可通过该参数设置波特率为任意值，典型值为：4800、9600、57600、115200 等。

（2）数据宽度 USART_WordLength：该参数提示了在一个帧中传输或者接收到的数据位数，具体如表 7 - 4 所示。

表 7 - 4　　　数据宽度 USART_WordLength 参数可取值及描述

USART_WordLength	描述
USART_WordLength_8b	8 位数据
USART_WordLength_9b	9 位数据

（3）停止位 USART_StopBits：定义了发送的停止位数目，表 7 - 5 给出了该参数可取的值。

表 7 - 5　　　停止位 USART_StopBits 参数可取值及描述

USART_StopBits	描述
USART_StopBits_1	在帧结尾传输 1 个停止位
USART_StopBits_0.5	在帧结尾传输 0.5 个停止位
USART_StopBits_2	在帧结尾传输 2 个停止位
USART_StopBits_1.5	在帧结尾传输 1.5 个停止位

（4）校验位 USART_Parity：定义了奇偶检验模式，表 7 - 6 给出了该参数可取的值。

表 7 - 6　　　校验位 USART_Parity 参数可取值及描述

USART_Parity	描述
USART_Parity_No	无校验
USART_Parity_Even	偶校验
USART_Parity_Odd	奇校验

（5）收发模式 USART_Mode 指定了使能或失能发送和接收模式，如
表 7-7 所示。

表 7-7　　　　　　收发模式 USART_Mode 参数可取值及描述

USART_Mode	描述
USART_Mode_Rx	接收模式
USART_Mode_Tx	发送模式
USART_Mode_Rx ｜ USART_Mode_Tx	收发双工模式

（6）硬件流：指定了硬件流控制模式使能还是失能，具体如表 7-8
所示。

表 7-8　　　　　硬件流 HardwareFlowControl 参数可取值及描述

TIM_OCNPolarity	描述
USART_HardwareFlowControl_None	不开启硬件流控制
USART_HardwareFlowControl_RTS	发送请求 RTS 使能
USART_HardwareFlowControl_CTS	清除发送 CTS 使能
USART_HardwareFlowControl_RTS_CTS	开启 RTS 和 CTS

利用 nCTS 输入和 nRTS 输出可以控制 2 个设备间的串行数据流。

5. USART 同步模式

USART 允许用户以主模式方式控制双向同步串行通信。主设备负责
发送一个同步时钟用于从设备或者整个网络的同步，数据根据同步时钟的
控制，依次进入接收器中。SCLK 脚是 USART 发送器时钟的输出，发送数
据时，输出时钟脉冲，在起始位和停止位期间，SCLK 脚上没有时钟脉冲。
与异步模式相对应，数据的每一位间隙都有严格规定，否则会造成数据
错位。

同步模式时，USART 发送器和异步模式里工作一模一样。当发送使
能位（TE）被设置时，使能 USART 同步串口，这时发送寄存器中的数据
在 TX 引脚上输出，相应的时钟脉冲在 SCLK 引脚输出。因为 SCLK 是与

TX 同步的，所以 TX 上的数据是随 SCLK 同步发出的。

同步模式的 USART 接收器工作方式与异步模式不同。如果 RE = 1，数据在 SCLK 上采样（根据 CPOL 和 CPHA 决定在上升沿还是下降沿），不需要任何的过采样，但必须考虑建立时间和持续时间（取决于波特率，1/16 位时间）。

6. USART 应用的基本步骤

（1）波特率等串口初始化、通信模式配置。

（2）串口涉及的 GPIO 引脚的配置，RX 配置成 GPIO_Mode_IN_FLOAT-ING，TX 配置成 GPIO_Mode_AF_PP。

（3）USART 中断配置。

（4）接收或者发送数据。

（5）数据处理。

7. STM32 USART 常用库函数

STM32 UASRT 的库函数主要有：

USART_DeInit：将 USARTx 的寄存器恢复为复位启动时的默认值。

USART_Init：根据 USART_InitStruct 中指定的参数初始化指定 USART 的寄存器。

USART_Cmd：使能或禁止指定 USART。

USART_SendData：通过 USART 发送单个数据。

USART_ReceiveData：返回指定 USART 最近接收到的数据。

USART_GetFlagStatus：查询指定 USART 的标志位状态。

USART_ClearFlag：清除指定 USART 的标志位。

USART_ITConfig：使能或禁止指定的 USART 中断。

USART_GetITStatus：查询指定的 USART 中断是否发生。

USART_ClearITPendingBit：清除指定的 USART 中断挂起位。

下面将重点介绍常用的几个库函数。

（1）函数 USART_Cmd。

函数 USART_Cmd 用来使能或者失能的 USART 外设，其具体描述如表 7 - 9 所示。

表 7 - 9   函数 USART_Cmd

函数名	USART_Cmd
函数原形	void USART_Cmd（USART_TypeDef * USARTx, FunctionalState NewState）
功能描述	使能或者失能 USART 外设
输入参数 1	USARTx：x 可以是 1、2 或者 3，来选择 USART 外设
输入参数 2	NewState：外设 USARTx 的新状态 这个参数可以取：ENABLE 或者 DISABLE
输出参数	无
返回值	无
先决条件	无
被调用函数	无

例：

```
/* 使能 USART1 * /USART_Cmd (USART1, ENABLE);
```

（2）函数 USART_ITConfig

函数 USART_ITConfig 用来使能或者失能指定的 USART 中断，其具体使用方法如表 7 - 10 所示。

表 7 - 10   函数 USART_ITConfig

函数名	USART_ITConfig
函数原形	void USART_ITConfig（USART_TypeDef * USARTx, u16 USART_IT, FunctionalState NewState）
功能描述	使能或者失能指定的 USART 中断
输入参数 1	USARTx：x 可以是 1、2 或者 3，来选择 USART 外设
输入参数 2	USART_IT：待使能或者失能的 USART 中断源
输入参数 3	NewState：USARTx 中断的新状态 这个参数可以取：ENABLE 或者 DISABLE
输出参数	无
返回值	无
先决条件	无
被调用函数	无

输入参数 USART_IT 使能或者失能 USART 的中断。可以取表 7 – 11 的一个或者多个取值的组合作为该参数的值。

表 7 – 11　　　　　　　　USART_IT 参数可取值及描述

USART_IT	描述
USART_IT_PE	奇偶错误中断
USART_IT_TXE	发送中断
USART_IT_TC	传输完成中断
USART_IT_RXNE	接收中断
USART_IT_IDLE	空闲总线中断
USART_IT_LBD	LIN 中断检测中断
USART_IT_CTS	CTS 中断
USART_IT_ERR	错误中断

例：

```
/* 使能 USART1 发送中断 */
USART_ITConfig(USART1,USART_IT_TXE ENABLE);
```

（3）函数 USART_DMACmd。

函数 USART_DMACmd 用来使能或者失能指定 USART 的 DMA 请求，如表 7 – 12 所示。

表 7 – 12　　　　　　　　函数 USART_DMACmd

函数名	USART_DMACmd
函数原形	USART_DMACmd（USART_TypeDef * USARTx, FunctionalState NewState）
功能描述	使能或者失能指定 USART 的 DMA 请求
输入参数 1	USARTx：x 可以是 1、2 或者 3，来选择 USART 外设
输入参数 2	USART_DMAreq：指定 DMA 请求
输入参数 3	NewState：USARTx DMA 请求源的新状态 这个参数可以取：ENABLE 或者 DISABLE

续表

函数名	USART_DMACmd
输出参数	无
返回值	无
先决条件	无
被调用函数	无

USART_DMAreq 选择待使能或者失能的 DMA 请求。表 7 - 13 给出了该参数可取的值。

表 7 - 13　　　　　　USART_DMAreq 参数可取值及描述

USART_DMAreq	描述
USART_DMAReq_Tx	发送 DMA 请求
USART_DMAReq_Rx	接收 DMA 请求

例：

```
/* 使能 USART2 的 DMA 数据发送与接收功能* /
USART_DMACmd(USART2,USART_DMAReq_Rx | USART_DMAReq_Tx,
ENABLE);
```

（4）函数 USART_SendData。

函数 USART_SendData 用来实现通过外设 USARTx 发送单个数据，如表 7 - 14 所示。

表 7 - 14　　　　　　函数 USART_SendData

函数名	USART_SendData
函数原形	void USART_SendData（USART_TypeDef * USARTx, u8 Data）
功能描述	通过外设 USARTx 发送单个数据
输入参数 1	USARTx：x 可以是 1、2 或者 3，来选择 USART 外设
输入参数 2	Data：待发送的数据

续表

函数名	USART_SendData
输出参数	无
返回值	无
先决条件	无
被调用函数	无

例：

```
/* 利用 USART3 发送数据 0x26 * /
USART_SendData(USART3,0x26);
```

（5）函数 USART_ReceiveData。

函数 USART_ReceiveData 用来返回 USARTx 最近接收到的数据，如表 7 – 15 所示。

表 7 – 15   **USART_ReceiveData**

函数名	USART_ReceiveData
函数原形	u8 USART_ReceiveData （USART_TypeDef * USARTx)
功能描述	返回 USARTx 最近接收到的数据
输入参数	USARTx：x 可以是 1、2 或者 3，来选择 USART 外设
输出参数	无
返回值	接收到的字
先决条件	无
被调用函数	无

例：

```
u16 RxData;
RxData =USART_ReceiveData(USART2);
```

（6）函数 USART_GetFlagStatus。

函数 USART_GetFlagStatus 用来检查指定的 USART 标志位设置与否，

如表 7 - 16 所示。

表 7 - 16   **函数 USART_GetFlagStatus**

函数名	USART_GetFlagStatus
函数原形	FlagStatus USART_GetFlagStatus（USART_TypeDef * USARTx，u16 USART_FLAG）
功能描述	检查指定的 USART 标志位设置与否
输入参数 1	USARTx：x 可以是 1、2 或者 3，来选择 USART 外设
输入参数 2	USART_FLAG：待检查的 USART 标志位
输出参数	无
返回值	USART_FLAG 的新状态（SET 或者 RESET）
先决条件	无
被调用函数	无

表 7 - 17 给出了所有可以被函数 USART_GetFlagStatus 检查的标志位列表。

表 7 - 17   **USART_FLAG 参数可取值及描述**

USART_FLAG	描述
USART_FLAG_CTS	CTS 标志位
USART_FLAG_LBD	LIN 中断检测标志位
USART_FLAG_TXE	发送数据寄存器空标志位
USART_FLAG_TC	发送完成标志位
USART_FLAG_RXNE	接收数据寄存器非空标志位
USART_FLAG_IDLE	空闲总线标志位
USART_FLAG_ORE	溢出错误标志位
USART_FLAG_NE	噪声错误标志位
USART_FLAG_FE	帧错误标志位
USART_FLAG_PE	奇偶错误标志位

例:

/* 检查发送数据寄存器是否为空 * /

FlagStatus Status;

Status = USART_GetFlagStatus(USART1,USART_FLAG_TXE);

(7) 函数 USART_ClearFlag。

函数 USART_ClearFlag 用来清除 USARTx 的待处理标志位,如表 7 – 18 所示。

表 7 – 18   函数 USART_ClearFlag

函数名	USART_ClearFlag
函数原形	void USART_ClearFlag(USART_TypeDef * USARTx,u16 USART_FLAG)
功能描述	清除 USARTx 的待处理标志位
输入参数 1	USARTx:x 可以是 1、2 或者 3,来选择 USART 外设
输入参数 2	USART_FLAG:待清除的 USART 标志位
输出参数	无
返回值	无
先决条件	无
被调用函数	无

例:

/* 清除溢出错误标志位* /

USART_ClearFlag(USART1,USART_FLAG_OR);

(8) 函数 USART_GetITStatus。

函数 USART_GetITStatus 用来检查指定的 USART 中断发生与否,如表 7 – 19 所示。

表 7 – 19 函数 USART_GetITStatus

函数名	USART_GetITStatus
函数原形	ITStatus USART_GetITStatus（USART_TypeDef＊USARTx，u16 USART_IT)
功能描述	检查指定的 USART 中断发生与否
输入参数 1	USARTx：x 可以是 1、2 或者 3，来选择 USART 外设
输入参数 2	USART_IT：待检查的 USART 中断源
输出参数	无
返回值	USART_IT 的新状态
先决条件	无
被调用函数	无

表 7 – 20 给出了所有可以被函数 USART_GetITStatus 检查的中断标志位列表。

表 7 – 20 USART_IT 参数可取值及描述

USART_IT	描述
USART_IT_PE	奇偶错误中断
USART_IT_TXE	发送中断
USART_IT_TC	发送完成中断
USART_IT_RXNE	接收中断
USART_IT_IDLE	空闲总线中断
USART_IT_LBD	LIN 中断探测中断
USART_IT_CTS	CTS 中断
USART_IT_ORE	溢出错误中断
USART_IT_NE	噪声错误中断
USART_IT_FE	帧错误中断

例：

/* 获取 USART1 的溢出错误中断状态。* /
ErrorITStatus = USART_GetITStatus(USART1,USART_IT_Over-
runError);

（9）函数 USART_ClearITPendingBit。

函数 USART_ClearITPendingBit 用来清除 USARTx 的中断待处理位，如
表 7 –21 所示。

表 7 –21　　　　　　　函数 USART_ClearITPendingBit

函数名	USART_ClearITPendingBit
函数原形	void USART_ClearITPendingBit（USART_TypeDef * USARTx, u16 USART_IT）
功能描述	清除 USARTx 的中断待处理位
输入参数 1	USARTx：x 可以是 1、2 或者 3，来选择 USART 外设
输入参数 2	USART_IT：待检查的 USART 中断源
输出参数	无
返回值	无
先决条件	无
被调用函数	无

例:

/* 清除溢出中断错误挂起标志位 * /
USART_ClearITPendingBit（USART1, USART_IT_OverrunEr-
ror）;

8. 串口调试助手

单片机与计算机进行串行通信时，可以通过串口调试助手（网上有多

种此类软件，可下载使用）查看传输的数据，串口调试助手的界面如
图 7 - 1 所示。

图 7 - 1　串口调试助手界面

如图 7 - 1 所示，界面较为简单，注意在使用前，需根据待控制的元
件情况，配置串口号、波特率、校验位、数据位、停止位这些参数，使其
与带控制元件参数保持一致（如图中所示串口号为 COM1、波特率为 9600
等），点击"打开"按钮。

接收、发送设置不需要额外配置，只需要选择接收/发送信息格式为
ASCII 码或 HEX，"数据发送"窗口中键入的字符将由 PC 的串行口发送到
单片机串行口，单片机串行口发送到 PC 的数据将由串口调试助手在"数
据日志"区域显示，如图 7 - 2 所示。

图 7 – 2　数据发送与接收

7.1.3　任务实施

1. 构思——方案选择

通过 STM32 串口发送字符串"hello world！"给计算机，计算机通过串口调试助手显示收到的字符。利用 USART2，波特率设置为 19200，使用串口调试工具观察串口输出信息。

2. 设计——软硬件设计

（1）硬件设计。

由于本实验所用开发板为"蓝桥杯"竞赛训练板，开发板的串口用的是 USART2，所以这里使用 USART2，其 TX 和 RX 引脚分别对应 PA2 和 PA3 口，将这两个 GPIO 口的接线帽连好，并安装驱动程序 FT232 及插件 CoMDKPlugin。

（2）软件设计。

利用函数 USART_Init( ) 配置 USART2 的工作模式为：波特率 19200、数据宽度为 8 位、1 个停止位、无校验、不开启硬件流控制、收发双工模式。参考代码如下：

```c
#include"stm32f10x.h"
void USART_Config(void);
void USART_SendString(int8_t * str);
void Delay(void);
int main(void)
{
    USART_Config();
    while(1)
    {
        USART_SendString("hello world! \\r \\n");
        Delay();
    }
}


void USART_Config(void)
{
    GPIO_InitTypeDef   GPIO_InitStructure;
    USART_InitTypeDef USART_InitStructure;
    RCC_APB2PeriphClockCmd(RCC_APB2Periph_GPIOA,ENABLE);
    RCC_APB1PeriphClockCmd(RCC_APB1Periph_USART2,ENABLE);
    //配置 USART2 TX 引脚工作模式
    GPIO_InitStructure.GPIO_Pin=GPIO_Pin_2;
    GPIO_InitStructure.GPIO_Mode=GPIO_Mode_AF_PP;
    GPIO_InitStructure.GPIO_Speed=GPIO_Speed_50MHz;
    GPIO_Init(GPIOA,&GPIO_InitStructure);
    //配置 USART2 RX 引脚工作模式
```

```
    GPIO_InitStructure.GPIO_Pin=GPIO_Pin_3;
    GPIO_InitStructure.GPIO_Mode=GPIO_Mode_IN_FLOATING;
    GPIO_Init(GPIOA,&GPIO_InitStructure);
    //串口2工作模式配置
    USART_InitStructure.USART_BaudRate=19200;
    USART_InitStructure.USART_WordLength = USART_Word-
Length_8b;
    USART_InitStructure.USART_StopBits=USART_StopBits_1;
    USART_InitStructure.USART_Parity=USART_Parity_No;
    USART_InitStructure.USART_HardwareFlowControl = US-
ART_HardwareFlowControl_None;
    USART_InitStructure.USART_Mode = USART_Mode_Rx | US-
ART_Mode_Tx;
    USART_Init(USART2,&USART_InitStructure);
    USART_Cmd(USART2,ENABLE);
}
void USART_SendString(int8_t * str)
{
    uint8_t index=0;
    do
    {
        USART_SendData(USART2,str[index]);
        while(USART_GetFlagStatus(USART2,USART_FLAG_TXE)
==RESET);
        index++;
    }
    while(str[index]!=0);   //检查字符串结束标志
}
void Delay(void)
{
    unsigned int i;
    for(i=0x3fffff;i>0;i--);//delay
}
```

3. 实现——软硬件调测

将程序下载至单片机，打开"串口调试助手"并设置好串口号、波特率、校验位等，点击打开后即可在串口数据接收区查看接收到的数据，如图 7 - 3 所示。

图 7 - 3　串口数据接收

4. 运行——结果分析、功能拓展

（1）结果分析。

本任务通过查询方法，实现了串口发送功能，即不断查询 USART2 的发送标志位，若为 0 则等待，一旦标志位被置位，就说明发送完成，可以继续发送下一个数据。

（2）功能拓展。

试用中断法改写以上程序。

串口的发送中断有两个，分别是：发送数据寄存器空中断（TXE）和发送完成中断（TC）。可通过指令：USART_ITConfig（USART1，USART_IT_TXE，ENABLE）；开启发送中断，此时发送寄存器空（TXE = 1）时能产生中断。

USART2 串口中断服务函数 USART2_IRQHandler（ ）用于 USART2 的中断处理，以发送中断为例，代码如下：

```
void  USART2_IRQHandler(void)
{   if(USART_GetITStatus(USART1,USART_IT_TC)!=reset)
```
//发送完成标志
```
    {
}
}
```

7.1.4　任务小结

本节课学习了串口的基本知识，并完成了串口发送数据的实验。通过本次课的学习，需要掌握串口的使用步骤，包括：使能时钟、GPIO 口的配置、串口的初始化设置、中断设置等。

7.2　任务二　串口接收

7.2.1　任务描述

利用串口，由计算机发送开灯命令至 STM32，由 STM32 控制点亮 LED 灯。当 STM32 接收到"LEDON"命令，关闭 LED 灯；接收到"LED-OFF"命令，打开 LED 灯。

7.2.2　任务实施

1. 构思——方案选择

本任务要求实现通过上位机（PC）控制下位机（STM32）实现发光二极管的开关。通过 USART 向 STM32 发送命令："LEDON" #键结束，控制 LED 灯点亮，并返回字符串"LEDON"；发送命令："LEDOFF" #键结束，控制 LED 灯熄灭，并返回字符串"LEDOFF"。

在速度要求不高的情况下，数据接收可以采用查询的办法，即通过间隔一定的周期不停地查询接收标志的方式，如果串口接收标志为真，说明接收到了数据，则通过读取数据函数读取该数据，否则继续查询。此外还可以采用中断接收，当串口接收到数据即进入中断函数，接收该数据。接收和发送的数据帧长度可变，但不超过 255 字节。本任务，我们选用中断法实现串行数据的收发。

2. 设计——软硬件设计

（1）硬件设计。

由于本实验所用开发板的串口是 USART2，所以这里使用 USART2，其 TX 和 RX 引脚分别对应 PA2 和 PA3 口，将这两个 GPIO 口的接线帽连好。PA7 引脚按照灌电流方式外接 LED 灯。

（2）软件设计。

配置 USART2 的工作模式为：波特率 115200、数据宽度为 8 位、1 个停止位、无校验、不开启硬件流控制、收发双工模式、开启接收中断并完成优先级设置。参考代码如下：

```
#include"stm32f10x.h"
#include <string.h>
void RCC_Configuration(void);
void GPIO_Configuration(void);
void NVIC_Configuration(void);
void USART_Configuration(void);
unsigned char CmdBuffer[10];
unsigned char RxBuffer[10];
unsigned char Rx =0;
unsigned char Rx_Flag =0;
unsigned char RxCounter =0;
#define LED(x)   x ? GPIO_SetBits(GPIOA,GPIO_Pin_7):GPIO
_ResetBits(GPIOA,GPIO_Pin_7)

void USART_SendString(unsigned char * str)
{
```

```
    uint8_t index=0;
    do
    {   USART_SendData(USART2,str[index]);
        while(USART_GetFlagStatus(USART2,USART_FLAG_TXE)
==RESET);
        index++;
    }
    while(str[index]!=0);   //检查字符串结束标志
}

int main(void)
{
    RCC_Configuration();
    NVIC_Configuration();
    GPIO_Configuration();
    USART_Configuration();
    while(1)
    {
        if(Rx_Flag==1)
        {
        USART_ITConfig(USART1,USART_IT_RXNE,DISABLE);//
关闭接收中断
        Rx_Flag=0;
        RxCounter=0;
/* strstr()函数用于判断字符串 str2 是否是 str1 的子串。如果是,
则该函数返回 str2 在 str1 中首次出现的地址;否则,返回 NULL。*/
        if(strstr(CmdBuffer,"LEDOFF"))
        {
          USART_SendString(CmdBuffer);
          LED(1);//LED 灯灭
          memset(CmdBuffer,10,0);//清空 CmdBuffer 内容

        }
```

```
        else if(strstr(CmdBuffer,"LEDON"))
        {
            USART_SendString(CmdBuffer);
            LED(0);//LED 灯亮
            memset(CmdBuffer,10,0);
        }
        USART_ITConfig(USART1,USART_IT_RXNE,ENABLE);//
开启接收中断
        }
    }
}
void RCC_Configuration(void)
{
    RCC_APB2PeriphClockCmd(RCC_APB2Periph_GPIOA,ENA-
BLE);//使能 GPIOA 的时钟
    RCC_APB1PeriphClockCmd(RCC_APB1Periph_USART2,ENA-
BLE);//使能 USART2 的时钟
}
void GPIO_Configuration(void)
{
    GPIO_InitTypeDef GPIO_InitStructure;//声明 GPIO 初始
化结构变量。
    //配置 USART2 TX 引脚工作模式
    GPIO_InitStructure.GPIO_Pin=GPIO_Pin_2;
    GPIO_InitStructure.GPIO_Mode=GPIO_Mode_AF_PP;
    GPIO_InitStructure.GPIO_Speed=GPIO_Speed_50MHz;
    GPIO_Init(GPIOA,&GPIO_InitStructure);
    //配置 USART2 RX 引脚工作模式
    GPIO_InitStructure.GPIO_Pin=GPIO_Pin_3;
    GPIO_InitStructure.GPIO_Mode=GPIO_Mode_IN_FLOATING;
    GPIO_Init(GPIOA,&GPIO_InitStructure);
    GPIO_InitStructure.GPIO_Pin=GPIO_Pin_7;//配置管脚 7
    GPIO_InitStructure.GPIO_Mode=GPIO_Mode_Out_PP;//IO
```

口配置为推挽输出口

```
    GPIO_InitStructure.GPIO_Speed=GPIO_Speed_50MHz;//
工作频率50MHz
    GPIO_Init(GPIOA,&GPIO_InitStructure);//初始化PA7口
}
void NVIC_Configuration(void)//NVIC配置
{  //配置NVIC相应的优先级位
    NVIC_InitTypeDef NVIC_InitStructure;
    NVIC_PriorityGroupConfig(NVIC_PriorityGroup_1);
  //优先级分组1
    NVIC_InitStructure.NVIC_IRQChannel=USART2_IRQn;//
设置串口2中断
    NVIC_InitStructure.NVIC_IRQChannelPreemptionPriority
=0;  //抢占优先级0
    NVIC_InitStructure.NVIC_IRQChannelSubPriority=
0;//子优先级为0
    NVIC_InitStructure.NVIC_IRQChannelCmd=ENABLE;//串
口中断使能
    NVIC_Init(&NVIC_InitStructure);
}
void USART_Configuration(void)
{
    USART_InitTypeDef USART_InitStructure;
    USART_InitStructure.USART_BaudRate=115200;
    USART_InitStructure.USART_WordLength=USART_Word-
Length_8b;//8位数据
    USART_InitStructure.USART_StopBits=USART_StopBits_
1;
    USART_InitStructure.USART_Parity=USART_Parity_No;
    USART_InitStructure.USART_HardwareFlowControl=US-
ART_HardwareFlowControl_None;
    USART_InitStructure.USART_Mode=USART_Mode_Rx|US-
ART_Mode_Tx;//接收、发送使能
```

```
    USART_Init(USART2,&USART_InitStructure);//初始化串口
    USART_ITConfig(USART2,USART_IT_RXNE,ENABLE);//开启
接收中断
    USART_Cmd(USART2,ENABLE);//启动USART
}
void USART2_IRQHandler(void)//串口2中断服务程序
{  unsigned int i =0;
 if(USART_GetITStatus(USART2,USART_IT_RXNE)!=RE-
SET)//判断是否USART2接收中断
    {RxBuffer[RxCounter++]=USART_ReceiveData
(USART2);//存储接收到的一个数据
    if(RxBuffer[RxCounter-1]=='#')//如果检测到"#",则设
置接收标志为1.
    {
    Rx_Flag=1;
    for(i=0;i<RxCounter;i++)   //把接收到的数据缓存到Cmd-
dBuffer中
    {
        CmdBuffer[i]=RxBuffer[i];
    }
    CmdBuffer[RxCounter-1]=0;   //发送缓冲区结束符
    RxCounter=0;
    }
  }
}
```

3. 实现——软硬件调测

将程序下载至单片机，打开串口调试助手并设置好串口号、波特率、校验位等，在发送区输入"LEDON#"时，数据接收区返回"LEDON"并点亮 PA7 连接的 LED 灯；在发送区输入"LEDOFF#"时，数据接收区返回"LEDOFF"并熄灭 PA7 连接的 LED 灯，结果如图 7 - 4 所示。

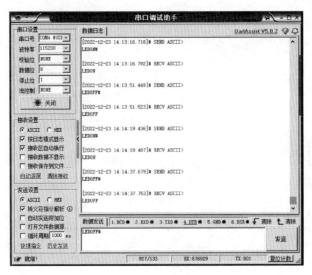

图 7-4　串口数据收发

4. 运行——结果分析、功能拓展

（1）结果分析。

任务通过中断法完成了串口的数据接收功能，利用查询法完成了串口的数据发送功能，最终实现了字符串的接收与发送。

（2）功能扩展。

如果仅实现一个字符的接收与发送，要如何修改程序？

7.2.3　任务小结

本任务实现了 STM32 的 USART 串口接收数据功能。掌握串口发送数据和接收数据的方法，熟练串行通信的设计、运行、调试过程。

项目 8 DMA 应用设计与实现

【学习目标】

知识目标

1. 理解 DMA 的概念。

2. 了解 DMA 的基本特性。

3. 掌握 DMA 的基本功能。

能力目标

学会采用 DMA 实现存储器与存储器之间，存储器与外设之间的数据传输。

8.1　任务—　存储器之间的数据传输

8.1.1　任务描述

在内存中开辟 2 个缓冲区，分别为 SrcBuf ［ ］和 DstBuf ［ ］。假设 SrcBuf 中初始化为 "Hello STM32"，另一个缓冲区 DstBuf 初始化为 "STM32 world"，配置好 DMA 通道，使用 DMA 把 SrcBuf 中的数据搬移到 DstBuf 内。

8.1.2　知识链接

1. DMA 及其主要特性

直接存储器访问（Direct Memory Access，DMA）是用来提供在外设和存储器之间或者存储器和存储器之间的高速数据传输的一种技术。通过硬件为存储器和外设开辟一条直接传输数据的通道，无须 CPU 干预，大块数据可以通过 DMA 快速地移动，这就节省了 CPU 的资源来做其他操作，使得 CPU 的效率大大提高。因此 DMA 可以在数据采集、数据移动和周期性数据处理等方面有效地降低 CPU 负荷，使系统运行更加高效。

STM32F103 微处理器有两个 DMA 控制器有 12 个通道（DMA1 有 7 个通道，DMA2 有 5 个通道），每个通道专门用来管理来自一个或多个外设对存储器访问的请求。还有一个仲裁器来协调各个 DMA 请求的优先权。

DMA 控制器和 Cortex – M3 核共享系统数据总线执行直接存储器数据传输。当 CPU 和 DMA 同时访问相同的目标（RAM 或外设）时，DMA 请求可能会停止 CPU 访问系统总线达若干个周期，总线仲裁器执行循环调度，以保证 CPU 至少可以得到一半的系统总线（存储器或外设）带宽。

DMA 控制器还有如下特性：

①12 个独立的可配置的通道（请求）DMA1 有 7 个通道，DMA2 有 5 个通道。

②每个通道都直接连接专用的硬件 DMA 请求，每个通道都同样支持软件触发。这些功能通过软件来配置。

③在 7 个请求间的优先权可以通过软件编程设置（共有四级：很高、高、中等和低），假如在相等优先权时由硬件决定（请求 0 优先于请求 1，依此类推）。

④独立的源和目标数据区的传输宽度可选（字节、半字、全字），模拟打包和拆包的过程。源和目标地址必须按数据传输宽度对齐。

⑤支持循环的缓冲器管理。

⑥每个通道都有 3 个事件标志（DMA 半传输，DMA 传输完成和 DMA 传输出错），这 3 个事件标志逻辑或成为一个单独的中断请求。

⑦三种传输方式：存储器和存储器间的传输、外设和存储器，存储器和外设的传输。

⑧闪存、SRAM、外设的 SRAM、APB1、APB2 和 AHB 外设均可作为访问源或访问目标。

⑨可编程的数据传输数目：最大为 65536。

2. DMA 通道

每个通道都可以在有固定地址的外设寄存器和存储器地址之间执行

DMA 传输。DMA 传输的数据量是可编程的，最大达到 65535。包含要传输的数据项数量的寄存器，在每次传输后递减。

从外设（TIMx、ADC、SPIx、I2Cx 和 USARTx）产生的 7 个请求，通过逻辑或输入到 DMA 控制器，这意味着同时只能有一个请求有效。可以通过设置相应外设寄存器中的控制位，被独立地开启或关闭。DMA1 控制器的触发通道如表 8－1 所示。

表 8－1　　　　　　　　　　　　DMA1 控制器的触发通道

外设	通道 1	通道 2	通道 3	通道 4	通道 5	通道 6	通道 7
ADC1	ADC1						
SPI/I2S		SPI1_RX	SPI1_TX	SPI/I2S2_RX	SPI/I2S2_TX		
USART		USART3_TX	USART3_RX	USART1_TX	USART1_RX	USART2_RX	USART2_TX
I2C				I2C2_TX	I2C2_RX	I2C1_TX	I2C1_RX
TIM1		TIM1_CH1	TIM1_CH2	TIM1_TX4 TIM1_TRIG TIM1_COM	TIM1_UP	TIM1_CH3	
TIM2	TIM2_CH3	TIM2_UP			TIM2_CH1		TIM2_CH2 TIM2_CH4
TIM3		TIM3_CH3	TIM3_CH4 TIM3_UP			TIM3_CH1 TIM3_TRIG	
TIM4	TIM4_CH1			TIM4_CH2	TIM4_CH3		TIM4_UP

DMA2 控制器及相关请求仅存在于大容量产品，共有 5 个通道，可以产生 5 个 DMA 请求。

表 8－2　　　　　　　　　　　　DMA2 控制器的触发通道

外设	通道 1	通道 2	通道 3	通道 4	通道 5
SPI/I2S3	SPI/I2S3_RX	SPI/I2S3_TX			
UART4			UART4_RX		UART4_TX

续表

外设	通道 1	通道 2	通道 3	通道 4	通道 5
TIM5	TIM5_CH4 TIM5_TRIG	TIM5_CH3 TIM5_UP		TIM5_CH2	TIM5_CH1
TIM6/DAC 通道 1			TIM6_UP/ DAC 通道 1		
TIM7/DAC 通道 2				TIM7_UP/ DAC 通道 2	

（1）循环模式。

循环模式用于处理循环缓冲区和连续的数据传输（如 ADC 的扫描模式）。当启动了循环模式，数据传输的数目变为 0 时，将会自动地被恢复成配置通道时设置的初值，DMA 操作将会继续进行。而在非循环模式下，传输结束后将不再产生 DMA 操作。要开始新的传输，需要在关闭 DMA 通道的情况下，在传输数量寄存器中重新写传输数目。

（2）存储器模式。

DMA 通道的操作可以在没有外设请求的情况下进行，这种操作就是存储器到存储器模式。在这种模式下，一旦开启 DMA 外设，DMA 传输将马上开始。当配置的传输数目减为 0 时，DMA 传输结束。但是"存储器到存储器模式"不能与"循环模式"同时使用。

（3）增量模式。

外设和存储器的指针在每次传输后可以有选择地完成自动增量。当设置为增量模式时，下一个要传输的地址将是前一个地址加上增量值，增量值取决于所选的数据宽度，可以为 1、2 或 4，即数据宽度为 8 位、16 位还是 32 位。不开启增量模式时，DMA 传输完毕后地址不变。

3. DMA 处理

DMA 传送由 DMA 控制器控制，在发生一个事件后，外设向 DMA 控制器发送一个请求信号。如果此请求的优先级为目前最高，则 DMA 控制器开始访问该外设，并立即向外设发送一个应答信号。外设收到 DMA 控制器的应答信号后，立即释放它的请求。一旦外设释放了这个请求，DMA 控制器同时撤销应答信号。如果有更多的请求时，外设可以启动下一个周期。每次 DMA 传送由三个操作组成：

（1）从外设数据寄存器或者从 DMA_CMARx 寄存器指定地址的存储器单元执行加载操作。

（2）存数据到外设数据寄存器或者存数据到 DMA_CMARx 寄存器指定地址的存储器单元。

（3）执行一次 DMA_CNDTRx 寄存器的递减操作。该寄存器包含未完成的操作数目。

DMA 控制器内部有仲裁器，会根据通道的优先权处理请求。仲裁器根据通道请求的优先级来启动外设/存储器的访问。优先权管理分 2 个阶段：

（1）软件：需要用户通过 DMA_CCRx 寄存器来设置。每个通道的优先权有 4 个等级：最高优先级、高优先级、中等优先级和低优先级。

（2）硬件：指由硬件定义的优先级。如果 2 个请求有相同的软件优先级，则低编号的通道的优先级高于高编号的通道。例如，通道 2 优先于通道 4。

4. DMA 中断

每个 DMA 通道都可以在 DMA 传输过半、传输完成和传输错误时产生中断，可以通过固件库的配置函数打开和检测这些中断。

表 8 – 3   DMA 中断请求

中断事件	事件标志位	使能控制位
传输过半	HTIF	HTIE
传输完成	TCIF	TCIE
传输错误	TEIF	TEIE

5. DMA 配置步骤

DMA 的应用设计需要完成以下工作：使能 GPIO 和 DMA 的时钟、配置 GPIO 引脚、利用函数 DMA_Init( ) 完成 DMA 初始化设置、通过函数 DMA_Cmd( ) 开启 DMA 通道。

若要 DMA 实现存储器和外设的数据通信，还需要配置外设的时钟、引脚、初始化设置并使能外设的 DMA 传输。

例：

```
/* 串口 1 发送 DMA*/
USART_DMACmd(USART1,USART_DMAReq_Tx,ENABLE);
```

按照固件库的程序设计方法，对 DMA 进行初始化和设置，一般步骤如下：

(1) 声明初始化结构体。

(2) 打开 DMA1 时钟。

(3) 设置外设基地址。

(4) 设置存储器基地址。

(5) DMA 传输方向。

(6) 设置传送数目。

(7) 设置是否地址自加 1。

(8) 设置存储器和外设的数据位宽。

(9) 设置"工作模式"。

(10) 设置优先级。

库函数 DMA_Cofig( ) 可用于 DMA 的初始化设置，按照 DMA 的配置步骤，初始化 DMA1，要求将存储器中缓冲区内 10 个字节的数据发送至存储器内另一个区域。初始化方法如下：

```
/* DMA 设置初始化函数 */
void DMA_Configuration(void)
{
/* 定义 DMA 初始化结构体 */
    DMA_InitTypeDef DMA_InitStructure;
/* 重置 DMA 的寄存器的值,配置为缺省值*/
    DMA_DeInit(DMA1_Channel1);
/* 设置 DMA 外设基地址,即源数据存储区的首地址为 SrcBuf[11]的首
地址*/
    DMA_InitStructure.DMA_PeripheralBaseAddr = (u32)
SrcBuf;
/* 定义内存基地址为 DstBuf[11]的首地址*/
    DMA_InitStructure.DMA_MemoryBaseAddr = (u32)DstBuf;
```

/* 设置数据传输方向,从外设读取数据*/
DMA_InitStructure.DMA_DIR=DMA_DIR_PeripheralSRC;
/* 指定 DMA 通道 DMA 缓存的大小*/
DMA_InitStructure.DMA_BufferSize=11;
/* 设置外设数据指针调整模式,地址指针自动增加*/
DMA_InitStructure.DMA_PeripheralInc=DMA_Peripher-
alInc_Enable;
/* 设定内存地址递增*/
DMA_InitStructure.DMA_MemoryInc=DMA_MemoryInc_Ena-
ble;
   /* 定义外设和内存的数据宽度*/
   DMA_InitStructure.DMA_PeripheralDataSize=DMA_Pe-
ripheralDataSize_Byte;
   DMA_InitStructure.DMA_MemoryDataSize=DMA_MemoryDa-
taSize_Byte;
/* 设定 DMA 工作在正常模式*/
DMA_InitStructure.DMA_Mode=DMA_Mode_Normal;
/* 设定 DMA 选定的通道的软件优先级*/
DMA_InitStructure.DMA_Priority=DMA_Priority_High;
   /* 开启存储器到存储器模式*/
   DMA_InitStructure.DMA_M2M=DMA_M2M_Enable;
   /* 根据设定的参数初始化 DMA1 的通道 1,存储器到存储器的数据传
输,通道可以任意设置*/
   DMA_Init(DMA1_Channel1,&DMA_InitStructure);
/* 使能 DMA 通道 1 */
   DMA_Cmd(DMA1_Channel1,ENABLE);
}

以上利用库函数 DMA_Cofig( ) 完成了 DMA 的初始化设置,函数
DMA_Cofig( ) 的参数 DMA_InitStructure 为 DMA_InitTypeDef 类型的指针,
其结构原型为:

typedef struct

```
{
    /* DMA 外设基地址 */
    uint32_t DMA_PeripheralBaseAddr;
    /* DMA 内存基地址 */
    uint32_t DMA_MemoryBaseAddr;
    /* DMA 方向 */
    uint32_t DMA_DIR;
/* DMA 传送数目 */
    uint32_t DMA_BufferSize;
    /* DMA 外设指针是否递增 */
    uint32_t DMA_PeripheralInc;
    /* DMA 内存指针是否递增 */
    uint32_t DMA_MemoryInc;
    /* DMA 外设数据尺寸 */
    uint32_t DMA_PeripheralDataSize;
    /* DMA 内存数据尺寸 */
    uint32_t DMA_MemoryDataSize;
    /* DMA 模式 */
    uint32_t DMA_Mode;
    /* DMA 优先级 */
    uint32_t DMA_Priority;
    /* DMA 内存至内存 */
    uint32_t DMA_M2M;
}DMA_InitTypeDef;
```

该结构体各成员参数含义如下：

①DMA_DIR 参数，如表 8-4 所示。

表 8-4　　　　　　　　　　DMA_DIR 参数可取值及描述

DMA_DIR	描述
DMA_DIR_PeripheralDST	外设作为数据传输的目的地
DMA_DIR_PeripheralSRC	外设作为数据传输的来源

②DMA_PeripheralInc 参数，如表 8－5 所示。

表 8－5   DMA_PeripheralInc 参数可取值及描述

DMA_PeripheralInc	描述
DMA_PeripheralInc_Enable	外设地址寄存器递增
DMA_PeripheralInc_Disable	外设地址寄存器不变

③DMA_MemoryInc 参数，如表 8－6 所示。

表 8－6   DMA_MemoryInc 参数可取值及描述

DMA_MemoryInc	描述
DMA_MemoryInc_Enable	内存地址寄存器递增
DMA_MemoryInc_Disable	内存地址寄存器不变

④DMA_PeripheralDataSize 参数，如表 8－7 所示。

表 8－7   DMA_PeripheralDataSize 参数可取值及描述

DMA_MemoryInc	描述
DMA_MemoryInc_Enable	内存地址寄存器递增
DMA_MemoryInc_Disable	内存地址寄存器不变

⑤DMA_MemoriyDataSize 参数，如表 8－8 所示。

表 8－8   DMA_MemoriyDataSize 参数可取值及描述

DMA_MemoryDataSize	描述
DMA_MemoryDataSize_Byte	位宽为字节，8 位
DMA_MemoryDataSize_HalfWord	位宽为半字，16 位
DMA_MemoryDataSize_Word	位宽为字，32 位

⑥DMA_Mode 参数，如表 8 − 9 所示。

表 8 − 9 　　　　　　　　　　　　**DMA_Mode 参数可取值及描述**

DMA_Mode	描述
DMA_Mode_Circular	循环模式
DMA_Mode_Normal	普通模式，即只运行一次

⑦DMA_Priority 参数，如表 8 − 10 所示。

表 8 − 10 　　　　　　　　　　　　**DMA_Priority 参数可取值及描述**

DMA_Priority	描述
DMA_Priority_VeryHigh	优先级最高
DMA_Priority_High	优先级高
DMA_Priority_Medium	优先级中
DMA_Priority_Low	优先级低

⑧DMA_M2M 参数，如表 8 − 11 所示。

表 8 − 11 　　　　　　　　　　　　**DMA_M2M 参数可取值及描述**

DMA_M2M	描述
DMA_M2M_Enable	使能内存到内存模式
DMA_M2M_Disable	失能内存到内存模式

6. DMA 的库函数

DMA 的相关库函数如表 8 − 12 所示。

表 8 − 12 　　　　　　　　　　　　**DMA 库函数**

函数名	描述
DMA_DeInit	将 DMA 的通道 x 寄存器重设为缺省值

续表

函数名	描述
DMA_Init	根据 DMA_InitStruct 中指定的参数初始化 DMA 的通道 x 寄存器
DMA_StructInit	把 DMA_InitStruct 中的每一个参数按缺省值填入
DMA_Cmd	使能或者失能指定的通道 x
DMA_ITConfig	使能或者失能指定的通道 x 中断
DMA_GetCurrDataCounte	返回当前 DMA 通道 x 剩余的待传输数据数目
DMA_GetFlagStatus	检查指定的 DMA 通道 x 标志位设置与否
DMA_ClearFlag	清除 DMA 通道 x 待处理标志位
DMA_GetITStatus	检查指定的 DMA 通道 x 中断发生与否
DMA_ClearITPendingBit	清除 DMA 通道 x 中断待处理标志位

下面将重点介绍几个常用的库函数。

（1）函数 DMA_Cmd。

函数 DMA_Cmd 用于使能或者失能指定的通道 x，其具体使用方法如表 8－13 所示。

表 8－13 函数 DMA_Cmd

函数名	DMA_Cmd
函数原形	void DMA_Cmd（DMA_Channel_TypeDef * DMA_Channelx，FunctionalState NewState）
功能描述	使能或者失能指定的通道 x
输入参数 1	DMA Channelx：x 可以是 1、2…，或者 7 来选择 DMA 通道 x
输入参数 2	NewState：DMA 通道 x 的新状态 这个参数可以取：ENABLE 或者 DISABLE
输出参数	无
返回值	无
先决条件	无
被调用函数	无

例：

```
/* 使能 DMA 通道 7 */
DMA_Cmd(DMA_Channel7,ENABLE);
```

（2）函数 DMA_ITConfig。

函数 DMA_ITConfig 用于使能或者失能指定的通道 x 中断，其具体使用方法如表 8 – 14 所示。

表 8 – 14　　　　　　　　　函数 DMA_ITConfig

函数名	DMA_ITConfig
函数原形	voidDMA_ITConfig（DMA_Channel_TypeDef * DMA_Channelx，u32 DMA_IT，FunctionalStateNewState）
功能描述	使能或者失能指定的通道 x 中断
输入参数 1	DMA Channelx：x 可以是 1、2…，或者 7 来选择 DMA 通道 x
输入参数 2	DMA_IT：待使能或者失能的 DMA 中断源，使用操作符 "｜" 可以同时选中多个 DMA 中断源
输入参数 3	NewState：DMA 通道 x 中断的新状态 这个参数可以取：ENABLE 或者 DISABLE
输出参数	无
返回值	无
先决条件	无
被调用函数	无

输入参数 DMA_IT 使能或者失能 DMA 通道 x 的中断。可以取表 8 – 15 的一个或者多个取值的组合作为该参数的值。

表 8 – 15　　　　　　DMA_IT 参数可取值及描述

DMA_IT	描述
DMA_IT_TC	传输完成中断屏蔽
DMA_IT_HT	传输过半中断屏蔽
DMA_IT_TE	传输错误中断屏蔽

例：

/* 使能 DMA 通道 5 传输完成中断屏蔽。* /
DMA_ITConfig(DMA_Channel5,DMA_IT_TC,ENABLE);

（3）函数 DMA_GetFlagStatus。

函数 DMA_GetFlagStatus 用于检查指定的 DMA 通道 x 标志位设置与否，其具体使用方法如表 8 - 16 所示。

表 8 - 16　　　　　　　　　函数 DMA_GetFlagStatus

函数名	DMA_GetFlagStatus
函数原形	FlagStatus DMA_GetFlagStatus（u32 DMA_FLAG）
功能描述	检查指定的 DMA 通道 x 标志位设置与否
输入参数	DMA_FLAG：待检查的 DMA 标志位
输出参数	无
返回值	DMA_FLAG 的新状态（SET 或者 RESET）
先决条件	无
被调用函数	无

参数 DMA_FLAG 定义了待检察的标志位类型。见表 8 - 17，查阅更多 DMA_FLAG 取值描述。

表 8 - 17　　　　　　　　DMA_FLAG 参数可取值及描述

DMA_FLAG	描述
DMA_FLAG_GL1	通道 1 全局标志位
DMA_FLAG_TC1	通道 1 传输完成标志位
DMA_FLAG_HT1	通道 1 传输过半标志位
DMA_FLAG_TE1	通道 1 传输错误标志位
DMA_FLAG_GL2	通道 2 全局标志位
DMA_FLAG_TC2	通道 2 传输完成标志位
DMA_FLAG_HT2	通道 2 传输过半标志位
DMA_FLAG_TE2	通道 2 传输错误标志位
DMA_FLAG_GL3	通道 3 全局标志位
DMA_FLAG_TC3	通道 3 传输完成标志位

DMA_FLAG	描述
DMA_FLAG_HT3	通道 3 传输过半标志位
DMA_FLAG_TE3	通道 3 传输错误标志位
DMA_FLAG_GL4	通道 4 全局标志位
DMA_FLAG_TC4	通道 4 传输完成标志位
DMA_FLAG_HT4	通道 4 传输过半标志位
DMA_FLAG_TE4	通道 4 传输错误标志位
DMA_FLAG_GL5	通道 5 全局标志位
DMA_FLAG_TC5	通道 5 传输完成标志位
DMA_FLAG_HT5	通道 5 传输过半标志位
DMA_FLAG_TE5	通道 5 传输错误标志位
DMA_FLAG_GL6	通道 6 全局标志位
DMA_FLAG_TC6	通道 6 传输完成标志位
DMA_FLAG_HT6	通道 6 传输过半标志位
DMA_FLAG_TE6	通道 6 传输错误标志位
DMA_FLAG_GL7	通道 7 全局标志位
DMA_FLAG_TC7	通道 7 传输完成标志位
DMA_FLAG_HT7	通道 7 传输过半标志位
DMA_FLAG_TE7	通道 7 传输错误标志位

例：

```
/* 测试 DMA 通道 6 的半传输中断标志是否设置* /
FlagStatus Status;
Status = DMA_GetFlagStatus(DMA_FLAG_HT6);
```

（4）函数 DMA_ClearFlag。

函数 DMA_ClearFlag 用于清除 DMA 通道 x 待处理标志位，其使用方法如表 8 - 18 所示。

表 8 - 18   函数 DMA_ClearFlag

函数名	DMA_ClearFlag
函数原形	void DMA_ClearFlag（u32 DMA_FLAG）
功能描述	清除 DMA 通道 x 待处理标志位
输入参数	DMA_FLAG：待清除的 DMA 标志位，使用操作符"｜"可以同时选中多个 DMA 标志位
输出参数	无
返回值	无
先决条件	无
被调用函数	无

例：

```
/* 清除 DMA 通道 3 传输错误中断挂起位* /
DMA_ClearFlag(DMA_FLAG_TE3);
```

（5）函数 DMA_GetITStatus。

函数 DMA_GetITStatus 用于检查指定的 DMA 通道 x 中断发生与否，其使用方法如表 8 - 19 所示。

表 8 - 19   函数 DMA_GetITStatus

函数名	DMA_GetITStatus
函数原形	ITStatus DMA_GetITStatus（u32 DMA_IT）
功能描述	检查指定的 DMA 通道 x 中断发生与否
输入参数	DMA_IT：待检查的 DMA 中断源
输出参数	无
返回值	DMA_IT 的新状态（SET 或者 RESET）
先决条件	无
被调用函数	无

参数 DMA_IT 定义了待检查的 DMA 中断，其可取参数值如表 8 - 20 所示。

表 8 – 20   **DMA_IT 参数可取值及描述**

DMA_IT	描述
DMA_IT_GL1	通道 1 全局中断
DMA_IT_TC1	通道 1 传输完成中断
DMA_IT_HT1	通道 1 传输过半中断
DMA_IT_TE1	通道 1 传输错误中断
DMA_IT_GL2	通道 2 全局中断
DMA_IT_TC2	通道 2 传输完成中断
DMA_IT_HT2	通道 2 传输过半中断
DMA_IT_TE2	通道 2 传输错误中断
DMA_IT_GL3	通道 3 全局中断
DMA_IT_TC3	通道 3 传输完成中断
DMA_IT_HT3	通道 3 传输过半中断
DMA_IT_TE3	通道 3 传输错误中断
DMA_IT_GL4	通道 4 全局中断
DMA_IT_TC4	通道 4 传输完成中断
DMA_IT_HT4	通道 4 传输过半中断
DMA_IT_TE4	通道 4 传输错误中断
DMA_IT_GL5	通道 5 全局中断
DMA_IT_TC5	通道 5 传输完成中断
DMA_IT_HT5	通道 5 传输过半中断
DMA_IT_TE5	通道 5 传输错误中断
DMA_IT_GL6	通道 6 全局中断
DMA_IT_TC6	通道 6 传输完成中断
DMA_IT_HT6	通道 6 传输过半中断
DMA_IT_TE6	通道 6 传输错误中断
DMA_IT_GL7	通道 7 全局中断
DMA_IT_TC7	通道 7 传输完成中断
DMA_IT_HT7	通道 7 传输过半中断
DMA_IT_TE7	通道 7 传输错误中断

例：

/* 测试 DMA 通道 7 的传输完成中断是否已经发生 * /
ITStatus Status;
Status = DMA_GetITStatus(DMA_IT_TC7);

（6）函数 DMA_ClearITPendingBit。

表 8 - 21　　　　　　　　　函数 DMA_ClearITPendingBit

函数名	DMA_ClearITPendingBit
函数原形	void DMA_ClearITPendingBit（u32 DMA_IT）
功能描述	清除 DMA 通道 x 中断待处理标志位
输入参数	DMA_IT：待清除的 DMA 中断待处理标志位
输出参数	无
返回值	无
先决条件	无
被调用函数	无

例：

/* 清除 DMA 通道 5 全局中断挂起位 * /
DMA_ClearITPendingBit(DMA_IT_GL5);

8.1.3　任务实施

1. 构思——方案选择

该任务功能为利用 DMA 完成存储器到存储器的数据传送，将存储器某区域内容传送至另一区域，传送数据为 11 个字节。根据功能描述，可通过 DMA 配置步骤的内容完成对 DMA 模块的初始化设置。

2. 设计——软硬件设计

（1）硬件设计。

由于本任务实现的功能为存储器内部数据传输，无须外部设备，不需要硬件设计。为了指示 CPU 的运行，PA9 引脚外接 LED 灯，并控制其闪烁。

（2）软件实现。

参考代码如下：

```
#include"stm32f10x.h"
void RCC_Configuration(void);
void GPIO_Configuration(void);
void DMA_Configuration(void);
void delay_nms(u16 time);//延时子程序
uint8_t SrcBuf[11]="HelloSTM32";
uint8_t DstBuf[11]="stm32  world";
int main(void)
{
    RCC_Configuration();
    GPIO_Configuration();
    DMA_Configuration();
    while(1)
    {
/* PA9 引脚外接 LED 灯闪烁,用来指示 CPU 未被占用 * /
        GPIO_SetBits(GPIOA,GPIO_Pin_9);
        delay_nms(200);
        GPIO_ResetBits(GPIOA,GPIO_Pin_9);
        delay_nms(200);
    }
}
void RCC_Configuration(void)
{
    SystemInit();
     RCC_APB2PeriphClockCmd(RCC_APB2Periph_GPIOA,ENA-
BLE);
        RCC_AHBPeriphClockCmd(RCC_AHBPeriph_DMA1,ENA-
BLE);
}
```

```
void GPIO_Configuration(void)
{
    GPIO_InitTypeDef GPIO_InitStructure;
   /* 初始化 PA9 口,用于外接 LED 灯   */
    GPIO_InitStructure.GPIO_Pin=GPIO_Pin_9;
    GPIO_InitStructure.GPIO_Mode=GPIO_Mode_Out_PP;
    GPIO_InitStructure.GPIO_Speed=GPIO_Speed_50MHz;
    GPIO_Init(GPIOA,&GPIO_InitStructure);//初始化 PA9 口
}
void DMA_Configuration(void)
{
    DMA_InitTypeDef DMA_InitStructure;
    DMA_InitStructure.DMA_PeripheralBaseAddr=(u32)
SrcBuf;/* 设置 DMA 外设基地址,即源数据存储区的首地址*/
    DMA_InitStructure.DMA_MemoryBaseAddr=(u32)Dst-
Buf;/* 定义内存基地址*/
    DMA_InitStructure.DMA_DIR=DMA_DIR_PeripheralSRC;/
* 设置数据传输方向,从外设到内存*/
    DMA_InitStructure.DMA_BufferSize=10;/* 指定 DMA 通道
DMA 缓存的大小*/
    DMA_InitStructure.DMA_PeripheralInc=DMA_Peripher-
alInc_Enable;/* 设置外设地址指针自动增加*/
    DMA_InitStructure.DMA_MemoryInc=DMA_MemoryInc_Ena-
ble;/* 设定内存地址递增*/
    DMA_InitStructure.DMA_PeripheralDataSize=DMA_Pe-
ripheralDataSize_Byte;/* 定义外设和内存的数据宽度*/
    DMA_InitStructure.DMA_MemoryDataSize=DMA_MemoryDa-
taSize_Byte;
    DMA_InitStructure.DMA_Mode=DMA_Mode_Normal;/* 设定
DMA 工作正常模式*/
    DMA_InitStructure.DMA_Priority=DMA_Priority_High;/
* 设定 DMA 选定的通道的软件优先级*/
    DMA_InitStructure.DMA_M2M=DMA_M2M_Enable;//开启存储
```

器到存储器模式

```
    DMA_Init(DMA1_Channel1,&DMA_InitStructure);
    DMA_Cmd(DMA1_Channel1,ENABLE);
}
void delay_nms(u16 time)//延时子程序
{   u16 i =0;
    while(time --)
    {   i =12000;   //自己定义
        while(i --);
    }
}
```

3. 实现——软硬件联调

在 Keil MDK 开发环境中，运行管理配置时，由于用到了 DMA，所以外设选择时还需要打钩 DMA，如图 8-1 所示。配置完成，编译该程序，无错后下载至单片机。

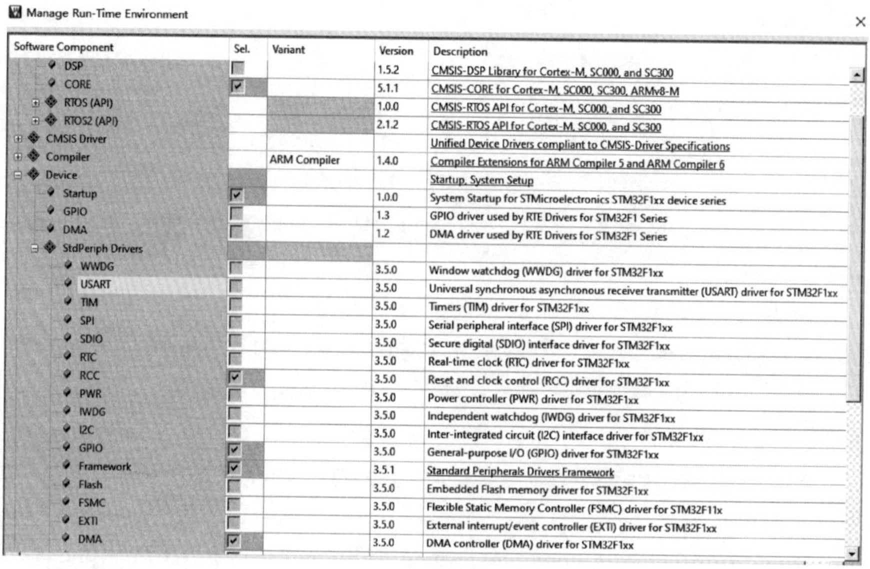

图 8-1　软件环境配置

4. 运行——结果分析、功能拓展

（1）结果分析。

我们可以通过 keil mdk 的调试界面，观察运行结果。点击工具栏中的图标 ，进入调试界面。View—Watch Windows—Watch1 打开窗口，并输入要观察的变量名 DstBuf。运行该程序，并通过 Watch1 窗口观察该变量值。如图 8－2 所示，程序运行后，数组 DstBuf[ ] 已存入数据源 SrcBuf[ ] 的内容。

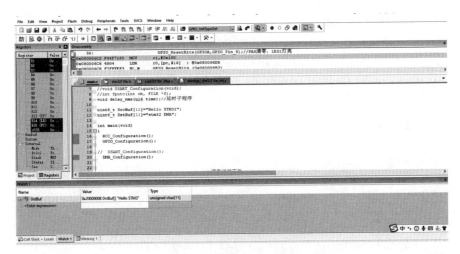

图 8－2　程序运行结果

（2）功能拓展。

DMA 还可以实现内存与外设的数据传输，下面我们以 USART 为例，了解外设与内存的数据传输。USART 的 RX 缓冲器和 TX 缓冲器的 DMA 请求是分别产生的。其发送和接收过程如下：

①DMA 发送：首先设置 DMA 从指定的 SRAM 区传送数据到 USART_DR 寄存器，然后通过发送器送出。

②DMA 接收：首先设置 SRAM 区作为 DMA 缓存区，而后每次接收到一个字节，DMA 控制器就把数据从 USART_DR 寄存器传送到指定 DMA 缓存区。

要实现串口外设与存储器的数据传输，需要同时使能 USART 的 DMA

传输功能和串口所在的 DMA 通道。

例：

```
USART_DMACmd(USART1,USART_DMAReq_Rx,ENABLE);//允许 US-
ART 接收 DMA 请求
DMA_Cmd(DMA1_Channel4,ENABLE);//使能串口 1 所在的 DMA1 通道 4
```

编程步骤如下：

①开启时钟：GPIO、USART；

②配置管脚：USART 串口的 TX 和 RX 引脚；

③USART 初始化和功能设置；

④DMA 初始化和功能设置；

⑤按照表 8 – 1，根据选用串口情况，开启对应的 DMA 通道；

⑥利用函数 USART_DMACmd( )，使能串口与 DMA 的数据传输。

扩展任务：PC 机通过串口调试助手发送 Open 命令，STM32F103 接收到字符后，使用 DMA 传输到数据缓冲区。

8.1.4　任务小结

通过本任务，学习了 STM32 的 DMA 控制技术，利用 DMA 可以快速地完成存储器与存储器以及存储器与外设之间的数据传输。

项目 9　ADC 和 DAC 的应用设计与实现

【学习目标】
知识目标
1. 了解 STM32 的 ADC 主要特征和结构。
2. 会使用 STM32 的 ADC 库函数。
3. 掌握 STM32 的 ADC 的配置方法。
4. 理解 DAC 数据对齐方式。
5. 掌握 DAC 不同输出模式的特点。
能力目标
能利用 STM32 的 ADC 实现模拟电压采集并在数码管及 LCD 上进行显示。

9.1　任务一　ADC 数据采集——温度采集与显示

9.1.1　任务描述

利用 STM32 温度传感器采集温度值并在 LCD 上显示。

9.1.2　知识链接

1. ADC 基础

模拟/数字转换（Analog to Digtal Converter，ADC），也可叫作"A/D 转换"，是 MCU 上重要和常用的外设，主要用来将采集到的模拟信号

（如：温度、压力、声音等）转换为数字信号。

STM32F10X 系列，内置 12 位逐次逼近型 ADC 转换器。它有 18 个通道，可测量 16 个外部信号源和 2 个内部信号源（内部温度传感器和内部参照电压 V_{REFINT}）。各通道的 A/D 转换可以单次、连续、扫描或间断模式执行。ADC 的结果可以左对齐或右对齐方式存储在 16 位数据寄存器中。

其主要特点如下：

①12 位分辨率；

②转换结束、注入转换结束和发生模拟"看门狗"事件时产生中断；

③从通道 0 到通道 n 的自动扫描模式；

④ADC 转换器可进行自校准；

⑤带内嵌数据一致的数据对齐；

⑥规则转换和注入转换均有外部触发选项；

⑦间断模式；

⑧采样间隔可以按通道分别编程；

⑨规则通道转换期间有 DMA 请求产生；

⑩双重模式（带 2 个或以上 ADC 的器件），提高采样率；

⑪ADC 转换时间：对于 STM32F103xx 增强型产品：ADC 时钟为 56MHz 时为 1μs（ADC 时钟为 72MHz 为 1.17μs）；

⑫ADC 供电要求：2.4V 到 3.6V；

⑬ADC 输入范围：$V_{REF-} \leqslant VIN \leqslant V_{REF+}$；

⑭规则通道转换期间有 DMA 请求产生。

ADC 模块主要由下列部件组成：多路选择器，用于选择 16 个来自 GPIO 的端口和温度传感器以及 V_{REFINT} 信号。ADC 转换器，用于管理最多四个注入通道和 16 个规则通道。注入通道数据寄存器，用于存放注入通道转换数据。规则通道数据寄存器，用于存放规则通道转换数据。

2. ADC 功能描述

（1）引脚分布及功能。

STM32F103 中 ADC 模块的相关管脚，如表 9 - 1 所示。其中 16 根管脚 ADC_IN［15：0］可以用来测量 16 个外部信号源的通道，这 16 个通道为两个 ADC 共用，对应的引脚情况可参考附录 A。表中其他脚为 ADC 的电源和参考电压管脚，对于 ADC 来说，电源和参考电压极其重要，它直接决定了转换结果。

表 9 – 1 　　　　　　　　　　　　　ADC 引脚说明

名称	信号类型	含义
V_{REF+}	输入，模拟参考正极	ADC 使用的高端/正极参考电压，$2.4V \leqslant V_{REF+} \leqslant V_{DDA}$
V_{DDA}	输入，模拟电源	等效于 VDD 的模拟电源且：$2.4V \leqslant V_{DDA} \leqslant V_{DD}$ (3.6V)
V_{REF-}	输入，模拟参考负极	ADC 使用的低端/负极参考电压，$V_{REF-} = V_{SSA}$
V_{SSA}	输入，模拟电源地	等效于 V_{SS} 的模拟电源地
ADC_IN[15：0]	模拟输入信号	16 个模拟输入通道

注意，如果有 V_{REF-} 管脚（取决于封装），必须和 VSSA 相连接。VDDA 和 VSSA 应该分别连接到 VDD 和 VSS。

在 STM32F103 中，还内置了一个温度传感器和一个内部参考电压 V_{REFINT}，其中温度传感器和通道 ADC1_IN16 相连接，内部参照电压 V_{REFINT} 和 ADC1_IN17 相连接。温度传感器和 V_{REFINT} 只能出现在主 ADC1 中。

（2）ADC 开关控制及 ADC 时钟。

通过设置 ADC_CR1 寄存器的 ADON 位可给 ADC 上电。当第一次设置 ADON 位时，它将 ADC 从断电状态下唤醒。ADC 上电延迟一段时间后（t_{STAB}），再次设置 ADON 位时开始进行转换。

通过清除 ADON 位可以停止转换，并将 ADC 置于断电模式。在这个模式中，ADC 几乎不耗电（仅几个 μA），可通过函数。

```
ADC_Cmd(ADC1,ENABLE)   //使能 ADC1
ADC_Cmd(ADC1,DISABLE)   //停止转换
```

由时钟控制器提供的 ADCCLK 时钟和 PCLK2（APB2 时钟）同步，RCC 控制器为 ADC 时钟提供一个专用的可编程预分频器。

（3）校准。

ADC 有一个内置自校准模式。在校准期间，在每个电容器上都会计算出一个误差修正码（数字值），这个码用于消除在随后的转换中每个电容器上产生的误差。一旦校准结束，可以开始正常转换。建议在上电时执行一次 ADC 校准。校准阶段结束后，校准码储存在 ADC_DR（数据寄存器）中，可以使用下述代码调用库函数进行 ADC1 的校准。

```
ADC_ResetCalibration(ADC1);/* 重置 ADC1 校验寄存器 * /
while(ADC_GetResetCalibrationStatus(ADC1)){}/* 等待
重置 ADC1 校验寄存器完成 * /
ADC_StartCalibration(ADC1);/* 开始 ADC1 校验 * /
while(ADC_GetCalibrationStatus(ADC1)){}/* 等待校验完
成 * /
```

（4）通道选择。

STM32F103 有 16 个多路通道，可以在任意多个通道上以任意顺序进行一系列转换。可以把转换组织成两组："规则组"和"注入组"。可以认为"注入组"是对"规则组"的一种中断行为，即"规则组"相当于正常运行的程序，"注入组"相当于中断。当"规则组"的转换正常运行时，"注入组"可以打断并运行，并在"注入组"转换完成后，继续运行"规则组"的转换，具体运行方式可由注入通道管理设置。

"规则组"最多可以设置 16 个转换，而"注入组"则最多可设置 4个。"规则组"一般用来普通的 AD 转换分组，"注入组"一般用于不常用或突发的 AD 转换。

温度传感器和通道 ADCx_IN16 相连接，内部参照电压 VREFINT 和 ADCx_IN17 相连接。可以按注入或规则通道对这两个内部通道进行转换。（注意：传感器和 VREFINT 只能出现在主 ADC1 中。）

可通过 ADC 初始化函数：ADC_Init( ) 完成对通道的选择。

（5）注入通道管理。

触发注入：如果在规则通道转换期间产生一外部注入触发，当前转换被复位，注入通道序列被以单次扫描方式进行转换，然后，恢复上次被中断的规则组通道转换。如果在注入转换期间产生一规则事件，注入转换不会被中断，但是规则序列将在注入序列结束后被执行。

自动注入：在规则组通道之后，注入组通道被自动转换。

（6）ADC 工作模式。

STM32F103 的 AD 有多种转换和工作模式，功能十分强大，可适应不同场合的转换要求。STM32F103 的 ADC 有单次转换和连续转换两种方式，而在不同的通道分组中，当转换完成时，其转换数据存放的位置和相关标志位也不相同。

①单次转换模式：ADC 只执行一次转换。

②连续转换模式：在连续转换模式中，当前面 ADC 转换一结束马上就启动另一次转换。

③扫描模式：扫描模式用来扫描一组模拟通道，这组通道可以是已经配置好的规则组也可以是注入组。当开启扫描模式后，ADC 将扫描"被选中组"中的所有通道，如果此时的转换模式为单次模式，则在扫描完本组所有通道后，ADC 自动停止。如果转换模式为连续转换，则转换不会在所选择组的最后一个通道上停止，而是再次从选择组的第一个通道继续转换。

④间断模式：所谓间断模式，即可以对选择的组执行一个短序列的 n 次转换（n < =8），一个外部触发信号可以启动下一轮 n 次转换，直到此序列所有的转换完成为止，以规则组为例：被转换的通道 =0、1、2、3、6、7、9、10，当 n =3 时。第一次触发：转换的序列为 0、1、2；第二次触发：转换的序列为 3、6、7；第三次触发：转换的序列为 9、10，并产生 EOC 事件；第四次触发：转换的序列 0、1、2。

⑤双 ADC 模式：在双 ADC 模式里，根据所选模式，转换的启动可以是 ADC1 主和 ADC2 从的交替触发或同时触发。

（7）可编程的通道采样时间。

ADC 使用若干个 ADC_CLK 周期对输入电压采样，采样周期数目可以通过固件库函数进行配置。每个通道可以分别用不同的时间采样。总转换时间如下计算：

TCONV = 采样时间 + 12.5 个周期

例如，当 ADCCLK =14MHz，采样时间为 1.5 周期，则：

TCONV = 1.5 + 12.5 = 1 周期 = 1μs

（8）数据对齐。

转换后数据储存的对齐方式，可以左对齐或右对齐，如图 9 – 1 和图 9 – 2 所示。注入组通道转换的数据值，结果可以是一个负值，SEXT 位是扩展的符号值。规则组通道的转换值为正数，只有 12 个位有效。

注入组

SEXT	SEXT	SEXT	SEXT	D11	D10	D9	D8	D7	D6	D5	D4	D3	D2	D1	D0

规则组

0	0	0	0	D11	D10	D9	D8	D7	D6	D5	D4	D3	D2	D1	D0

图 9 – 1 数据右对齐

注入组

SEXT	D11	D10	D9	D8	D7	D6	D5	D4	D3	D2	D1	D0	0	0	0	0

规则组 D11 D10 D9 D8 D7 D6 D5 D4 D3 D2 D1 D0 0 0 0 0

D11	D10	D9	D8	D7	D6	D5	D4	D3	D2	D1	D0	0	0	0	0	0

图 9-2　数据左对齐

（9）外部触发转换。

转换可以由外部事件触发（如定时器捕获 EXTI 线）。用户选择 8 个事件中的某一个，来触发规则和注入组的采样。注意，当外部触发信号被选为 ADC 规则或注入转换时，只有它的上升沿可以启动转换，如表 9-2 和表 9-3 所示。

表 9-2　　　　　　　　　　ADC1 和 ADC2 规则通道触发源

触发源	类型
TIM1_CC1 事件	来自片上定时器的内部信号
TIM1_CC2 事件	
TIM1_CC3 事件	
TIM2_CC2 事件	
TIM3_TRGO 事件	
TIM4_CC4 事件	
EXIT 线 11	外部引脚
SWSTART	软件控制位

表 9-3　　　　　　　　　　ADC1 和 ADC2 注入通道触发源

触发源	类型
TIM1_TRGO 事件	来自片上定时器的内部信号
TIM1_CC4 事件	
TIM2_TRGO 事件	
TIM2_CC1 事件	
TIM3_CC4 事件	
TIM4_TRGO 事件	

触发源	类型
EXIT 线 15	外部引脚
SWSTART	软件控制位

（10）中断。

规则和注入组转换结束时能产生中断，当模拟看门狗状态位被设置时也能产生中断。它们都有独立的中断使能位。在固件库中，可以通过以下语句开启 ADC 中断，如表 9-4 所示。

```
/* 使能 ADC2 EOC 和 AWDOG 中断 * /
ADC_ITConfig(ADC2,ADC_IT_EOC|ADC_IT_AWD,ENABLE);
```

表 9-4   ADC 中断

ADC_IT	中断事件	使能控制位
ADC_IT_EOC	规则通道转换结束中断	EOCIE
ADC_IT_AWD	模拟看门狗中断	JEOCIE
ADC_IT_JEOC	注入通道转换结束中断	AWDIE

（11）温度传感器。

温度传感器可以用来测量器件周围的温度（TA）。温度传感器在内部和 ADCx_IN16 输入通道相连接，此通道把传感器输出的电压转换成数字值。温度传感器模拟输入推荐采样时间是 17.1μs。当没有被使用时，传感器可以置于关电模式。

（12）DMA。

因为规则通道转换的值储存在一个数据寄存器（ADC_DR）中，所以当转换多个规则通道时需要使用 DMA，这可以避免丢失已经存储在寄存器中的数据。只有在规则通道的转换结束时才产生 DMA 请求，并将转换的数据从 ADC_DR 寄存器传输到用户指定的目的地址。可通过以下语句使能 DMA 功能。

```
/* 使能 ADC1 的 DMA * /
ADC_DMACmd(ADC1,ENABLE);
```

3. ADC 配置

对于 ADC1 的设置主要通过以下几个步骤：

（1）开启 PA 口时钟，设置 PA1 为模拟输入；

（2）使能 ADC1 时钟，并设置分频因子；

（3）利用函数 ADC_Init( )，设置 ADC1 的工作模式：双 ADC 模式、数据对齐、扫描模式、连续模式、外部触发转换、通道选择等；

（4）利用函数 ADC_RegularChannelConfig( )，指定 ADC 规则组通道，设置采样顺序、采样时间；

（5）开启 A/D 转换器和校准设置；

（6）利用函数 ADC_GetConversionValue（ADC1），得到 ADC 转换数值。

ADC 的配置，可以封装为单独的 ADC_Config( ) 子程序，其源码如下：

```
void ADC_Config(void)
{
    ADC_InitTypeDef  ADC_InitStructure;/* ADC 初始化结构
体声明 * /
    RCC_APB2PeriphClockCmd (RCC_APB2Periph_ADC1, ENA-
BLE);/* 开启 ADC1 时钟 * /
    ADC_InitStructure.ADC_Mode = ADC_Mode_Independent;/
* 独立的转换模式 * /
    ADC_InitStructure.ADC_ScanConvMode = ENABLE;/* 开启扫
描模式 * /
    ADC_InitStructure.ADC_ContinuousConvMode = ENABLE;/
* 开启连续转换模式 * /
    ADC_InitStructure.ADC_ExternalTrigConv = ADC_Extern-
alTrigConv_None;/* 关 ADC 外部触发 * /
    ADC_InitStructure.ADC_DataAlign = ADC_DataAlign_
Right;/* ADC 为 12 位右对齐方式 * /
    ADC_InitStructure.ADC_NbrOfChannel =1;/* 开启通道数,1
个 * /
    ADC_Init(ADC1,&ADC_InitStructure);/* ADC 初始化 * /
    /* 通道组,第 10 个通道 采样顺序 1,转换时间 55.5 周期 * /
```

```
    ADC_RegularChannelConfig(ADC1,ADC_Channel_10,1,ADC
_SampleTime_55Cycles5);
    ADC_Cmd(ADC1,ENABLE);/* 开启 ADC1 * /
    ADC_ResetCalibration(ADC1);/* 重置 ADC1 校准寄存器 * /
    while(ADC_GetResetCalibrationStatus(ADC1));/* 等待
重置完成 * /
    ADC_StartCalibration(ADC1);/* 开始校准 ADC1 * /
    while(ADC_GetCalibrationStatus(ADC1));/* 等待校准完
成 * /

    ADC_SoftwareStartConvCmd(ADC1,ENABLE);/* 开始软件触
发转换 * /
}
```

4. ADC 的库函数

ADC 的固件库函数如表 9 - 5 所示。

表 9 - 5 　　　　　　　　　　　ADC 固件库函数

函数名	描述
ADC_DeInit	将外设 ADCx 的全部寄存器重设为缺省值
ADC_Init	根据 ADC_InitStruct 中指定的参数初始化外设 ADCx 的寄存器
ADC_StructInit	把 ADC_InitStruct 中的每一个参数按缺省值填入
ADC_Cmd	使能或者失能指定的 ADC
ADC_DMACmd	使能或者失能指定的 ADC 的 DMA 请求
ADC_ITConfig	使能或者失能指定的 ADC 的中断
ADC_ResetCalibration	重置指定的 ADC 的校准寄存器
ADC_GetResetCalibrationStatus	获取 ADC 重置校准寄存器的状态
ADC_StartCalibration	开始指定 ADC 的校准程序
ADC_GetCalibrationStatus	获取指定 ADC 的校准状态
ADC_SoftwareStartConvCmd	使能或者失能指定的 ADC 的软件转换启动功能

函数名	描述
ADC_GetSoftwareStartConvStatus	获取 ADC 软件转换启动状态
ADC_DiscModeChannelCountConfig	对 ADC 规则组通道配置间断模式
ADC_DiscModeCmd	使能或者失能指定的 ADC 规则组通道的间断模式
ADC_RegularChannelConfig	设置指定 ADC 的规则组通道，设置它们的转化顺序和采样时间
ADC_ExternalTrigConvConfig	使能或者失能 ADCx 的经外部触发启动转换功能
ADC_GetConversionValue	返回最近一次 ADCx 规则组的转换结果
ADC_GetDuelModeConversionValue	返回最近一次双 ADC 模式下的转换结果
ADC_AutoInjectedConvCmd	使能或者失能指定 ADC 在规则组转化后自动开始注入组转换
ADC_InjectedDiscModeCmd	使能或者失能指定 ADC 的注入组间断模式
ADC_ExternalTrigInjectedConvConfig	配置 ADCx 的外部触发启动注入组转换功能
ADC_ExternalTrigInjectedConvCmd	使能或者失能 ADCx 的经外部触发启动注入组转换功能
ADC_SoftwareStartinjectedConvCmd	使能或者失能 ADCx 软件启动注入组转换功能
ADC_GetsoftwareStartinjectedConvStatus	获取指定 ADC 的软件启动注入组转换状态
ADC_InjectedChannleConfig	设置指定 ADC 的注入组通道，设置它们的转化顺序和采样时间
ADC_InjectedSequencerLengthConfig	设置注入组通道的转换序列长度
ADC_SetinjectedOffset	设置注入组通道的转换偏移值
ADC_GetInjectedConversionValue	返回 ADC 指定注入通道的转换结果
ADC_AnalogWatchdogCmd	使能或者失能指定单个/全体，规则/注入组通道上的模拟看门狗
ADC_AnalogWatchdongThresholdsConfig	设置模拟看门狗的高/低阈值
ADC_AnalogWatchdongSingleChannelCon fig	对单个 ADC 通道设置模拟看门狗
ADC_TampSensorVrefintCmd	使能或者失能温度传感器和内部参考电压通道
ADC_GetFlagStatus	检查制定 ADC 标志位置 1 与否
ADC_ClearFlag	清除 ADCx 的待处理标志位
ADC_GetITStatus	检查指定的 ADC 中断是否发生
ADC_ClearITPendingBit	清除 ADCx 的中断待处理位

下面简单介绍几个常用的库函数。

（1）函数 ADC_Init。

函数 ADC_Init 的具体描述如表 9 - 6 所示。

表 9 - 6　　　　　　　　　　　　函数 ADC_Init

函数名	ADC_Init
函数原形	void ADC_Init（ADC_TypeDef * ADCx，ADC_InitTypeDef * ADC_InitStruct）
功能描述	根据 ADC_InitStruct 中指定的参数初始化外设 ADCx 的寄存器
输入参数 1	ADCx：x 可以是 1 或者 2 来选择 ADC 外设 ADC1 或 ADC2
输入参数 2	ADC_InitStruct：指向结构 ADC_InitTypeDef 的指针，包含了指定外设 ADC 的配置信息
输出参数	无
返回值	无
先决条件	无
被调用函数	无

例：

```
typedef struct
{
u32 ADC_Mode;
FunctionalState ADC_ScanConvMode;
FunctionalState ADC_ContinuousConvMode;
u32 ADC_ExternalTrigConv;
u32 ADC_DataAlign;
u8 ADC_NbrOfChannel;
}ADC_InitTypeDef
```

初始化函数相关参数可取值及含义如表 9 - 7 ~ 表 9 - 10 所示。

表 9 – 7   **ADC_Mode 参数可取值及描述**

ADC_Mode	描述
ADC_Mode_Independent	独立模式
ADC_Mode_RegInjecSimult	同步规则和同步注入
ADC_Mode_RegSimult_AlterTrig	同步规则和交替触发
ADC_Mode_InjecSimult_FastInterl	同步规则和快速交替
ADC_Mode_InjecSimult_SlowInterl	注入模式和慢速交替
ADC_Mode_InjecSimult	同步注入模式
ADC_Mode_RegSimult	同步规则模式
ADC_Mode_FastInterl	快速交替模式
ADC_Mode_SlowInterl	慢速交替模式
ADC_Mode_AlterTrig	交替触发模式

表 9 – 8   **ADC_ExternalTrigConv 参数可取值及描述**

ADC_ExternalTrigConv	描述
ADC_ExternalTrigConv_T1_CC1	TIM1_CC1 事件
ADC_ExternalTrigConv_T1_CC2	TIM1_CC2 事件
ADC_ExternalTrigConv_T1_CC3	TIM1_CC3 事件
ADC_ExternalTrigConv_T2_CC2	TIM2_CC2 事件
ADC_ExternalTrigConv_T3_TRGO	TIM3_TRGO 事件
ADC_ExternalTrigConv_T4_CC4	TIM4_CC4 事件
ADC_ExternalTrigConv_Ext_IT11	EXIT 线 11
ADC_ExternalTrigConv_None	SWSTART
ADC_ExternalTrigConv_T1_TRGO	TIM1_TRGO 事件
ADC_ExternalTrigConv_T1_CC4	TIM1_CC4 事件
ADC_ExternalTrigConv_T2_TRGO	TIM2_TRGO 事件
ADC_ExternalTrigConv_T2_CC1	TIM2_CC1 事件
ADC_ExternalTrigConv_T3_CC4	TIM3_CC4 事件
ADC_ExternalTrigConv_T4_TRGO	TIM4_TRGO 事件
ADC_ExternalTrigConv_Ext_IT15	EXIT 线 15

表 9 - 9   **ADC_DataAlign 参数可取值及描述**

ADC_DataAlign	描述
ADC_DataAlign_Right	右对齐
ADC_DataAlign_Left	左对齐

表 9 - 10   **ADC_NbrOfChannel 参数可取值及描述**

ADC_NbrOfChannel	描述
ADC_Channel_0	通道 0
ADC_Channel_1	通道 1
ADC_Channel_2	通道 2
ADC_Channel_3	通道 3
ADC_Channel_4	通道 4
ADC_Channel_5	通道 5
ADC_Channel_6	通道 6
ADC_Channel_7	通道 7
ADC_Channel_8	通道 8
ADC_Channel_9	通道 9
ADC_Channel_10	通道 10
ADC_Channel_11	通道 11
ADC_Channel_12	通道 12
ADC_Channel_13	通道 13
ADC_Channel_14	通道 14
ADC_Channel_15	通道 15
ADC_Channel_16	温度传感器
ADC_Channel_17	内部参考电压
ADC_Channel_TempSensor	通道 16
ADC_Channel_Vrefint	通道 17

（2）函数 ADC_Cmd。

ADC 使能/失能函数 ADC_Cmd 及其含义如表 9 - 11 所示。

表 9 – 11 **函数 ADC_Cmd**

函数名	ADC_Cmd
函数原形	void ADC_Cmd（ADC_TypeDef ∗ ADCx，FunctionalState NewState）
功能描述	使能或者失能指定的 ADC
输入参数 1	ADCx：x 可以是 1 或者 2 来选择 ADC 外设 ADC1 或 ADC2
输入参数 2	NewState：外设 ADCx 的新状态 这个参数可以取：ENABLE 或者 DISABLE
输出参数	无
返回值	无
先决条件	无
被调用函数	无

例：

```
/* 使能 ADC1 * /
ADC_Cmd(ADC1,ENABLE);
```

注意：函数 ADC_Cmd 只能在其他 ADC 设置函数之后被调用。

（3）函数 ADC_DMACmd。

ADC 使能/失能 DMA 请求函数 ADC_DMACmd 及其含义如表 9 – 12 所示。

表 9 – 12 **函数 ADC_DMACmd**

函数名	ADC_DMACmd
函数原形	ADC_DMACmd（ADC_TypeDef ∗ ADCx，FunctionalState NewState）
功能描述	使能或者失能指定的 ADC 的 DMA 请求
输入参数 1	ADCx：x 可以是 1 或者 2 来选择 ADC 外设 ADC1 或 ADC2
输入参数 2	NewState：ADC DMA 传输的新状态 这个参数可以取：ENABLE 或者 DISABLE
输出参数	无
返回值	无

续表

函数名	ADC_DMACmd
先决条件	无
被调用函数	无

例:

/* 使能 ADC2 DMA 传输 * /
ADC_DMACmd(ADC2,ENABLE);

（4）函数 ADC_ITConfig。

ADC 中断使能/失能函数 ADC_ITConfig 及其含义如表 9 - 13 所示。

表 9 - 13   函数 ADC_ITConfig

函数名	ADC_ITConfig
函数原形	void ADC_ITConfig（ADC_TypeDef * ADCx, u16 ADC_IT, FunctionalState NewState）
功能描述	使能或者失能指定的 ADC 的中断
输入参数 1	ADCx：x 可以是 1 或者 2 来选择 ADC 外设 ADC1 或 ADC2
输入参数 2	ADC_IT：将要被使能或者失能的指定 ADC 中断源 参阅章节 ADC_IT 获得该参数可取值的更多细节
输入参数 3	NewState：指定 ADC 中断的新状态 这个参数可以取：ENABLE 或者 DISABLE
输出参数	无
返回值	无
先决条件	无
被调用函数	无

ADC_IT 可以用来使能或者失能 ADC 中断。可以使用表 9 - 14 中的一个参数，或者它们的组合。

表 9 – 14   **ADC_IT 参数可取值及描述**

ADC_IT	描述
ADC_IT_EOC	EOC 中断屏蔽
ADC_IT_AWD	AWDOG 中断屏蔽
ADC_IT_JEOC	JEOC 中断屏蔽

例：

```
/* 使能 ADC2 EOC 和 AWDOG 中断 */
ADC_ITConfig(ADC2,ADC_IT_EOC|ADC_IT_AWD,ENABLE);
```

（5）函数 ADC_RegularChannelConfig。
函数 ADC_RegularChannelConfig 用于设置指定 ADC 的规则组通道，设置它们的转化顺序和采样时间，其具体含义如表 9 – 15 所示。

表 9 – 15   **函数 ADC_RegularChannelConfig**

函数名	ADC_RegularChannelConfig
函数原形	void ADC_RegularChannelConfig（ADC_TypeDef * ADCx，u8 ADC_Channel，u8 Rank，u8 ADC_SampleTime）
功能描述	设置指定 ADC 的规则组通道，设置它们的转化顺序和采样时间
输入参数 1	ADCx：x 可以是 1 或者 2 来选择 ADC 外设 ADC1 或 ADC2
输入参数 2	ADC_Channel：被设置的 ADC 通道 参阅章节 ADC_Channel 查阅更多该参数允许取值范围
输入参数 3	Rank：规则组采样顺序。取值范围 1 到 16
输入参数 4	ADC_SampleTime：指定 ADC 通道的采样时间值 参阅章节 ADC_SampleTime 查阅更多该参数允许取值范围
输出参数	无
返回值	无
先决条件	无
被调用函数	无

参数 ADC_Channel 指定了通过调用函数 ADC_RegularChannelConfig 来

设置的 ADC 通道。表 9 – 16 列举了 ADC_Channel 可取的值：

表 9 – 16　　　　　　　　ADC_Channel 参数可取值及描述

ADC_Channel	描述
ADC_Channel_0	选择 ADC 通道 0
ADC_Channel_1	选择 ADC 通道 1
ADC_Channel_2	选择 ADC 通道 2
ADC_Channel_3	选择 ADC 通道 3
ADC_Channel_4	选择 ADC 通道 4
ADC_Channel_5	选择 ADC 通道 5
ADC_Channel_6	选择 ADC 通道 6
ADC_Channel_7	选择 ADC 通道 7
ADC_Channel_8	选择 ADC 通道 8
ADC_Channel_9	选择 ADC 通道 9
ADC_Channel_10	选择 ADC 通道 10
ADC_Channel_11	选择 ADC 通道 11
ADC_Channel_12	选择 ADC 通道 12
ADC_Channel_13	选择 ADC 通道 13
ADC_Channel_14	选择 ADC 通道 14
ADC_Channel_15	选择 ADC 通道 15
ADC_Channel_16	选择 ADC 通道 16
ADC_Channel_17	选择 ADC 通道 17

ADC_SampleTime 设定了选中通道的 ADC 采样时间。表 9 – 17 列举了 ADC_SampleTime 可取的值。

表 9 – 17　　　　　　　　ADC_SampleTime 参数可取值及描述

ADC_SampleTime	描述
ADC_SampleTime_1Cycles5	采样时间为 1.5 周期
ADC_SampleTime_7Cycles5	采样时间为 7.5 周期

续表

ADC_SampleTime	描述
ADC_SampleTime_13Cycles5	采样时间为 13.5 周期
ADC_SampleTime_28Cycles5	采样时间为 28.5 周期
ADC_SampleTime_41Cycles5	采样时间为 41.5 周期
ADC_SampleTime_55Cycles5	采样时间为 55.5 周期
ADC_SampleTime_71Cycles5	采样时间为 71.5 周期
ADC_SampleTime_239Cycles5	采样时间为 239.5 周期

例：

```
/* 将 ADC1 通道 2 配置为第一个转换通道,采样时间为 7.5 个时钟周期
*/
ADC_RegularChannelConfig(ADC1,ADC_Channel_2,1,ADC_Sam-
pleTime_7Cycles5);
/* 将 ADC1 通道 8 配置为第二个转换通道,采样时间为 1.5 个时钟周期
*/
ADC_RegularChannelConfig(ADC1,ADC_Channel_8,2,ADC_Sam-
pleTime_1Cycles5);
```

（6）函数 ADC_ExternalTrigConvConfig。

函数 ADC_ExternalTrigConvConfig 使能或者失能 ADCx 的经外部触发启动转换功能，其使用方法如表 9 – 18 所示。

表 9 – 18　　　　　　　　函数 ADC_ExternalTrigConvConfig

函数名	ADC_ExternalTrigConvConfig
函数原形	void ADC_ExternalTrigConvCmd（ADC_TypeDef * ADCx, FunctionalState NewState）
功能描述	使能或者失能 ADCx 的经外部触发启动转换功能
输入参数 1	ADCx：x 可以是 1 或者 2 来选择 ADC 外设 ADC1 或 ADC2
输入参数 2	NewState：指定 ADC 外部触发转换启动的新状态 这个参数可以取：ENABLE 或者 DISABLE

续表

函数名	ADC_ExternalTrigConvConfig
输出参数	无
返回值	无
先决条件	无
被调用函数	无

例：

```
/* 使能 ADC1 的外部触发启动转换功能* /
ADC_ExternalTrigConvCmd(ADC1,ENABLE);
```

（7）函数 ADC_GetConversionValue。

函数 ADC_GetConversionValue 用于返回最近一次 ADCx 规则组的转换结果，其具体含义如表 9-19 所示。

表 9-19　　　　　　　　函数 ADC_GetConversionValue

函数名	ADC_GetConversionValue
函数原形	u16 ADC_GetConversionValue（ADC_TypeDef ∗ ADCx）
功能描述	返回最近一次 ADCx 规则组的转换结果
输入参数	ADCx：x 可以是 1 或者 2 来选择 ADC 外设 ADC1 或 ADC2
输出参数	无
返回值	转换结果
先决条件	无
被调用函数	无

例：

```
/* 返回上一次转换的通道的 ADC1 数据* /
u16 DataValue;
DataValue = ADC_GetConversionValue(ADC1);
```

（8）函数 ADC_GetFlagStatus。

函数 ADC_GetFlagStatus 用于检查指定 ACD 标志位是否置 1，其使用方法如表 9 – 20 所示。

表 9 – 20   函数 ADC_GetFlagStatus

函数名	ADC_GetFlagStatus
函数原形	FlagStatus ADC_GetFlagStatus（ADC_TypeDef ∗ ADCx，u8 ADC_FLAG）
功能描述	检查指定 ADC 标志位置 1 与否
输入参数 1	ADCx：x 可以是 1 或者 2 来选择 ADC 外设 ADC1 或 ADC2
输入参数 2	ADC_FLAG：指定需检查的标志位 参阅章节 ADC_FLAG 查阅更多该参数允许取值范围
输出参数	无
返回值	无
先决条件	无
被调用函数	无

ADC_FLAG 参数可取值如表 9 – 21 所示。

表 9 – 21   ADC_FLAG 参数可取值及描述

ADC_AnalogWatchdog	描述
ADC_FLAG_AWD	模拟看门狗标志位
ADC_FLAG_EOC	转换结束标志位
ADC_FLAG_JEOC	注入组转换结束标志位
ADC_FLAG_JSTRT	注入组转换开始标志位
ADC_FLAG_STRT	规则组转换开始标志位

例：

```
/* 测试 ADC1 的 EOC 标志位是否被设置* /
FlagStatus Status;
Status = ADC_GetFlagStatus(ADC1,ADC_FLAG_EOC);
```

（9）函数 ADC_ClearFlag。

函数 ADC_ClearFlag 用于清除指定 ADC 的待处理标志位，其具体含义如表 9 – 22 所示。

表 9 – 22　　　　　　　　　　　函数 ADC_ClearFlag

函数名	ADC_ClearFlag
函数原形	void ADC_ClearFlag（ADC_TypeDef * ADCx，u8 ADC_FLAG）
功能描述	清除 ADCx 的待处理标志位
输入参数 1	ADCx：x 可以是 1 或者 2 来选择 ADC 外设 ADC1 或 ADC2
输入参数 2	ADC_FLAG：待处理的标志位，使用操作符"｜"可以同时清除 1 个以上的标志位
输出参数	无
返回值	无
先决条件	无
被调用函数	无

例：

```
/* 清除 ADC2 STRT 挂起标志* /
ADC_ClearFlag(ADC2,ADC_FLAG_STRT);
```

（10）函数 ADC_GetITStatus。

函数 ADC_GetITStatus 用于检查指定的 ADC 中断是否发生，其使用方法如表 9 – 23 所示。

表 9 – 23　　　　　　　　　　　函数 ADC_GetITStatus

函数名	ADC_GetITStatus
函数原形	ITStatus ADC_GetITStatus（ADC_TypeDef * ADCx，u16 ADC_IT）
功能描述	检查指定的 ADC 中断是否发生
输入参数 1	ADCx：x 可以是 1 或者 2 来选择 ADC 外设 ADC1 或 ADC2
输入参数 2	ADC_IT：将要被检查指定 ADC 中断源

续表

函数名	ADC_GetITStatus
输出参数	无
返回值	无
先决条件	无
被调用函数	无

例:

```
/* 测试 ADC1 的 AWD 中断是否发生 */
ITStatus Status;
Status = ADC_GetITStatus(ADC1,ADC_IT_AWD);
```

(11) 函数 ADC_ClearITPendingBit。表 9 - 24 描述了函数 ADC_Clear-ITPendingBit，函数 ADC_ClearITPending 用于清除 ADCx 的中断待处理位，其使用方法如表 9 - 24 所示。

表 9 - 24　　　　　　　　　　函数 ADC_ClearITPendingBit

函数名	ADC_ClearITPendingBit
函数原形	void ADC_ClearITPendingBit（ADC_TypeDef * ADCx，u16 ADC_IT)
功能描述	清除 ADCx 的中断待处理位
输入参数 1	ADCx: x 可以是 1 或者 2 来选择 ADC 外设 ADC1 或 ADC2
输入参数 2	ADC_IT: 带清除的 ADC 中断待处理位
输出参数	无
返回值	无
先决条件	无
被调用函数	无

例:

```
/* 清除 ADC2 JEOC 中断挂起标志位 */
ADC_ClearITPendingBit(ADC2,ADC_IT_JEOC);
```

9.1.3 任务实施

1. 构思——方案选择

在 STM32F103 的 ADC1 中，内置了一个温度传感器和通道 ADC1_IN16 相连接。根据任务要求，通过 STM32 的 ADC 相关库函数，采集 ADC1 的通道 1 上的模拟电压，并在液晶模块 HS12864 – 15B 上显示电压值。

2. 设计——软硬件设计

（1）硬件设计。

温度采集模块集成在芯片内部。所以这里只完成 LCD12864 的硬件连线即可。LCD12864 采用并行通信方式实现数据显示，具体连线，可参考程序宏定义部分。

（2）软件实现。

开启内部温度传感器命令：ADC_TempSensorVrefintCmd（ENABLE）；

温度计算公式：温度（℃）= $\{(V_{25} - V_{SENSE})/Avg\_Slope\} + 25$；

其中：V_{25} 为 V_{SENSE} 在 25°C 时的数值（最小 = 1.34V，典型 = 1.43V，最大 = 1.52V，单位是 V）Avg_Slope 为温度与 VSENSE 曲线的平均斜率（单位为 mV/°C 或 μV/°C）（最小 = 4.0，典型 = 4.3，最大 = 4.6，单位是 mV/℃）。

一般取典型值，那么，温度（℃）= $\{(1.43 - 采样电压值)/0.0043\} + 25$。

参考代码：

```
#include"stm32f10x.h"
#include"stdio.h"
#define LCD12864_BL(x)x ? GPIO_SetBits(GPIOD,GPIO_Pin_
14):GPIO_ResetBits(GPIOD,GPIO_Pin_14);
#define LCD12864_RST(x)x ? GPIO_SetBits(GPIOD,GPIO_Pin_
0):GPIO_ResetBits(GPIOD,GPIO_Pin_0);
#define LCD12864_PSB(x)x ? GPIO_SetBits(GPIOE,GPIO_Pin_
```

```
7):GPIO_ResetBits(GPIOE,GPIO_Pin_7);
#define LCD12864_DB7(x)x ? GPIO_SetBits(GPIOE,GPIO_Pin_
11):GPIO_ResetBits(GPIOE,GPIO_Pin_11);
#define LCD12864_DB6(x)x ? GPIO_SetBits(GPIOE,GPIO_Pin_
13):GPIO_ResetBits(GPIOE,GPIO_Pin_13);
#define LCD12864_DB5(x)x ? GPIO_SetBits(GPIOE,GPIO_Pin_
15):GPIO_ResetBits(GPIOE,GPIO_Pin_15);
#define LCD12864_DB4(x)x ? GPIO_SetBits(GPIOD,GPIO_Pin_
9):GPIO_ResetBits(GPIOD,GPIO_Pin_9);
#define LCD12864_DB3(x)x ? GPIO_SetBits(GPIOD,GPIO_Pin_
15):GPIO_ResetBits(GPIOD,GPIO_Pin_15);
#define LCD12864_DB2(x)x ? GPIO_SetBits(GPIOD,GPIO_Pin_
1):GPIO_ResetBits(GPIOD,GPIO_Pin_1);
#define LCD12864_DB1(x)x ? GPIO_SetBits(GPIOE,GPIO_Pin_
8):GPIO_ResetBits(GPIOE,GPIO_Pin_8);
#define LCD12864_DB0(x)x ? GPIO_SetBits(GPIOE,GPIO_Pin_
10):GPIO_ResetBits(GPIOE,GPIO_Pin_10);
#define LCD12864_EN(x)x ? GPIO_SetBits(GPIOE,GPIO_Pin_
12):GPIO_ResetBits(GPIOE,GPIO_Pin_12);
#define LCD12864_RW(x)x ? GPIO_SetBits(GPIOE,GPIO_Pin_
14):GPIO_ResetBits(GPIOE,GPIO_Pin_14);
#define LCD12864_RS(x)x ? GPIO_SetBits(GPIOD,GPIO_Pin_
8):GPIO_ResetBits(GPIOD,GPIO_Pin_8);
#define setbit(p,b) (p |= (1 <<b))
#define clrbit(p,b) (p& = ( ~ (1 <<b)))
#define testbit(p,b) (p& (1 <<b))

void RCC_Configuration(void);
void GPIO_Configuration(void);
void delay_nms(u16 time);
void LCD_Init(void);
void LCD_WrCmd(unsigned char cmd);
void LCD_WriteDataPort(unsigned char temp);
```

```
void LCD_WriteEnglish(unsigned char dat);
char dis2[10];          //要显示的内容
void RCC_Configuration(void);
void GPIO_Configuration(void);
void USART_Configuration(void);
void ADC_Configuration(void);   //ADC 配置
void delay_nms(u16 time);
int main(void)
{
unsigned char i =0;
    u16 adcx;
    float Vsense,T;
    RCC_Configuration();
    GPIO_Configuration();
    ADC_Configuration();
    LCD_Init();
    while(1)
    {ADC_RegularChannelConfig(ADC1,ADC_Channel_16,1,
ADC_SampleTime_239Cycles5);
    /* 设置规则通道,设置它们的转化顺序和采样时间,T_conv =
(293.5 +12.5)/12MHz =21us* /
        ADC_SoftwareStartConvCmd(ADC1,ENABLE);
         while (! ADC_GetFlagStatus(ADC1,ADC_FLAG_
EOC));
        adcx =ADC_GetConversionValue(ADC1);
        Vsense = (float)adcx* (3.3/4095);//获取相应的电压值
        T = (1.43 -Vsense)* 1000/4.3 +25;//计算温度值
        sprintf(dis2,"温度值:% .2f",T);//连接字符串,并输出
至 dis2
        LCD_WrCmd(0x80 +0);//显示位置:第一行,第一列
    while(dis2[i]! ='\0')
    {
      LCD_WriteEnglish(dis2[i]);
```

```
    i ++ ;
   delay_nms(15);
   }
i = 0 ;
   delay_nms(1000); //每隔 1 s 显示一次温度
   }
}
void RCC_Configuration(void)
{
   SystemInit();
   RCC_APB2PeriphClockCmd(RCC_APB2Periph_AFIO, ENA-
BLE); //使能 AFIO 的时钟
   RCC_APB2PeriphClockCmd(RCC_APB2Periph_GPIOD, ENA-
BLE); //开启 PD 的时钟
   RCC_APB2PeriphClockCmd(RCC_APB2Periph_GPIOE, ENA-
BLE); //使能 GPIOE 的时钟
}
void GPIO_Configuration(void) //配置 GPIO 口
{
      GPIO_InitTypeDef GPIO_InitStructure; //声明 GPIO 初
始化结构变量
      GPIO_InitStructure.GPIO_Pin = GPIO_Pin_0 | GPIO_Pin_
1 | GPIO_Pin_8 | GPIO_Pin_9 | GPIO_Pin_14 | GPIO_Pin_15;
      GPIO_InitStructure.GPIO_Mode = GPIO_Mode_Out_
PP; //配置成推挽式输出
      GPIO_InitStructure.GPIO_Speed = GPIO_Speed_
50MHz; //输出模式下 I/O 输出速度 50MHZ
      GPIO_Init(GPIOD, &GPIO_InitStructure); //PD 口初
始化
   GPIO_InitStructure.GPIO_Pin = GPIO_Pin_7 | GPIO_Pin_8 |
GPIO_Pin_9 | GPIO_Pin_10 | GPIO_Pin_11 | GPIO_Pin_12 | GPIO_
Pin_13 | GPIO_Pin_14 | GPIO_Pin_15; //配置管脚 7 -15
```

```
        GPIO_InitStructure.GPIO_Mode = GPIO_Mode_Out_
PP;//IO 口配置为推挽输出口
        GPIO_InitStructure.GPIO_Speed = GPIO_Speed_
50MHz;
        GPIO_Init(GPIOE,&GPIO_InitStructure);//初始化
PE 口

}
void ADC_Configuration(void)
{
    ADC_InitTypeDef ADC_InitStructure;
    RCC_APB2PeriphClockCmd(RCC_APB2Periph_ADC1 | RCC_
APB2Periph_GPIOA,ENABLE);//开启 ADC1 的时钟
    RCC_ADCCLKConfig(RCC_PCLK2_Div6);//12MHz
    ADC_TempSensorVrefintCmd(ENABLE);//开启内部温度传感器
  /* ADC1 设置* /
ADC_InitStructure.ADC_Mode = ADC_Mode_Independent;//选择
ADC 工作在独立模式
ADC_InitStructure.ADC_ScanConvMode = DISABLE;//选择工作
在扫描模式(多通道)
ADC_InitStructure.ADC_ContinuousConvMode = DISABLE;//选
择 ADC 工作在单次模式
ADC_InitStructure.ADC_ExternalTrigConv = ADC_External-
TrigConv_None;//定义使用外部触发来启动规则通道的 ADC
ADC_InitStructure.ADC_DataAlign = ADC_DataAlign_
Right;//设置数据右对齐
ADC_InitStructure.ADC_NbrOfChannel =1;//设置进行规则转换
的 ADC 通道数目
ADC_Init(ADC1,&ADC_InitStructure);
ADC_Cmd(ADC1,ENABLE);//使能 ADC1
ADC_ResetCalibration(ADC1);//复位 ADC1 校准寄存器
```

```
while(ADC_GetResetCalibrationStatus(ADC1));//等待校准复
位结束
    ADC_StartCalibration(ADC1);//开始校准
while(ADC_GetCalibrationStatus(ADC1));//等待校准结束
}
void delay_nms(u16 time)//延时子程序,约1ms
{  u16 i =0;
    while(time --)
    {  i =1050;
        while(i --);
    }
}
//LCD 初始化
void LCD_Init(void)
{
        LCD12864_PSB(1);//并口方式
        LCD_WrCmd(0x30);//基本指令集
        delay_nms(15);
        LCD_WrCmd(0x02);   //地址归位
        delay_nms(15);
        LCD_WrCmd(0x06);   //游标右移
        delay_nms(15);
        LCD_WrCmd(0x0f);   //显示打开,开光标
        delay_nms(15);
        LCD_WrCmd(0x01);   //清屏
        delay_nms(15);
}
//往12864 写命令
void LCD_WrCmd(unsigned char cmd)
{
    LCD12864_RS(0);
```

```
    LCD12864_RW(0);
    LCD12864_EN(0);
    LCD_WriteDataPort(cmd);//LCD_DATA = cmd;
    delay_nms(1);
    LCD12864_EN(1);
    delay_nms(15);
    LCD12864_EN(0);
}
/* 功能:从显示屏数据端口 DB7 ~ DB0 并行输入 temp 的数值
输入:unsigned char temp,待写入的数据* /
void LCD_WriteDataPort(unsigned char temp)
{
    unsigned char i;
    for(i = 0;i < 8;i ++)
    {
        if(testbit(temp,i))
        {
            switch(i)
            {
                case(0):LCD12864_DB0(1);break;
                case(1):LCD12864_DB1(1);break;
                case(2):LCD12864_DB2(1);break;
                case(3):LCD12864_DB3(1);break;
                case(4):LCD12864_DB4(1);break;
                case(5):LCD12864_DB5(1);break;
                case(6):LCD12864_DB6(1);break;
                case(7):LCD12864_DB7(1);break;
                default:break;
            }
        }
        else
        {
```

```
        switch(i)
        {
            case(0):LCD12864_DB0(0);break;
            case(1):LCD12864_DB1(0);break;
            case(2):LCD12864_DB2(0);break;
            case(3):LCD12864_DB3(0);break;
            case(4):LCD12864_DB4(0);break;
            case(5):LCD12864_DB5(0);break;
            case(6):LCD12864_DB6(0);break;
            case(7):LCD12864_DB7(0);break;
            default:break;
        }
    }
}
/* 往12864写数据* /
void LCD_WriteEnglish(unsigned char dat)
{
    LCD12864_RS(1);
    LCD12864_RW(0);
    LCD12864_EN(0);
    LCD_WriteDataPort(dat);//LCD_DATA = dat;
    delay_nms(1);
    LCD12864_EN(1);
    delay_nms(15);
    LCD12864_EN(0);
}
```

3. 实现——软硬件调测

连接电路，按照图9-3完成设置，编译并下载程序后即可在LCD屏上显示温度值。

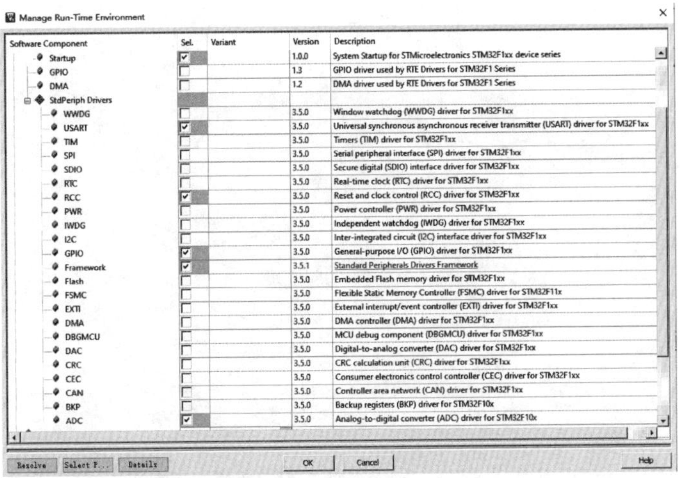

图 9 – 3　编程环境配置

4. 运行——结果分析、功能拓展

（1）结果分析。

运行之后可在 LCD 显示温度值，但是温度精度较差，也可通过多次测量求平均值的方法，提高准确性。用手按住 STM32 芯片保持一段时间使之升温，可明显看到温度值的变化，松开手后可看到温度缓慢降低。升温前后的显示温度值如图 9 – 4、图 9 – 5 所示。STM32 的内部温度传感器更适合检测温度的变化。

图 9 – 4　升温前显示温度值

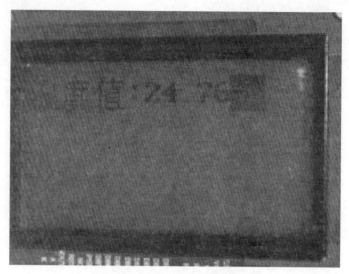

图 9 - 5 升温后显示温度值

（2）功能拓展。

①通过 STM32 的 ADC 相关库函数，采集 ADC1 的通道 1 上的模拟电压，并通过串口调试助手显示。

②电压值在 LCD12864 上显示。在 STM32F103 中，内置的内部参考电压 V_{REFINT} 和 ADC1_IN17 相连接，令 ADC1_IN17 引脚外接参考电压 3.3V。引脚 ADC1_IN17 接入要检测的电压值。最终通过函数 ADC_GetConversionValue（ADC1）；获得 AD 转换后的数据。以右对齐为例介绍电压值的计算：规则通道 AD 转换后的数据有 12 个有效位，最大值为 0x0FFF。若转换后的结果为 x，参考电压选择 3.3V，则电压值为：3.3V * x/0x0FFF。

9.1.4 任务小结

本次任务利用内部温度传感器，通过 AD 转换，实现温度值的测量。通过本次任务需要大家掌握 ADC 的原理及使用方法。

9.2 任务二 信号发生器

9.2.1 任务描述

利用 DAC 的通道 1 产生一个锯齿波。

9.2.2 知识链接

1. DAC 基础

数字/模拟转换（Digital to Analog Converter，DAC），是 ADC 转换的相反过程，用于将数字信号转换为模拟信号，以直接控制或者输出给模拟器件和设备。DAC 主要特性如下：

①2 个 DAC 转换器，每个转换器对应 1 个输出通道。

②8 位或者 12 位数字输出。

③12 位模式下数据左对齐或者右对齐。

④同步更新功能。

⑤噪声波形生成。

⑥三角波形生成。

⑦双 DAC 通道同时或者分别转换。

⑧每个通道都有 DMA 功能。

⑨外部触发转换。

⑩输入参考电压 VREF + （2.4V < VREF + < 3.3V）。

（1）DAC 管脚。

DAC 各管脚使用说明如表 9 - 25 所示。

表 9 – 25   DAC 管脚说明

名称	型号类型	注释
VREF +	输入，正模拟参考电压	DAC 使用的高端/正极参考电压，2.4V ≤ VREF + ≤ VDDA（3.3V）
VDDA	输入，模拟电源	模拟电源
VSSA	输入，模拟电源地	模拟电源的地线
DAC_OUTx	模拟输出信号	DAC 通道 x 的模拟输出

注意：一旦使能 DAC 通道，相应的 GPIO 管脚（PA4 或者 PA5）就会自动与 DAC 的模拟输出相连（DAC_OUTx）。为了避免寄生的干扰和额外的功耗，管脚 PA4 或者 PA5 在之前应当设置成模拟输入（AIN）。

（2）DAC 功能描述。

①使能 DAC 通道：可通过函数 DAC_Cmd（DAC_Channel_1，ENABLE）使能 DAC 通道。

②使能 DAC 输出缓存：DAC 集成了 2 个输出缓存，可以用来减少输出阻抗，无须外部运放即可直接驱动外部负载，可在配置函数 DAC_Init()中设置。

③DAC 数据格式：单 DAC 通道 x，有 3 种情况：8 位数据右对齐、12 位数据左对齐、12 位数据右对齐，如图 9 – 6 所示。

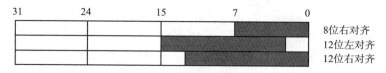

图 9 – 6   单 DAC 的数据格式

双 DAC 通道 x，有 3 种情况：8 位数据右对齐、12 位数据左对齐、12 位数据右对齐。

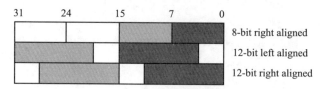

图 9 – 7   双 DAC 的数据格式

④DAC 输出电压：数字输入经过 DAC 被线性地转换为模拟电压输出，其范围为 0 到 VREF + 。任一 DAC 通道引脚上的输出电压满足下面的关系：DAC 输出 = VREF * (DOR/4095)。

根据对 DAC_DHRyyyx 寄存器的操作，经过相应的移位后，写入的数据被转存到 DHRx 寄存器中。随后，DHRx 寄存器的内容或被自动地传送到 DORx 寄存器，或通过软件触发或外部事件触发被传送到 DORx 寄存器。

⑤选择 DAC 触发：如果 TENx 位被置 1，DAC 转换可以由某外部事件触发（定时器计数器，外部中断线）。DAC 的触发源如表 9 - 26 所示。

表 9 - 26   DAC 的触发源

触发源	类型
定时器 6 TRGO 事件	来自片上定时器的内部信号
定时器 3 TRGO 事件	
定时器 7 TRGO 事件	
定时器 5 TRGO 事件	
定时器 2 TRGO 事件	
定时器 4 TRGO 事件	
EXTI 线路 9	外部引脚
SWTRIG （软件触发）	软件控制位

STM32F103 的 DAC 功能较多，除了常规的 D/A 转换外，还可以利用线性反馈移位寄存器（Linear Feedback Shift Register，LFSR）产生各种波形。也可以与 DMA 控制器配合使用，任一 DAC 通道都具有 DMA 功能。2 个 DMA 通道可分别用于 2 个 DAC 通道的 DMA 请求。

2. DAC 配置

对于 DAC1 的设置主要通过以下几个步骤：
①开启 PA 口时钟，设置 PA4 或 PA5 为模拟输入。
②使能 DAC 时钟，并设置分频因子。
③利用函数 DAC_Init( )，设置 DAC 的工作模式：触发方式、波形选择等。

④使能 DAC 转换通道。调用函数：DAC_Cmd( )。

⑤设置 DAC 的输出值。调用函数：DAC_SetChannelxData( )。

⑥利用函数 DAC_SoftwareTriggerCmd（DAC_Channel_x，ENABLE）；启动转换（软件触发）。

DAC 的配置，可以封装为单独的 DAC_Config( ) 子程序，其源码如下：

```
void DAC_Config(void)
{
DAC_InitTypeDef DAC_InitStructure;
RCC_APB1PeriphClockCmd(RCC_APB1Periph_DAC,ENABLE);/*
DAC 配置* /
    /* DAC 配置为软件触发,产生三角波 * /
    DAC_InitStructure.DAC_Trigger = DAC_Trigger_Soft-
ware;
    DAC_InitStructure.DAC_WaveGeneration = DAC_WaveGen-
eration_Triangle;
//LFSR 配置,不屏蔽 bit[9:0]作为噪声幅值
    DAC_InitStructure.DAC_LFSRUnmask_TriangleAmplitude
=DAC_TriangleAmplitude_255;
    DAC_InitStructure.DAC_OutputBuffer = DAC_Output-
Buffer_Enable;
    DAC_Init(DAC_Channel_1,&DAC_InitStructure);
    DAC_Cmd(DAC_Channel_1,ENABLE);   /* 使能 DAC1 * /
    DAC_SetChannel1Data(DAC_Align_12b_L,0x7FF0);/* 设置
DAC 为 12 位左对齐 * /
}
```

以上将 DAC 配置为软件触发，产生三角波，调用函数 DAC_Software-TriggerCmd（DAC_Channel_1，ENABLE）启动软件触发，即可在 DAC 通道 1 产生幅值为 $V_{REF+} * 255/4095$ 的三角波。

3. DAC 的库函数

DAC 的固件库函数如表 9 - 27 所示。主要包括 DAC 初始化函数 DAC_

Init、DAC 使能函数 DAC_Cmd 等。

表 9 – 27　　　　　　　　　DAC 固件库函数

函数名	描述
DAC_DeInit（void）	将外设 DACx 的全部寄存器重设为缺省值
DAC_Init（uint32_t DAC_Channel，DAC_InitTypeDef * DAC_InitStruct）	根据 DAC_InitStruct 中指定的参数初始化外设 DACx 的寄存器
DAC_StructInit（DAC_InitTypeDef * DAC_InitStruct）；	把 DAC_InitStruct 中的每一个参数按缺省值填入
DAC_Cmd（uint32_t DAC_Channel，FunctionalState NewState）	使能或者失能指定的 DAC
DAC_DMACmd（uint32_t DAC_Channel，FunctionalState NewState）；	使能或者失能指定的 DAC 的 DMA 请求
DAC_ITConfig（uint32_t DAC_Channel，uint32_t DAC_IT，FunctionalState NewState）	使能或者失能指定的 DAC 的中断
DAC_SoftwareTriggerCmd（uint32_t DAC_Channel，FunctionalState NewState）	使能或者失能指定的 DAC 通道软件触发
DAC_DualSoftwareTriggerCmd（FunctionalState NewState）；	使能或者失能双软件触发命令
DAC_WaveGenerationCmd（uint32_t DAC_Channel，uint32_t DAC_Wave，FunctionalState NewState）；	使能或者失能指定的 DAC 通道波形产生
DAC_SetChannelxData（uint32_t DAC_Align，uint16_t Data）； DAC_SetChannel2Data（uint32_t DAC_Align，uint16_t Data）；	设置通道 x 的数据
DAC_SetDualChannelData（uint32_t DAC_Align，uint16_t Data2，uint16_t Data1）；	设置双通道的数据
DAC_GetDataOutputValue（uint32_t DAC_Channel）；	返回选定 DAC 通道最后的数据输出值
DAC_GetFlagStatus（uint32_t DAC_Channel，uint32_t DAC_FLAG）；	检查指定的 DAC 标志位设置与否
DAC_ClearFlag（uint32_t DAC_Channel，uint32_t DAC_FLAG）；	清除指定的 DAC 标志位
DAC_GetITStatus（uint32_t DAC_Channel，uint32_t DAC_IT）；	检查指定的 DAC 中断是否发生
DAC_ClearITPendingBit（uint32_t DAC_Channel，uint32_t DAC_IT）；	清除 DACx 的中断待处理位

下面简单介绍几个常用的库函数。

(1) DAC_Init()。

函数 DAC_Init 用于根据 DAC_InitStruct 中指定的参数初始化外设 DACx 的寄存器，其具体使用方法如表 9 - 28 所示。

表 9 - 28　　　　　　　　　　　　DAC_Init() 函数

函数名	DAC_Init
函数原形	voidDAC_Init（uint32_t DAC_Channel，DAC_InitTypeDef * DAC_InitStruct)
功能描述	根据 DAC_InitStruct 中指定的参数初始化外设 DACx 的寄存器
输入参数 1	根据 DAC_Channel 值选择通道：DAC_Channel_1 通道 1，DAC_Channel_2 通道 2
输入参数 2	DAC_InitStruct：指向结构 DAC_InitTypeDef 的指针，包含了指定外设 DAC 的配置信息
输出参数	无
返回值	无
先决条件	无
被调用函数	无

其配置结构体 DAC_InitTypeDef 定义于文件"stm32f10x_dac. h"，代码如下：

```
typedef struct
{
/* DAC 触发 * /
uint32_t DAC_Trigger;
/* DAC 波形选择 * /
uint32_t DAC_WaveGeneration;
/* LFSR 配置 * /
uint32_t DAC_LFSRUnmask_TriangleAmplitude;
/* 输出缓冲 * /
uint32_t DAC_OutputBuffer;
}DAC_InitTypeDef;
```

DAC_Trigger 参数可取值如表 9 – 29 所示。

表 9 – 29   **DAC_Trigger 参数可取值及描述**

DAC_Trigger	描述
DAC_Trigger_None	独立模式
DAC_Trigger_T6_TRGO	定时器 6 TRGO 事件
DAC_Trigger_T3_TRGO	定时器 3 TRGO 事件
DAC_Trigger_T7_TRGO	定时器 7 TRGO 事件
DAC_Trigger_T5_TRGO	定时器 5 TRGO 事件
DAC_Trigger_T2_TRGO	定时器 2 TRGO 事件
DAC_Trigger_T4_TRGO	定时器 4 TRGO 事件
DAC_Trigger_Ext_IT9	EXTI 线路 9
DAC_Trigger_Software	SWTRIG（软件触发）

DAC_WaveGeneration 参数可取值如表 9 – 30 所示。

表 9 – 30   **DAC_WaveGeneration 参数可取值及描述**

DAC_WaveGeneration	描述
DAC_WaveGeneration_None	TIM1_CC1 事件
DAC_WaveGeneration_Noise	TIM1_CC2 事件
DAC_WaveGeneration_Triangle	TIM1_CC3 事件

DAC_LFSRUnmask_TriangleAmplitude 参数可取值如表 9 – 31 所示。

表 9 – 31   **DAC_LFSRUnmask_TriangleAmplitude 参数可取值及描述**

DAC_LFSRUnmask_TriangleAmplitude	描述
DAC_LFSRUnmask_Bit0	不屏蔽 bit0 作为噪声幅值
DAC_LFSRUnmask_Bits1_0	不屏蔽 bit [1：0] 作为噪声幅值
DAC_LFSRUnmask_Bits2_0	不屏蔽 bit [2：0] 作为噪声幅值
DAC_LFSRUnmask_Bits3_0	不屏蔽 bit [3：0] 作为噪声幅值

DAC_LFSRUnmask_TriangleAmplitude	描述
DAC_LFSRUnmask_Bits4_0	不屏蔽 bit [4：0] 作为噪声幅值
DAC_LFSRUnmask_Bits5_0	不屏蔽 bit [5：0] 作为噪声幅值
DAC_LFSRUnmask_Bits6_0	不屏蔽 bit [6：0] 作为噪声幅值
DAC_LFSRUnmask_Bits7_0	不屏蔽 bit [7：0] 作为噪声幅值
DAC_LFSRUnmask_Bits8_0	不屏蔽 bit [8：0] 作为噪声幅值
DAC_LFSRUnmask_Bits9_0	不屏蔽 bit [9：0] 作为噪声幅值
DAC_LFSRUnmask_Bits10_0	不屏蔽 bit [10：0] 作为噪声幅值
DAC_LFSRUnmask_Bits11_0	不屏蔽 bit [11：0] 作为噪声幅值
DAC_TriangleAmplitude_1	三角波幅值等于 1
DAC_TriangleAmplitude_3	三角波幅值等于 3
DAC_TriangleAmplitude_7	三角波幅值等于 7
DAC_TriangleAmplitude_15	三角波幅值等于 15
DAC_TriangleAmplitude_31	三角波幅值等于 31
DAC_TriangleAmplitude_63	三角波幅值等于 63
DAC_TriangleAmplitude_127	三角波幅值等于 127
DAC_TriangleAmplitude_255	三角波幅值等于 255
DAC_TriangleAmplitude_511	三角波幅值等于 511
DAC_TriangleAmplitude_1023	三角波幅值等于 1203
DAC_TriangleAmplitude_2047	三角波幅值等于 2047
DAC_TriangleAmplitude_4095	三角波幅值等于 409554

DAC_OutputBuffer 参数可取值如表 9 - 32 所示。

表 9 - 32　　　　DAC_OutputBuffer 参数可取值及描述

DAC_OutputBuffer	描述
DAC_OutputBuffer_Enable	输出缓冲器使能
DAC_OutputBuffer_Disable	关闭输出缓冲器

（2）DAC_Cmd（ ）。

函数 DAC_Cmd 用于使能或失能指定的 DAC，其具体使用方法如表 9 – 33 所示。

表 9 – 33 函数 DAC_Cmd

函数名	DAC_Cmd
函数原形	void DAC_Cmd（uint32_t DAC_Channel，FunctionalState NewState）
功能描述	使能或者失能指定的 DAC
输入参数 1	选择通道：DAC_Channel_1 通道 1，DAC_Channel_2 通道 2
输入参数 2	NewState：外设 DACx 的新状态 这个参数可以取：ENABLE 或者 DISABLE
输出参数	无
返回值	无
先决条件	无
被调用函数	无

例：

```
/* 使能 DAC1 */
DAC_Cmd(DAC_Channel_1,ENABLE);
```

（3）DAC_SetChannelxData。

函数 DAC_SetChannel1Data 用于设置通道 1 的数据，其使用方法如表 9 – 34 所示。

表 9 – 34 函数 DAC_SetChannel1Data

函数名	DAC_SetChannel1Data
函数原形	void DAC_SetChannel1Data（uint32_t DAC_Align，uint16_t Data）
功能描述	设置通道 1 的数据
输入参数 1	设置数据对齐格式：DAC_Align_12b_R，12 位右对齐； DAC_Align_12b_L，12 位左对齐； DAC_Align_8b_R，8 位右对齐

函数名	DAC_SetChannel1 Data
输入参数 2	要转换的数据
输出参数	无
返回值	无
先决条件	无
被调用函数	无

例：

/* 若不使用波形发生,可将电压值 Voltage,转换为 12 位数据 data,并设置为 12 位右对齐数据格式,进行数模转换* /
data = (uint16_t)(Voltage* 4095/3.3);//换算为 12 位整数值
DAC_SetChannel1Data(DAC_Align_12b_R,data);

（4） DAC_SoftwareTriggerCmd。

函数 DAC_SoftwareTriggerCmd 用于使能或失能指定 DAC 通道软件触发，其使用方法如表 9 – 35 所示。

表 9 – 35 　　　　　　　　　函数 DAC_SoftwareTriggerCmd

函数名	DAC_SoftwareTriggerCmd
函数原形	void DAC_SoftwareTriggerCmd（uint32_t DAC_Channel，FunctionalState NewState）
功能描述	使能或失能指定 DAC 通道软件触发
输入参数 1	选择通道：DAC_Channel_1 通道 1，DAC_Channel_2 通道 2
输入参数 2	这个参数可以取：ENABLE 或者 DISABLE
输出参数	无
返回值	无
先决条件	无
被调用函数	无

例：

```
/* 使能软件触发,启动转换* /
DAC_SoftwareTriggerCmd(DAC_Channel_1,ENABLE);
```

（5）DAC_GetDataOutputValue。

函数 DAC_GetDataOutputValue 用于返回所选 DAC 通道的最后数据输出值，其使用方法如表 9 - 36 所示。

表 9 - 36　　　　　　　　　函数 DAC_GetDataOutputValue

函数名	DAC_GetDataOutputValue
函数原形	uint16_t DAC_GetDataOutputValue（uint32_t DAC_Channel）
功能描述	返回所选 DAC 通道的最后数据输出值
输入参数 1	选择通道：DAC_Channel_1 通道 1，DAC_Channel_2 通道 2
输出参数	无
返回值	所选通道的输出值

例：

```
/* 读取前面设置 DAC 的值* /
adcx = DAC_GetDataOutputValue(DAC_Channel_1);
```

9.2.3　任务实施

1. 构思——方案选择

根据要求，需要将 DAC 配置为不产生波形模式。触发模式可选用软件触发，将构成锯齿波的数据进行 DA 转换，可以产生周期固定的锯齿波；也可以在定时器控制下，将构成锯齿波的数据定时进行 DA 转换，通过改变定时时间来改变波形的周期。这里我们采用定时控制 DA 转换的方法。

2. 设计——软硬件设计

本任务利用的 STM32 的 DAC 模块，除参考电压，无须其他外围器件，这里采用 3.3V 的参考电压。参考代码如下所示：

```
#include"stm32f10x.h"
void RCC_Configuration(void);
void DAC1_Init(void);
void TIM4_Config(void);
void delay_nms(u16 time);//延时子程序
uint16_t data=0;
int main(void)
{
    RCC_Configuration();
    DAC1_Init();
    TIM4_Config();
    while(1);
}
void RCC_Configuration(void)
{
    SystemInit();
    RCC_APB2PeriphClockCmd(RCC_APB2Periph_GPIOA,ENA-
BLE);//使能 GPIOA 的时钟
    RCC_APB1PeriphClockCmd(RCC_APB1Periph_DAC,ENA-
BLE);//使能 DAC 通道时钟
}
void delay_nms(u16 time)//延时子程序
{   u16 i=0;
    while(time--)
    {   i=12000;   //自己定义
        while(i--);
    }
}
void DAC1_Init(void)
{
    GPIO_InitTypeDef GPIO_InitStructure;
```

```
    DAC_InitTypeDef DAC_InitType;
    GPIO_InitStructure.GPIO_Pin=GPIO_Pin_4;//端口配置
    GPIO_InitStructure.GPIO_Mode=GPIO_Mode_AIN;//模拟
输入
    GPIO_InitStructure.GPIO_Speed=GPIO_Speed_50MHz;
    GPIO_Init(GPIOA,&GPIO_InitStructure);
  DAC_InitType.DAC_Trigger=DAC_Trigger_None;//不使用触
发功能
    DAC_InitType.DAC_WaveGeneration = DAC_WaveGenera-
tion_None;//不使用波形发生
    DAC_InitType.DAC_LFSRUnmask_TriangleAmplitude=DAC_
LFSRUnmask_Bit0;//屏蔽、幅值设置
  DAC_InitType.DAC_OutputBuffer=DAC_OutputBuffer_Disa-
ble;//DAC1 输出缓存关闭 BOFF1=1
  DAC_Init(DAC_Channel_1,&DAC_InitType);//初始化 DAC 通
道1
DAC_Cmd(DAC_Channel_1,ENABLE);   //使能 DAC1
  DAC_SetChannel1Data(DAC_Align_12b_R,0);  //12 位右对齐
数据格式设置 DAC 值,默认输出 0V
}
void TIM4_Config(void)
{
    TIM_TimeBaseInitTypeDef TIM_BaseInitStructure;
    NVIC_InitTypeDef NVIC_InitTypeStructure;
    RCC_APB1PeriphClockCmd(RCC_APB1Periph_TIM4,ENA-
BLE);//使能定时器4 时钟
    TIM_BaseInitStructure.TIM_Period=1000-1;//设置在下
一个更新事件装入活动的自动重装载寄存器周期的值
    TIM_BaseInitStructure.TIM_Prescaler=72-1;//设置用
来作为 TIMx 时钟频率除数的预分频值
    TIM_BaseInitStructure.TIM_ClockDivision=0;//设置时
钟分割
    TIM_BaseInitStructure.TIM_CounterMode=TIM_Counter-
```

Mode_Up;//向上计数模式

```
    TIM_TimeBaseInit(TIM4,&TIM_BaseInitStructure);
    NVIC_InitTypeStructure.NVIC_IRQChannel=TIM4_IRQn;
     NVIC _ InitTypeStructure.NVIC _ IRQChannelPreemp-
tionPriority=3;
     NVIC_InitTypeStructure.NVIC_IRQChannelSubPriority
=3;
    NVIC_InitTypeStructure.NVIC_IRQChannelCmd=ENABLE;
    NVIC_Init(&NVIC_InitTypeStructure);
    TIM_ITConfig(TIM4,TIM_IT_Update,ENABLE);
    TIM_Cmd(TIM4,ENABLE);    //使能 TIM4
}
void TIM4_IRQHandler(void)
{
    if(TIM_GetFlagStatus(TIM4,TIM_FLAG_Update)==SET)
    {
    DAC_SetChannel1Data(DAC_Align_12b_R,data);//12 位右
对齐数据格式
    data+=20;
    if(data>4095)
    { data=0;}
    TIM_ClearFlag(TIM4,TIM_FLAG_Update);
    }
}
```

3. 实现——软硬件调测

新建工程并按图 9-8 进行配置，由于没有外围电路，直接将程序下载至单片机，即可从 PA4 引脚输出锯齿波。

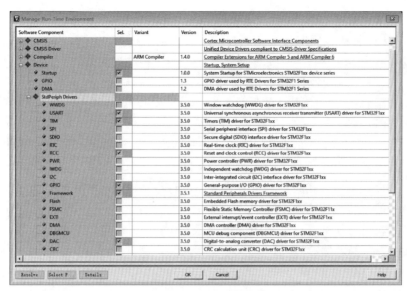

图 9 – 8　编程环境配置

4. 运行——结果分析、功能拓展

（1）结果分析。

利用示波器观察 DAC 通道 1（PA4）的输出波形如图 9 – 9 所示：

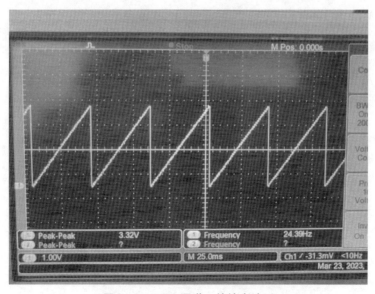

图 9 – 9　DAC 通道 1 的输出波形

由于定时器定时长度为 $1000*(72/72\text{MHz})=1\text{ms}$，计数个数为 $4096/100 \approx 41$ 个，所以周期为 $41*1\text{ms}=41\text{ms}$。由图 9-9 波形图可知，该锯齿波的频率为 24.39Hz，所以周期为 41ms，与分析结果一致。

（2）任务扩展。

利用 DAC 实现正弦波信号的产生，并利用按键改变波形的频率和幅值。

提示：

①先建立一个数值范围为 [0, 4096] 的正弦波数组，依次对数组内容进行数模转换。

②设置工作方式时，触发方式选择定时器触发，定时转换，通过改变定时器的预装载值来改变波形的频率。

③将要转换的正弦波数组乘以系数（0~1），通过改变系数的值，改变幅值。

9.2.4 任务小结

本次任务利用 DAC 模块实现了锯齿波的产生。通过本任务的完成，理解 DAC 数据对齐方式，掌握 DAC 不同输出模式的特点，并能应用 DAC 实现 DA 转换及各种波形的产生。

项目 10　串行外设接口 SPI
应用设计与实现

【学习目标】

知识目标

1. 了解 SPI 接口特点。

2. 掌握 SPI 接口配置方法。

3. 熟悉 SPI 接口数据收发器特点。

4. 掌握 SPI 接口的中断使用。

5. 掌握 SPI 接口 DMA 使用。

能力目标

能利用 STM32 的 SPI 实现串行通信，实现对外部数据存储器的读写。

10.1　任务一　外部存储器数据读写

10.1.1　任务描述

首先向 Flash 芯片中从地址 0 开始的存储单元内连续写入 0～9，然后将 Flash 中写入的数据读出至单片机，并利用串口把这些数据输出来。

10.1.2　知识链接

1. SPI 基础

串行外设接口（Serial Perpheral Interface，SPI）是摩托罗拉公司推出

的一种全双工、同步串行总线。该总线主要用于近距离高速的同步串行数据传输，例如，EEPROM、Flash、AD 转换器等芯片上。SPI 接口是一个主机/从机的全双工同步串行接口，通常有一个主设备和一个或多个从设备，时钟由主机控制，在时钟的移位脉冲下，数据按位传输。其具有通信简单、传输速度快等优点；缺点是没有指定的流控制，没有应答机制确认是否接收到数据，所以跟 I^2C 总线协议比较在数据可靠性上有一定的缺陷。

STM32F103 的 SPI 配置丰富，功能强大，允许芯片与外部设备以半/全双工、同步、串行方式通信。此接口可以被配置成主模式，并为外部从设备提供通信时钟（SCK），其主要功能和特点如下：

（1）支持 3 线全双工同步传输。

（2）支持带或不带第三根双向数据线的双线单工同步传输。

（3）支持 8 和 16 位传输帧格式。

（4）支持主操作或从操作。

（5）支持多主模式。

（6）支持 8 个主模式波特率预分频系数，最大为 $f_{pclk}/2$。

（7）从模式频率最大为 $f_{pclk}/2$。

（8）支持主模式和从模式的快速通信：最大 SPI 速度达到 18MHz。

（9）主模式和从模式下均可以由软件或硬件进行 NSS 管理：主/从操作模式的动态改变。

（10）可编程的时钟极性和相位。

（11）可编程的数据顺序，MSB 在前或 LSB 在前。

（12）可触发中断的专用发送和接收标志。

（13）支持可靠通信的硬件 CRC：在发送模式下，CRC 值可以被作为最后一个字节发送，在全双工模式中对接收到的最后一个字节自动进行 CRC 校验。

（14）可触发中断的主模式故障、过载以及 CRC 错误标志。

（15）支持 DMA 功能的 1 字节发送和接收缓冲器：产生发送和接收请求。

2. SPI 功能描述

（1）SPI 引脚。

通常 SPI 通过 4 个管脚与外部器件相连：

①MISO：主设备输入/从设备输出管脚。该管脚在从模式下发送数据，在主模式下接收数据。

②MOSI：主设备输出/从设备输入管脚。该管脚在主模式下发送数据，在从模式下接收数据。

③SCK：串口时钟，作为主设备的输出，从设备的输入。

④NSS：从设备选择。该引脚为可选管脚，它的功能是用来作为"片选管脚"，用来选择主/从设备让主设备可以单独地与特定从设备通信，避免数据线上的冲突。从设备的 NSS 管脚可以把主设备当作一个标准的 IO 来驱动。一旦被使能（SSOE 位），NSS 管脚也可以作为输出管脚，并在 SPI 设置为主模式时拉低；此时，所有 NSS 管脚连接到主设备 NSS 管脚的 SPI 设备，会检测到低电平，如果它们被设置为 NSS 硬件模式，就会自动进入从设备状态。

从选择（NSS）脚有 2 种 NSS 模式：软件 NSS 模式和硬件 NSS 模式。在软件 NSS 模式下 NSS 管脚可以用作他用，而内部 NSS 信号电平可以通过写 SPI_CR1 的 SSI 位来驱动。

硬件 NSS 模式分 2 种情况：

①NSS 输出被使能：当 STM32F10xx 工作为主 SPI 并且 NSS 输出已经被使能，这时 NSS 管脚被拉低，所有 NSS 管脚与它的 NSS 管脚相连并配置为硬件 NSS 的 SPI 设备，将自动变成从 SPI 设备。此时该设备不能工作在多主环境。

②NSS 输出被关闭：允许操作于多主环境。

在 STM32F103 中共有 3 个 SPI 外设，涉及的管脚可参考附录 A。在配置 SPI 的时候，相关引脚应配置为复用的推挽输出模式，对于 SPI 的输入引脚并不需要单独设为输入。

例：

```
GPIO_InitStructure.GPIO_Mode=GPIO_Mode_AF_PP;
```

如果是重映射的引脚还要开启重映射。

例：

```
GPIO_PinRemapConfig(GPIO_Remap_SPI3,ENABLE);
```

（2）SPI数据发送与接收。

①SPI从模式。

在从配置里，SCK引脚用于接收到从主设备来的串行时钟。配置步骤如下：

✓ 设置DFF位以定义数据帧格式为8位或16位；

✓ 选择CPOL和CPHA位来定义数据传输和串行时钟之间的相位关系。为保证正确的数据传输，从设备和主设备的CPOL和CPHA位必须配置成相同的方式；

✓ 帧格式（MSB在前还是LSB在前取决于SPI_CR1寄存器中的LSB-FIRST位）必须和主设备相同；

✓ 硬件模式下，在完整的数据帧（8位或16位）发送过程中，NSS引脚必须为低电平，软件模式下，设置SPI_CR1寄存器中的SSM位并清除SSI位；

✓ 清除MSTR位，设置SPE位，使相应引脚工作于SPI模式下；

在这个配置里，MOSI引脚是数据输入，MISO引脚是数据输出。

a. 数据发送过程：

数据字被并行地写入发送缓冲器。当从设备收到时钟信号，并且在MOSI引脚上出现第一个数据位时，发送过程开始，第一个位被发送出去。余下的位（对于8位数据帧格式，还有7位；对于16位数据帧格式，还有15位。）被装进移位寄存器。当发送缓冲器中的数据传输到移位寄存器时，SPI_SP寄存器里的TXE标志被设置。如果设置了API_CR2寄存器上的TXEIE位，将会产生中断。

b. 数据接收过程：

对于接收方，当数据接收完成时，移位寄存器中的数据传送到接收缓冲器，SPI_SR寄存器中的RXNE标志被设置。如果设置了SPI_CR2寄存器中的RXEIE位，则产生中断。在最后一个采样时钟边沿后，RXNE位被置"1"，移位寄存器中接收到的数据字节被传送到接收缓冲器。当读SPI_DR寄存器时，SPI设备返回这个值。读SPI_DR寄存器时，RXNE位被清除。

②SPI主模式。

在主配置时，串行时钟在SCK脚产生。

配置步骤如下：

✓ 通过SPI_CR1寄存器的BR［2：0］位定义串行时钟波特率。

✓ 选择 CPOL 和 CPHA 位，定义数据传输和串行时钟间的相位关系。

✓ 设置 DFF 位来定义 8 或 16 位数据帧格式。

✓ 配置 SPI_CR1 寄存器的 LSBFIRST 位定义帧格式。

✓ 如果 NSS 引脚需要工作在输入模式，硬件模式中在整个数据帧传输期间应把 NSS 脚连接到高电平；在软件模式中，需设置 SPI_CR1 寄存器的 SSM 和 SSI 位。如果 NSS 引脚工作在输出模式，则只需设置 SSOE 位。必须设置 MSTR 和 SPE 位（只当 NSS 脚被连到高电平，这些位才能保持置位）。

在这个配置中，MOSI 脚是数据输出，而 MISO 脚是数据输入。

a. 数据发送过程：

当一字节写进发送缓冲器时，发送过程开始。在发送第一个数据位时，数据字被并行地（通过内部总线）传入移位寄存器，而后串行地移出到 MOSI 脚上；MSB 在先还是 LSB 在先，取决于 SPI_CR1 寄存器中的 LSBFIRST 位。数据从发送缓冲器传输到移位寄存器时 TXE 标志将被置位，如果设置 SPI_CR1 寄存器中的 TXEIE 位，将产生中断。

b. 数据接收过程：

对于接收器来说，当数据传输完成时，移位寄存器里的数据传送到接收缓冲器，并且 RXNE 标志被置位。如果 SPI_CR2 寄存器中的 RXEIE 位被设置，则产生中断。在最后采样时钟沿，RXNE 位被设置，在移位寄存器中接收到的数据字被传送到接收缓冲器。读 SPI_DR 寄存器时，SPI 设备返回接收到的数据字。读 SPI_DR 寄存器将清除 RXNE 位。一旦传输开始，如果下一个将发送的数据被放进了发送缓冲器，就可以维持一个连续的传输流。在试图写发送缓冲器之前，需确认 TXE 标志应该是 1。

（3）单工通信。

SPI 能够以两种配置工作于单工方式：1 条时钟线和 1 条双向数据线；1 条时钟线和 1 条数据线（双工模式下只读方式）。

① 1 条时钟线和 1 条双向数据线。

设置 SPI_CR1 寄存器中的 BIDIMODE 位而启用此模式。在这个模式中，SCK 用作时钟，主模式中的 MOSI 或从模式中的 MISO 用作数据通信。传输的方向由 SPI_CR2 寄存器里的 BIDIOE 控制，当这个位是 1 的时候，数据线是输出，否则是输入。

② 1 条时钟和 1 条数据线（双工模式下只读方式）。

为了释放一根 I/O 脚作为它用，可以通过设置 SPI_CR1 寄存器中的

RXONLY 位来禁止 SPI 输出功能。这样的话，SPI 将运行于只接收模式。

为启动只接收模式通信，必须首先激活 SPI。在主模式中，一旦使能 SPI，通信立即启动，当 SPE 位复位时通信即停止；在从模式中，只要 NSS 被拉低（或 SSI 位为 0）以及 SCK 持续送到从设备，SPI 就一直在接收。

注意：当 SPI_CR1 寄存器中的 RXONLY 位为 0 时，SPI 可以工作于只发送模式，接收脚（主设备的 MISO，或者从设备的 MOSI）可以当作通用 IO 口使用。因此读数据寄存器时，读不到接收的值。

（4）CRC 校验。

为保证全双工通信的可靠性，可采用 CRC 校验。数据发送和数据接收分别使用单独的 CRC 计算器。通过对每一个接收位进行可编程的多项式运算来计算 CRC，CRC 错误标志用来核对接收数据的有效性。

（5）状态标志。

应用程序通过 3 个状态标志可以完全监控 SPI 总线的状态。

①忙（Busy）标志。

此标志表明 SPI 通信层的状态。当它被设置时，表明 SPI 正忙于通信，并且/或者在发送缓冲器里有一个有效的数据字正在等待被发送。此标志的目的是说明在 SPI 总线上是否有正在进行的通信。当以下情况发生时此标志将被置位：数据被写进主设备的 SPI_DR 寄存器上；SCK 时钟出现在从设备的时钟引脚上。

发送/接收一个字（字节）完成后，BUSY 标志立即清除；此标志由硬件设置和清除。监视此标志可以避免写冲突错误。写此标志无效。仅当 SPE 位被设置时此标志才有意义。

注：在主接收模式下（单线双向），不要查询忙标志位（BUSY_FLAG）。

②发送缓冲器空闲标志（TXE）。

此标志被置位时表明发送缓冲器为空，因此下一个待发送的数据可以写进缓冲器里。当发送缓冲器有一个待发送的数据时，TXE 标志被清除。当 SPI 被禁止时，此标志被清除。

③接收缓冲器非空（RXNE）。

此标志为 1 时表明在接收缓冲器中包含有效的接收数据。读 SPI 数据寄存器可以清除此标志。

（6）SPI 中断。

在 STM32F103 中，SPI 也有各种中断事件，可以采用中断来处理。

SPI 的中断请求如表 10 – 1 所示。

表 10 – 1 SPI 的中断请求

中断事件	事件标志	使能控制位
发送缓冲器空标志	TXE	TXEIE
接收缓冲器非空标志	RXNE	RXNEIE
主模式失效事件	MODF	ERRIE
溢出错误	OVR	
CRC 错误标志	CRCERR	

可通过函数 void SPI_ITConfig(SPI_TypeDef ∗ SPIx, u16 SPI_IT, FunctionalState NewState) ; 完成对 SPI 的中断设置。

3. SPI 配置

SPI 的配置基本步骤如下:
①使能 SPI 外设时钟。
②使能被复用的 GPIO 的外设时钟。
③设置被复用的 GPIO 为推挽输出。
④调用 SPI_Init( ) 以设置 SPI 的工作模式。
⑤通过 SPI_Cmd( ) 使能 SPI。
⑥收发数据。
收发数据可以使用同一个函数,因为 SPI 是同步输入/输出的,在发送数据的同时,已经在接收数据。SPI 的配置,可以封装为单独的 SPI_Config( ) 子程序,其源码如下:

```
void SPI_Config(void)
{
    SPI_InitTypeDef  SPI_InitStructure;
    RCC_APB2PeriphClockCmd(RCC_APB2Periph_SPI1,ENABLE);//开 SPI1 时钟
    SPI_Cmd(SPI1,DISABLE);//必须先失能,才能改变 MOD
    SPI_InitStructure.SPI_Direction = SPI_Direction_
```

2Lines_FullDuplex;/* 双线全双工 * /

　　SPI_InitStructure.SPI_Mode = SPI_Mode_Master;//主模式

　　SPI_InitStructure.SPI_DataSize = SPI_DataSize_8b;//8 位数据

　　SPI_InitStructure.SPI_CPOL = SPI_CPOL_High;　//极性为高

SPI_InitStructure.SPI_CPHA = SPI_CPHA_2Edge;　//相位两边沿

SPI_InitStructure.SPI_NSS = SPI_NSS_Soft;//软件片选

　　SPI _ InitStructure.SPI _ BaudRatePrescaler = SPI _ BaudRatePrescaler_4;//波特率4 分频

　　SPI_InitStructure.SPI_FirstBit = SPI_FirstBit_MSB;//第一位高位

　　SPI_InitStructure.SPI_CRCPolynomial =7;//CRC 选项7

　　SPI_Init(SPI1,&SPI_InitStructure);//初始化 SPI

　　SPI_Cmd(SPI1,ENABLE);//使能 SPI1

}

4. SPI 的库函数

　　SPI 的库函数在 stm32f10x_spi. c 中定义、stm32f10x_spi. h 中声明。SPI 和 IIS 功能很多是合在一起共用一个函数，就 SPI 外设而言，表10 -2 列举了 SPI 的库函数其中最基本的是以下几个函数：SPI_Cmd( )、SPI_Init( )、SPI_ReceiveData( )、SPI_SendData( )。

表10 -2　　　　　　　　　　　　SPI 库函数

函数名	描述
SPI_DeInit	将外设 SPIx 寄存器重设为缺省值
SPI_Init	根据 SPI_InitStruct 中指定的参数初始化外设 SPIx 寄存器
SPI_StructInit	把 SPI_InitStruct 中的每一个参数按缺省值填入
SPI_Cmd	使能或者失能 SPI 外设

函数名	描述
SPI_ITConfig	使能或者失能指定的 SPI 中断
SPI_DMACmd	使能或者失能指定 SPI 的 DMA 请求
SPI_SendData	通过外设 SPIx 发送一个数据
SPI_ReceiveData	返回通过 SPIx 最近接收的数据
SPI_DMALastTransferCmd	使下一次 DMA 传输为最后一次传输
SPI_NSSInternalSoftwareConfig	为选定的 SPI 软件配置内部 NSS 管脚
SPI_SSOutputCmd	使能或者失能指定的 SPI SS 输出
SPI_DataSizeConfig	设置选定的 SPI 数据大小
SPI_TransmitCRC	发送 SPIx 的 CRC 值
SPI_CalculateCRC	使能或者失能指定 SPI 的传输字 CRC 值计算
SPI_GetCRC	返回指定 SPI 的发送或者接受 CRC 寄存器值
SPI_GetCRCPolynomial	返回指定 SPI 的 CRC 多项式寄存器值
SPI_BiDirectionalLineConfig	选择指定 SPI 在双向模式下的数据传输方向
SPI_GetFlagStatus	检查指定的 SPI 标志位设置与否
SPI_ClearFlag	清除 SPIx 的待处理标志位
SPI_GetITStatus	检查指定的 SPI 中断发生与否
SPI_ClearITPendingBit	清除 SPIx 的中断待处理位

（1）函数 SPI_Init。

SPI 初始化函数 SPI_Init 功能含义如表 10 - 3 所示。

表 10 - 3   **函数 SPI_Init**

函数名	SPI_Init
函数原形	void SPI_Init（SPI_TypeDef * SPIx，SPI_InitTypeDef * SPI_InitStruct）
功能描述	根据 SPI_InitStruct 中指定的参数初始化外设 SPIx 寄存器
输入参数 1	SPIx：x 可以是 1 或者 2，来选择 SPI 外设
输入参数 2	SPI_InitStruct：指向结构 SPI_InitTypeDef 的指针，包含了外设 SPI 的配置信息

函数名	SPI_Init
输出参数	无
返回值	无
先决条件	无
被调用函数	无

SPI_InitTypeDef 的结构体定义于文件 stm32f10x_spi. h

```
typedef struct
{
    uint16_t SPI_Direction;/* SPI 数据方向 * /
    uint16_t SPI_Mode;/* SPI 工作模式 * /
    uint16_t SPI_DataSize;/* 数据尺寸 * /
    uint16_t SPI_CPOL;/* 时钟极性 * /
    uint16_t SPI_CPHA;/* 时钟相位 * /
    uint16_t SPI_NSS;/* NSS 片选 * /
    uint16_t SPI_BaudRatePrescaler;/* 波特率预分频 * /
    uint16_t SPI_FirstBit;/* 首 BIT * /
    uint16_t SPI_CRCPolynomial;/* CRC 校验 * /
}SPI_InitTypeDef;
```

①SPI_Direction 用于设置 SPI 单向或者双向的数据模式，表 10 - 4 给出了该参数可取的值。

表 10 - 4   SPI_Direction 参数可取值及描述

SPI_Direction	描述
SPI_Direction_2Lines_FullDuplex	SPI 设置为双线双向全双工
SPI_Direction_2Lines_RxOnly	SPI 设置为双线单向接收
SPI_Direction_1Line_Rx	SPI 设置为单线双向接收
SPI_Direction_1Line_Tx	SPI 设置为单线双向发送

②SPI_Mode 用于设置 SPI 的工作模式，表 10 - 5 给出了该参数可取的值。

表 10 - 5　　　　　　　　　SPI_Mode 参数可取值及描述

SPI_Mode	描述
SPI_Mode_Master	设置为主 SPI 模式
SPI_Mode_Slave	设置为从 SPI 模式

③SPI_DataSize 用于设置 SPI 的数据大小，表 10 - 6 给出了该参数可取的值。

表 10 - 6　　　　　　　　SPI_DataSize 参数可取值及描述

SPI_DataSize	描述
SPI_DataSize_16b	SPI 发送接收 16 位帧结构
SPI_DataSize_8b	SPI 发送接收 8 位帧结构

④SPI_CPOL 用于选择串行时钟的稳态，表 10 - 7 给出了该参数可取的值。

表 10 - 7　　　　　　　　　SPI_CPOL 参数可取值及描述

SPI_CPOL	描述
SPI_CPOL_High	时钟悬空高
SPI_CPOL_Low	时钟悬空低

⑤SPI_CPHA 用于设置位捕获的时钟活动沿，表 10 - 8 给出了该参数可取的值。

表 10 - 8　　　　　　　　　SPI_CPHA 参数可取值及描述

SPI_CPHA	描述
SPI_CPHA_2Edge	数据捕获于第二个时钟沿
SPI_CPHA_1Edge	数据捕获于第一个时钟沿

⑥SPI_NSS 指定了 NSS 信号由硬件还是软件管理，表 10 - 9 给出了该参数可取的值。

表 10 - 9　　　　　　　　　　　SPI_NSS 参数可取值及描述

SPI_NSS	描述
SPI_NSS_Hard	NSS 由外部管脚管理
SPI_NSS_Soft	内部 NSS 信号有 SSI 位控制

⑦SPI_BaudRatePrescaler 参数用来定义波特率预分频的值，这个值用以设置发送和接收的 SCK 时钟。表 10 - 10 给出了该参数可取的值。

表 10 - 10　　　　　　SPI_BaudRatePrescaler 可取参数值及描述

SPI_BaudRatePrescaler	描述
SPI_BaudRatePrescaler2	波特率预分频值为 2
SPI_BaudRatePrescaler4	波特率预分频值为 4
SPI_BaudRatePrescaler8	波特率预分频值为 8
SPI_BaudRatePrescaler16	波特率预分频值为 16
SPI_BaudRatePrescaler32	波特率预分频值为 32
SPI_BaudRatePrescaler64	波特率预分频值为 64
SPI_BaudRatePrescaler128	波特率预分频值为 128
SPI_BaudRatePrescaler256	波特率预分频值为 256

⑧SPI_FirstBit 参数指定了数据传输从 MSB 位还是 LSB 位开始，表 10 - 11 给出了该参数可取的值。

表 10 - 11　　　　　　　　　SPI_FirstBit 参数可取值及描述

SPI_FirstBit	描述
SPI_FisrtBit_MSB	数据传输从 MSB 位开始
SPI_FisrtBit_LSB	数据传输从 LSB 位开始

⑨SPI_CRCPolynomial 定义了用于 CRC 值计算的多项式。

（2）函数 SPI_StructInit。

函数 SPI_StructInit 用于把 SPI_InitStruct 中的每一个参数按缺省值填入，其使用方法如表 10 - 12 所示。

表 10 - 12   函数 SPI_StructInit

函数名	SPI_StructInit
函数原形	void SPI_StructInit（SPI_InitTypeDef * SPI_InitStruct）
功能描述	把 SPI_InitStruct 中的每一个参数按缺省值填入
输入参数	SPI_InitStruct：指向结构 SPI_InitTypeDef 的指针，待初始化
输出参数	无
返回值	无
先决条件	无
被调用函数	无

表 10 - 13 给出了 SPI_InitStruct 各个参数的缺省值。

表 10 - 13   SPI_InitStruct 参数缺省值

参数	缺省值
SPI_Direction	SPI_Direction_2Lines_FullDuplex
SPI_Mode	SPI_Mode_Slave
SPI_DataSize	SPI_DataSize_8b
SPI_CPOL	SPI_CPOL_Low
SPI_CPHA	SPI_CPHA_1Edge
SPI_NSS	SPI_NSS_Hard
SPI_BaudRatePrescaler	SPI_BaudRatePrescaler_2
SPI_FirstBit	SPI_FirstBit_MSB
SPI_CRCPolynomial	7

例：

```
/* 定义一个 SPI 初始化结构体 * /
SPI_InitTypeDef SPI_InitStructure;
SPI_StructInit(&SPI_InitStructure);
```

（3）函数 SPI_Cmd。
函数 SPI_Cmd 用于使能/失能 SPI 外设，其具体含义如表 10 - 14 所示。

表 10 - 14　　　　　　　　　　函数 SPI_Cmd

函数名	SPI_Cmd
函数原形	void SPI_Cmd （SPI_TypeDef * SPIx, FunctionalState NewState）
功能描述	使能或者失能 SPI 外设
输入参数 1	SPIx：x 可以是 1 或者 2，来选择 SPI 外设
输入参数 2	NewState：外设 SPIx 的新状态 这个参数可以取：ENABLE 或者 DISABLE
输出参数	无
返回值	无
先决条件	无
被调用函数	无

例：

```
SPI_Cmd(SPI1,ENABLE);//使能 SPI1
```

（4）函数 SPI_ITConfig。
函数 SPI_ITConfig 用于使能或者失能指定的 SPI 中断，其使用方法如表 10 - 15 所示。

表 10 - 15　　　　　　　　　　函数 SPI_ITConfig

函数名	SPI_ITConfig
函数原形	void SPI_ITConfig （SPI_TypeDef * SPIx, u16 SPI_IT, FunctionalState NewState）

函数名	SPI_ITConfig
功能描述	使能或者失能指定的 SPI 中断
输入参数 1	SPIx：x 可以是 1 或者 2，来选择 SPI 外设
输入参数 2	SPI_IT：待使能或者失能的 SPI 中断源
输入参数 3	NewState：SPIx 中断的新状态 这个参数可以取：ENABLE 或者 DISABLE
输出参数	无
返回值	无
先决条件	无
被调用函数	无

SPI_IT 用来使能或者失能 SPI 的中断。可以取表 10 – 16 的一个或者多个取值的组合作为该参数的值。

表 10 – 16   **SPI_IT 参数可取值及描述**

SPI_IT	描述
SPI_IT_TXE	发送缓存空中断屏蔽
SPI_IT_RXNE	接收缓存非空中断屏蔽
SPI_IT_ERR	错误中断屏蔽

例：

```
SPI_ITConfig(SPI2,SPI_IT_TXE,ENABLE);//使能 SPI2 发送缓
冲空中断
```

（5）函数 SPI_DMACmd。

函数 SPI_DMACmd 用于使能或者失能指定 SPI 的 DMA 请求，其具体使用方法如表 10 – 17 所示。

表 10 - 17　　　　　　　　　　函数 SPI_DMACmd

函数名	SPI_DMACmd
函数原形	void SPI_DMACmd (SPI_TypeDef * SPIx, u16 SPI_DMAReq, FunctionalState NewState)
功能描述	使能或者失能指定 SPI 的 DMA 请求
输入参数1	SPIx：x 可以是 1 或者 2，来选择 SPI 外设
输入参数2	SPI_DMAReq：待使能或者失能的 SPI DMA 传输请求
输入参数3	NewState：SPIx DMA 传输的新状态 这个参数可以取：ENABLE 或者 DISABLE
输出参数	无
返回值	无
先决条件	无
被调用函数	无

SPI_DMAReq 使能或者失能 SPI Tx 和/或 SPI Rx 的 DMA 传输请求。表 10 - 18 给出了该参数可取的值。

表 10 - 18　　　　　SPI_DMAReq 参数可取值及描述

SPI_DMAReq	描述
SPI_DMAReq_Tx	选择 Tx 缓存 DMA 传输请求
SPI_DMAReq_Rx	选择 Rx 缓存 DMA 传输请求

例：

```
SPI_DMACmd(SPI2,SPI_DMAReq_Rx,ENABLE);//使能 SPI2 Rx 缓
冲 DMA 传输请求
```

（6）函数 SPI_SendData。

函数 SPI_SendData 用于通过外设 SPIx 发送一个数据，其具体使用方法如表 10 - 19 所示。

表 10 - 19   **函数 SPI_SendData**

函数名	SPI_SendData
函数原形	void SPI_SendData（SPI_TypeDef ∗ SPIx，u16 Data）
功能描述	通过外设 SPIx 发送一个数据
输入参数 1	SPIx：x 可以是 1 或者 2，来选择 SPI 外设
输入参数 2	Data：待发送的数据
输出参数	无
返回值	无
先决条件	无
被调用函数	无

例：

```
SPI_SendData(SPI1,0xA5);//通过 SPI1 外设发送 0xA5
```

（7）函数 SPI_ReceiveData。

函数 SPI_ReceiveData 用于返回通过 SPIx 最近接收的数据，其使用方法如表 10 - 20 所示。

表 10 - 20   **函数 SPI_ReceiveData**

函数名	SPI_ReceiveData
函数原形	u16 SPI_ReceiveData（SPI_TypeDef ∗ SPIx）
功能描述	返回通过 SPIx 最近接收的数据
输入参数	SPIx：x 可以是 1 或者 2，来选择 SPI 外设
输出参数	无
返回值	接收到的字
先决条件	无
被调用函数	无

例：

```
u16 ReceivedData;
ReceivedData = SPI_ReceiveData(SPI2);//读取 SPI2 外设的最
新数据
```

（8）函数 SPI_GetFlagStatus。

函数 SPI_GetFlagStatus 用于检查指定的 SPI 标志位设置与否，其使用方法如表 10-21 所示。

表 10-21　　　　　　　　　　函数 SPI_GetFlagStatus

函数名	SPI_GetFlagStatus
函数原形	FlagStatus SPI_GetFlagStatus（SPI_TypeDef * SPIx, u16 SPI_FLAG）
功能描述	检查指定的 SPI 标志位设置与否
输入参数 1	SPIx：x 可以是 1 或者 2，来选择 SPI 外设
输入参数 2	SPI_FLAG：待检查的 SPI 标志位
输出参数	无
返回值	SPI_FLAG 的新状态（SET 或者 RESET）
先决条件	无
被调用函数	无

表 10-22 给出了所有可以被函数 SPI_GetFlagStatus 检查的标志位。

表 10-22　　　　　　　　SPI_FLAG 参数可取值及描述

SPI_FLAG	描述
SPI_FLAG_BSY	忙标志位
SPI_FLAG_OVR	超出标志位
SPI_FLAG_MODF	模式错位标志位
SPI_FLAG_CRCERR	CRC 错误标志位
SPI_FLAG_TXE	发送缓存空标志位
SPI_FLAG_RXNE	接受缓存非空标志位

（9）函数 SPI_ClearFlag。

函数 SPI_ClearFlag 用于清除制定 SPI 的待处理标志位，其具体功能如表 10 - 23 所示。

表 10 - 23 函数 SPI_ClearFlag

函数名	SPI_ClearFlag
函数原形	void SPI_ClearFlag（SPI_TypeDef * SPIx，u16 SPI_FLAG）
功能描述	清除 SPIx 的待处理标志位
输入参数 1	SPIx：x 可以是 1 或者 2，来选择 SPI 外设
输入参数 2	SPI_FLAG：待清除的 SPI 标志位 注意：标志位 BSY，TXE 和 RXNE 由硬件重置
输出参数	无
返回值	无
先决条件	无
被调用函数	无

例：

```
SPI_ClearFlag(SPI2,SPI_FLAG_OVR);//清除 SPI2 过载挂起位
```

（10）函数 SPI_GetITStatus。

函数 SPI_GetITStatus 用于检查指定的 SPI 中断发生与否，具体功能如表 10 - 24 所示。

表 10 - 24 函数 SPI_GetITStatus

函数名	SPI_GetITStatus
函数原形	ITStatus SPI_GetITStatus（SPI_TypeDef * SPIx，u8 SPI_IT）
功能描述	检查指定的 SPI 中断发生与否
输入参数 1	SPIx：x 可以是 1 或者 2，来选择 SPI 外设
输入参数 2	SPI_IT：待检查的 SPI 中断源
输出参数	无

函数名	SPI_GetITStatus
返回值	SPI_IT 的新状态
先决条件	无
被调用函数	无

表 10 − 25 给出了所有可以被函数 SPI_GetITStatus 检查的中断标志位列表。

表 10 − 25 　　　　　　　　SPI_IT 参数可取值及描述

SPI_IT	描述
SPI_IT_OVR	超出中断标志位
SPI_IT_MODF	模式错误标志位
SPI_IT_CRCERR	CRC 错误标志位
SPI_IT_TXE	发送缓存空中断标志位
SPI_IT_RXNE	接受缓存非空中断标志位

例:

```
ITStatus Status;
Status = SPI_GetITStatus(SPI1,SPI_IT_OVR);/* 测试 SPI1 超
出中断是否发生 * /
```

(11) 函数 SPI_ClearITPendingBit。

函数 SPI_ClearITPendingBit 用于清除 SPIx 的中断待处理位,其使用方法如表 10 − 26 所示。

表 10 − 26 　　　　　　　　函数 SPI_ClearITPendingBit

函数名	SPI_ClearITPendingBit
函数原形	void SPI_ClearITPendingBit (SPI_TypeDef ∗ SPIx, u8 SPI_IT)
功能描述	清除 SPIx 的中断待处理位

函数名	SPI_ClearITPendingBit
输入参数 1	SPIx: x 可以是 1 或者 2, 来选择 SPI 外设
输入参数 2	SPI_IT: 待检查的 SPI 中断源 注意: 中断标志位 BSY, TXE 和 RXNE 由硬件重置
输出参数	无
返回值	无
先决条件	无
被调用函数	无

例:

```
SPI_ClearITPendingBit(SPI2,SPI_IT_CRCERR);/* 清除 SPI2
CRC 错误中断挂起位 * /
```

5. W25Q80DV

W25Q80DV (8M – bit) 是一个串行 Flash 存储器, 支持标准串行外设接口 (SPI)。容量为 8M – bit (存储器被组织成 4096 页, 每页 256 字节), 同一时间最多可以写 256 字节 (一页)。

页擦除方式可以按 16 页一组 (4KB sector erase)、128 页一组 (32KB block erase)、256 页一组 (64KB block erase) 或者整片擦除 (chip erase)。擦除操作只能按扇区擦除或按块擦除, W25Q80DV 分别有 256 个可擦除扇区 (sector, 每个扇区 4KB) 和 16 个可擦除块 (block, 每个块 64KB)。实际上, 4KB 的小扇区为需要存储数据和参数的应用程序提供了更大的灵活性。

W25Q80DV 支持标准串行外设接口 (SPI), 高性能 Dual/Quad 输出以及 Dual/Quad I/O SPI。该设备支持 JEDEC 标准制造商和设备标识的 64 位的唯一序列号。特性如下:

①8M – bit/1M – byte (1, 048, 576)。

②每个可编程页的大小为 256 字节。

③标准 SPI: CLK, /CS, DI, DO, /WP, /Hold。

④Dual SPI: CLK, /CS, IO0, IO1, /WP, /Hold。

⑤Quad SPI：CLK，/CS，IO0，IO1，IO2，IO3。

⑥统一的 4KB 扇区（Sector），32KB 和 64KB 的块（Block）。

（1）芯片引脚。

W25Q80DV 的引脚排列如图 10 - 1 所示。

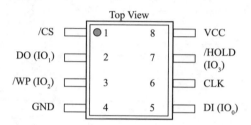

图 10 - 1   W25Q80DV 引脚排列

W25Q80DV 的各引脚功能如表 10 - 27 所示。

表 10 - 27   W25Q80DV 的引脚功能表

引脚	名称	I/O	功能
1	/CS	I	片选，低电平有效
2	DO（IO1）	I/O	串行数据输出（数据输入输出口 1）[1]
3	/WP（IO2）	I/O	写保护（数据输入输出口 2）[2]
4	GND		接地
5	DI（IO0）	I/O	数据输入（数据输入输出口 0）[1]
6	CLK	I	串行时钟输入引脚
7	/HOLD（IO3）	I/O	该引脚允许设备被选中后能暂停。当/HOLD 被拉低，而/CS 为低电平时，DO 引脚将处于高阻抗，DI 和 CLK 引脚上的信号将被忽略。当/HOLD 被拉高时，设备可以恢复运行。（数据输入输出口 0）[2]
8	VCC		

注：（1）IO0 和 IO1 用于标准和 Dual SPI 指令；（2）IO0 ~ IO3 用于 Quad SPI 指令。

（2）指令。

W25Q80DV 的指令集包含 34 个基本指令（完全通过 SPI 总线控制）。

指令由片选信号的下降沿开始，数据的第一个字节是指令码，DI 输入管脚在时钟上升沿时采集数据，MSB 在前。

指令长度从单个字节到多个字节变化，指令码后面可能带有 address bytes、data bytes、dummy bytes，在一些情况下，会组合起来。所有的读指令能在任意时钟位之后完成，但是所有的写、编程、擦除指令必须在一个字节界限之后才能完成，否则指令将会被忽略。以下介绍几种常用标准 SPI 指令：

①写使能（指令码 06h）。

Write Enable 指令将状态寄存器中的 Write Enable Latch（WEL）位设置为 1。WEL 位必须在每个页程序，四页程序，扇区擦除，块擦除，芯片擦除，写状态寄存器和擦除/写 Security Registers 指令之前置 1。时序如图 10-2 所示。

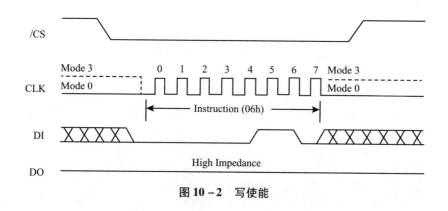

图 10-2　写使能

②读状态寄存器-1（指令码：05h）和读状态寄存器-2（指令码：35h）。

读状态寄存器指令允许读取 8 位状态寄存器。可以在任何时候使用，可以连续读取，其时序图如图 10-3 所示。

③写状态寄存器（指令码：01h）。

写状态寄存器指令允许写入状态寄存器。只能写入非易失状态寄存器位，其他状态寄存器位都是只读的，不会受到写状态寄存器指令的影响。其时序图如图 10-4 所示。

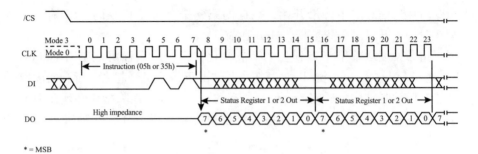

图 10 - 3　读状态寄存器时序

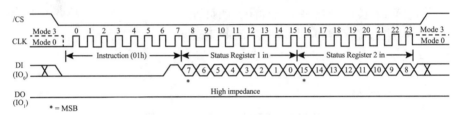

图 10 - 4　写状态寄存器指令时序

④读数据（低速）（指令码：03h）。

指令允许按顺序从内存中读取一个或多个数据字节。其时序图如图 10 - 5所示。

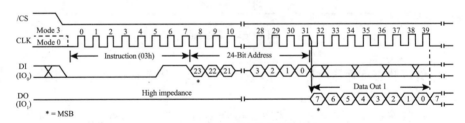

图 10 - 5　读状态寄存器指令时序

⑤快速读数据（高速）（指令码：0Bh）。

快速读指令类似于读数据指令，除了它可以在 FR 的最高可能频率下操作。这是通过在 24 位地址之后添加 8 个"虚拟"时钟来实现的。其时序图如图 10 - 6所示。

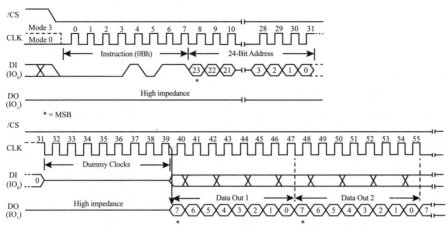

图 10-6　快速读数据指令时序

10.1.3　任务实施

1. 构思——方案选择

大量存储器使用的都是 SPI 接口，比如：ATMEL 公司的 AT45DB 系列 Flash 芯片，GIGADEVICE 公司的 GD25Q 系列以及 MICRON 公司的 Flash 芯片等。这里采用 Flash 芯片为 WINBOND 公司的 W25Q80DV，利用 STM32 的 SPI 模块实现外部存储器数据的写操作。

2. 设计——软硬件设计

（1）硬件设计。

通过查看附录 1 封装管脚定义，可找到三个 SPI 接口。这里选用 SPI1，对应的引脚有 PA4（SPI1_NSS）、PA5（SPI1_SCK）、PA6（SPI1_MISO）、PA7（SPI1_MOSI），其中 SPI1_NSS 作为从设备选择引脚，本任务中不需要连接，硬件电路图如表 10-28 所示。

表 10-28　　　　　　　　　　STM32 与 W25 硬件接口

stm32 引脚	PC9	PC8	PC7	PA5	PA6	PA7
W25Q8DV 引脚	HO	WP	CS	CLK	DO	DI

（2）软件设计。

```
#include"stm32f10x.h"
//以下为W25Q80DV常用基本指令定义
#define WRITE        0x02      //页编程
#define WRSR         0x01      //写状态寄存器1
#define WREN         0x06      //写使能
#define WRDI         0x04      //写失能
#define READ         0x03      //读数据字节(低速)
#define FSTREAD      0x0B      //读数据字节(高速)
#define RDSR         0x05      //读状态寄存器1
#define RDSR2        0x35      //读状态寄存器2
#define RDID         0x90      //读ID
#define SE           0x20      //扇区擦除(4KB)
#define BE           0xD8      //块擦除(64KB)
#define CE           0xC7      //全片擦除
#define WIP_Flag     0x01      //正在写入标志
#define DUMMY_BYTE   0x00      //无效字节
#define PAGESIZE     256
/*声明初始化函数*/
void GPIO_Config(void);
void SPI_Config(void);
void USART_Config(void);
/*声明SPI读写函数*/
void w25_chip_erase(void);
void w25_buffer_read(uint8_t* pBuffer,uint32_t ReadAd-
dr,u16 NumByteToRead);
uint8_t w25_buffer_write(uint8_t* pBuffer,uint32_t
WriteAddr,u16 NumByteToWrite);
unsigned char w25_wait_for_write_end(uint16_t tout);
void w25_write_enable(void);
uint8_t SPI_RW_Byte(uint8_t data);
void W25Q80_CS_H(void);
```

```
void W25Q80_CS_L(void);
void delay(void);
int main(void)
{
    uint8_t data1[]={0,1,2,3,5,6,7,8,9};//待发送至 flash
的数据
    uint8_t data2[10];//接收自 flash 的数据
    uint8_t i;
    GPIO_Config();
    SPI_Config();
    USART_Config();
    USART_ClearFlag(USART1,USART_FLAG_TC);
    w25_chip_erase();//擦除整个芯片
    delay();
w25_buffer_write(data1,0,10);//将 data1 写入地址 0 开始的存
储单元,共 10 字节
delay();
w25_buffer_read(data2,0,10);//从 flash 地址 0 开始,读取 10
字节,存储在 data2 中
for(i=0;i<10;i++)   //把接收自 flash 的数据通过串口输出
{
    USART_SendData(USART1,data2[i]);
    delay();
}
while(1);
}
void GPIO_Config(void)
{
    GPIO_InitTypeDef GPIO_InitStructure;
    RCC_APB2PeriphClockCmd(RCC_APB2Periph_GPIOA|RCC_
APB2Periph_GPIOC,ENABLE);
     RCC_APB2PeriphClockCmd(RCC_APB2Periph_SPI1,ENA-
BLE);//使能 SPI1 时钟
```

```
    /* 配置 SPI1 管脚 */
    GPIO_InitStructure.GPIO_Pin = GPIO_Pin_5 | GPIO_Pin_6 |
GPIO_Pin_7;
    GPIO_InitStructure.GPIO_Speed = GPIO_Speed_50MHz;
    GPIO_InitStructure.GPIO_Mode = GPIO_Mode_AF_PP;
    GPIO_Init(GPIOA,&GPIO_InitStructure);
/* 配置 W25 芯片片选为推挽输出 */
    GPIO_InitStructure.GPIO_Pin = GPIO_Pin_7;
    GPIO_InitStructure.GPIO_Mode = GPIO_Mode_Out_PP;
    GPIO_Init(GPIOC,&GPIO_InitStructure);
    GPIO_SetBits(GPIOC,GPIO_Pin_7);/* W25 芯片片选置高,即
不选中该芯片 */
/* 以下是对 PC8 的 WP 引脚和 PC9 的 HO 引脚的操作。可以硬件接好,不
用程序控制 */
    GPIO_InitStructure.GPIO_Pin = GPIO_Pin_9 | GPIO_Pin_8;
    GPIO_InitStructure.GPIO_Mode = GPIO_Mode_Out_PP;//推
挽输出
    GPIO_InitStructure.GPIO_Speed = GPIO_Speed_50MHz;
    GPIO_Init(GPIOC,&GPIO_InitStructure);
    GPIO_ResetBits(GPIOC,GPIO_Pin_8);//WP = 0;
    GPIO_SetBits(GPIOC,GPIO_Pin_9);//  HOLD = 1;
}
void SPI_Config(void)
{
    SPI_InitTypeDef  SPI_InitStructure;
    RCC_APB2PeriphClockCmd(RCC_APB2Periph_SPI1,ENA-
BLE);

    SPI_Cmd(SPI1,DISABLE);     //必须先禁能,才能改变 SPI
配置
    /* 配置 SPI1 为双线全双工,主模式,8 位数据,软件片选,高 bit 在
前 */
    SPI_InitStructure.SPI_Direction = SPI_Direction_
```

```
2Lines_FullDuplex;
    SPI_InitStructure.SPI_Mode=SPI_Mode_Master;
    SPI_InitStructure.SPI_DataSize=SPI_DataSize_8b;
    SPI_InitStructure.SPI_CPOL=SPI_CPOL_High;
    SPI_InitStructure.SPI_CPHA=SPI_CPHA_2Edge;
    SPI_InitStructure.SPI_NSS=SPI_NSS_Soft;
    SPI_InitStructure.SPI_BaudRatePrescaler = SPI_
BaudRatePrescaler_4;
    SPI_InitStructure.SPI_FirstBit=SPI_FirstBit_MSB;
    SPI_InitStructure.SPI_CRCPolynomial=7;
    SPI_Init(SPI1,&SPI_InitStructure);
    SPI_Cmd(SPI1,ENABLE);   //使能 SPI1
}
void USART_Config(void)
{   GPIO_InitTypeDef  GPIO_InitStructure;
    USART_InitTypeDef USART_InitStructure;
    RCC_APB2PeriphClockCmd(RCC_APB2Periph_GPIOA,ENA-
BLE);
    RCC_APB2PeriphClockCmd(RCC_APB2Periph_USART1,ENA-
BLE);
    /* 配置 USART1 TX 引脚工作模式* /
    GPIO_InitStructure.GPIO_Pin=GPIO_Pin_9;
    GPIO_InitStructure.GPIO_Mode=GPIO_Mode_AF_PP;
    GPIO_InitStructure.GPIO_Speed=GPIO_Speed_50MHz;
    GPIO_Init(GPIOA,&GPIO_InitStructure);
    /* 配置 USART1 RX 引脚工作模式* /
    GPIO_InitStructure.GPIO_Pin=GPIO_Pin_10;
    GPIO_InitStructure.GPIO_Mode=GPIO_Mode_IN_FLOATING;
    GPIO_Init(GPIOA,&GPIO_InitStructure);
    /* 串口 1 工作模式配置* /
    USART_InitStructure.USART_BaudRate=19200;
    USART_InitStructure.USART_WordLength = USART_Word-
Length_8b;
```

```
    USART_InitStructure.USART_StopBits =USART_StopBits_
1;
    USART_InitStructure.USART_Parity =USART_Parity_No;
    USART_InitStructure.USART_HardwareFlowControl = US-
ART_HardwareFlowControl_None;
    USART_InitStructure.USART_Mode = USART_Mode_Rx | US-
ART_Mode_Tx;
    USART_Init(USART1,&USART_InitStructure);
    USART_Cmd(USART1,ENABLE);
}
void delay(void)
{
    uint32_t i;
    for(i =0;i <10000;i ++)
    {}
}
void w25_chip_erase(void)    //W25 全片擦除
{
    w25_write_enable();
    W25Q80_CS_L();
    SPI_RW_Byte(CE);
    W25Q80_CS_H();
    w25_wait_for_write_end(7000);
}
void w25_read_byte(u32 ReadAddr)    //W25 读一个字节
{
  W25Q80_CS_L();     //片选有效
SPI_RW_Byte(READ);   //发送"读"命令
  SPI_RW_Byte((ReadAddr&0xFF0000) >>16);//发送扇区地址的
高地址字节
  SPI_RW_Byte((ReadAddr&0xFF00) >>8);//发送扇区地址的中间
地址字节
  SPI_RW_Byte((ReadAddr&0xFF));         //发送扇区地址的低地
```

址字节

```
}
void w25_buffer_read(uint8_t* pBuffer,u32 ReadAddr,u16
NumByteToRead)  //  W25 读多个字节
{
    W25Q80_CS_L();        //片选有效
    SPI_RW_Byte(FSTREAD);           //发送命令字"0x0b"
  SPI_RW_Byte((ReadAddr&0xFF0000)>>16);
    SPI_RW_Byte((ReadAddr&0xFF00)>>8);
  SPI_RW_Byte((ReadAddr&0xFF));
  SPI_RW_Byte(DUMMY_BYTE);        //再发一个字节,时序才完整
while(NumByteToRead--)
{
    *pBuffer=SPI_RW_Byte(DUMMY_BYTE);
    pBuffer++;
  }
  W25Q80_CS_H();
}
uint8_t w25_page_write(uint8_t* pBuffer,u32 WriteAddr,
u16 NumByteToWrite)//  W25 写一页
{
  w25_write_enable();         //写使能
  W25Q80_CS_L();
  SPI_RW_Byte(WRITE);
  SPI_RW_Byte((WriteAddr&0xFF0000)>>16);
  SPI_RW_Byte((WriteAddr&0xFF00)>>8);
  SPI_RW_Byte((WriteAddr&0xFF));
  while(NumByteToWrite--)
  {
    SPI_RW_Byte(*pBuffer);
    pBuffer++;
  }
  W25Q80_CS_H();
```

```
    return w25_wait_for_write_end(10);
}
uint8_t w25_buffer_write(uint8_t* pBuffer,u32 WriteAddr,
u16 NumByteToWrite)    //   W25 写多个字节
{
    uint8_t sta =0;
    uint8_t NumOfPage =0,NumOfSingle =0,Addr =0,count =0,
temp =0;
    Addr =WriteAddr% PAGESIZE;
    count =PAGESIZE -Addr;
    NumOfPage =NumByteToWrite/PAGESIZE;
    NumOfSingle =NumByteToWrite% PAGESIZE;
    if(Addr ==0)                //地址页对齐
    {
if(NumOfPage ==0)       //NumByteToWrite < PAGESIZE
    {
        sta =w25_page_write (pBuffer, WriteAddr, Num-
ByteToWrite);
    }
else                //NumByteToWrite > PAGESIZE
    {
        while(NumOfPage -- )
        {
            sta = w25_page_write (pBuffer, WriteAddr,
PAGESIZE);
            WriteAddr + = PAGESIZE;
            pBuffer + = PAGESIZE;
        }
        sta = w25_page_write (pBuffer, WriteAddr, Nu-
mOfSingle);
    }
    }
    else
```

```
    {
        if(NumOfPage ==0)
        {
            if(NumOfSingle >count)
            {
                temp =NumOfSingle -count;
                sta =w25_page_write(pBuffer,WriteAddr,
count);
                WriteAddr +=count;
                pBuffer +=count;
                sta =w25_page_write(pBuffer,WriteAddr,
temp);
            }
            else
            {
                sta =w25_page_write(pBuffer,WriteAddr,
NumByteToWrite);
            }
        }
        else
        {
            NumByteToWrite -=count;
            NumOfPage =NumByteToWrite/PAGESIZE;
            NumOfSingle =NumByteToWrite% PAGESIZE;
            sta =w25_page_write(pBuffer,WriteAddr,
count);
            WriteAddr +=count;
            pBuffer +=count;
            while(NumOfPage --)
            {
                sta =w25_page_write(pBuffer,WriteAddr,
PAGESIZE);
```

```
            WriteAddr + = PAGESIZE;
            pBuffer + = PAGESIZE;
        }
        if (NumOfSingle! = 0)
        {
            sta = w25 _ page _ write (pBuffer, WriteAddr,
NumOfSingle);
        }
    }
}

    return sta;
}
unsigned char w25_wait_for_write_end(uint16_t tout)   //
    W25 写等待
{
    uint8_t FLASH_Status = 0;

    W25Q80_CS_L();

    SPI_RW_Byte(RDSR);
    do
    {
        FLASH_Status = SPI_RW_Byte(DUMMY_BYTE);
    }while((FLASH_Status&WIP_Flag) = =1);

    W25Q80_CS_H();
    return 0;
}
void w25_write_enable(void)   //W25 写使能
{
```

```
    W25Q80_CS_L();
SPI_RW_Byte(WREN);
    W25Q80_CS_H();
}
void W25Q80_CS_H(void)   //片选置高
{
    GPIO_SetBits(GPIOC,GPIO_Pin_7);
}
void W25Q80_CS_L(void)   //W25 片选置低
{
    GPIO_ResetBits(GPIOC,GPIO_Pin_7);
}
uint8_t SPI_RW_Byte(uint8_t data)
{
    /* 判断 SPI 发送结束 */
    while(SPI_I2S_GetFlagStatus(SPI1,SPI_I2S_FLAG_TXE)
==RESET);
    /* 发送一个字节数据 */
    SPI_I2S_SendData(SPI1,data);
    /* 判断 SPI 接收结束 */
    while(SPI_I2S_GetFlagStatus(SPI1,SPI_I2S_FLAG_RX-
NE)==RESET);
    /* 返回 SPI 接收数据 */
    return SPI_I2S_ReceiveData(SPI1);
}
```

3. 实现——软硬件调测

新建工程并按图 10-7 进行配置, 本任务用到 SPI 和 USART, 所以需要勾选此两项。按照硬件设计要求连线。USART 的波特率为 19200, 通过串口调试助手并查看结果。

Software Component	Sel.	Variant	Version	Description
⊞ ◆ Board Support		MCBSTM32C ⌄	2.0.0	Keil Development Board MCBSTM32C
⊟ ◆ CMSIS				Cortex Microcontroller Software Interface Compo
◆ NN Lib	☐		1.0.0	CMSIS-NN Neural Network Library
◆ DSP	☐		1.5.2	CMSIS-DSP Library for Cortex-M, SC000, and SC30
◆ CORE	☑		5.1.1	CMSIS-CORE for Cortex-M, SC000, SC300, ARMv8
⊞ ◆ RTOS (API)			1.0.0	CMSIS-RTOS API for Cortex-M, SC000, and SC300
⊞ ◆ RTOS2 (API)			2.1.2	CMSIS-RTOS API for Cortex-M, SC000, and SC300
⊞ ◆ CMSIS Driver				Unified Device Drivers compliant to CMSIS-Driver
⊞ ◆ Compiler		ARM Compiler	1.4.0	Compiler Extensions for ARM Compiler 5 and ARM
⊟ ◆ Device				Startup, System Setup
◆ Startup	☑		1.0.0	System Startup for STMicroelectronics STM32F1xx
◆ GPIO	☐		1.3	GPIO driver used by RTE Drivers for STM32F1 Serie
◆ DMA	☐		1.2	DMA driver used by RTE Drivers for STM32F1 Serie
⊟ ◆ StdPeriph Drivers				
◆ WWDG	☐		3.5.0	Window watchdog (WWDG) driver for STM32F1xx
◆ USART	☑		3.5.0	Universal synchronous asynchronous receiver tran
◆ TIM	☐		3.5.0	Timers (TIM) driver for STM32F1xx
◆ SPI	☑		3.5.0	Serial peripheral interface (SPI) driver for STM32F1
◆ SDIO	☐		3.5.0	Secure digital (SDIO) interface driver for STM32F1
◆ RTC	☐		3.5.0	Real-time clock (RTC) driver for STM32F1xx
◆ RCC	☑		3.5.0	Reset and clock control (RCC) driver for STM32F1x
◆ PWR	☐		3.5.0	Power controller (PWR) driver for STM32F1xx
◆ IWDG	☐		3.5.0	Independent watchdog (IWDG) driver for STM32F1
◆ I2C	☐		3.5.0	Inter-integrated circuit (I2C) interface driver for ST
◆ GPIO	☑		3.5.0	General-purpose I/O (GPIO) driver for STM32F1xx
◆ Framework	☑		3.5.1	Standard Peripherals Drivers Framework
◆ Flash	☐		3.5.0	Embedded Flash memory driver for STM32F1xx
◆ FSMC	☐		3.5.0	Flexible Static Memory Controller (FSMC) driver fo
◆ EXTI	☐		3.5.0	External interrupt/event controller (EXTI) driver fo

图 10 - 7　编程环境配置

4. 运行——结果分析

软硬件联调后，STM32 通过 SPI 总线将数组 data1 内的数据写入至 flash 存储芯片中地址从 0 开始的单元中。将写入的数据读出至 data2 数组中，通过串口发送 data2 中的内容，图 10 - 8 为串口调试助手接收到的 data2 的数据，从而实现以上任务。

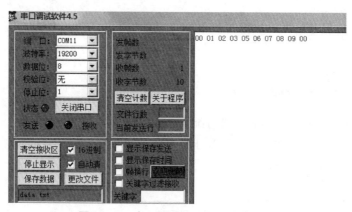

图 10 - 8　串口调试助手显示接收结果

10.1.4 任务小结

本章学习了 SPI 接口基本知识、功能特点、配置方法。并以 Flash 芯片 W25Q80 为例，练习 SPI 的使用方法。

项目 11　无线数据传输

【学习目标】

知识目标

1. 了解常用无线通信技术。

2. 掌握 2.4GHz 微功耗短距离无线通信方法。

3. 熟悉相关 AT 指令以及 Wi-Fi 模块的应答信息。

能力目标

能利用 STM32 的 SPI 口、USART 串口实现基于 2.4GHz 微功耗短距离无线模块、Wi-Fi 通信模块的无线通信，能利用无线网络模块实现设备的远程控制。

11.1　任务一　基于 2.4GHz 无线模块的无线传输设计与实现

11.1.1　任务描述

利用 STM32 单片机与 2.4GHz 无线模块实现数据的无线双向收发。按下按键后，模块 A 发送："Nice to meet you!"，并使 LED 闪烁 1 次，模块 B 收到模块 A 发来的信息后，点亮 LED，在 LCD 上显示收到的信息，并回答："Nice to meet you too!"，模块 A 收到模块 B 的回复后，点亮 LED，并在 LCD 上显示收到的内容。

11.1.2　知识链接

1. 无线通信技术

无线通信是利用电磁波信号在自由空间中的传播特性进行信息交换的一种通信方式。2.4GHz 频段作为全球通用 ISM 频段，应用非常广泛。随着通信技术的发展和人们需求的提高，包括 UWB、蓝牙（Bluetooth）、Zigbee、近距离无线传输（NFC）、无线宽带（Wi-Fi）等在内的短距离无线通信技术正日益走向成熟。下面就几种常用的短距离无线通信技术作简单的介绍。

（1）Zigbee。

Zigbee 是一种短距离、低功耗的无线通信技术。其特点有：

①低功耗，由于工作周期较短、收发信息功耗低且采用了休眠的工作模式，2 节 5 号干电池可支持 1 个终端工作 6~24 个月的使用时间。

②低成本，Zigbee 免协议费，协议简单且所需存储空间小，芯片价格便宜。

③低速率，通常 Zigbee 工作在 20~250kbps 的较低速率，数据传输可靠性高。

④短时延，通信时延时和从休眠状态激活的延时都非常短。

⑤传输距离短，有效覆盖范围在 10~200m。

另外还有工作频段灵活，兼容性好，网络容量大等优点。缺点是大多数 Zigbee 设备都是不自带网关，所以单一 Zigbee 设备基本上都是无法被我们手机直接控制的，需要一个网关作为设备与手机之间的连接枢纽。

Zigbee 通信技术主要适用于家庭和楼宇控制、工业现场自动化控制、农业信息收集与控制、公共场所信息检测与控制、智能型标签等领域，可以嵌入各种设备。

（2）蓝牙。

蓝牙技术是一种大容量近距离无线数字通信技术，适用于少量设备的短距离数据交换。蓝牙的传输距离为 10~10m，它使用 2.4GHz ISM 频段和调频、跳频技术，速率可达 1Mbps，蓝牙技术可以广泛应用于局域网络中各类数据及语音设备，如 PC、打印机、传真机、移动电话和高品质耳机等，实现设备之间的通信。

蓝牙技术既拥有 Zigbee 的低功耗，快速响应的特点，又有 Wi‑Fi 轻松使用的优势，特别适合使用在手机上，目前蓝牙协议跟 Wi‑Fi 一样，成为智能手机中的标配协议。

（3）无线宽带。

Wi‑Fi 技术是一种基于 802.11 协议的无线局域网接入技术，主要用于大量数据的传输。Wi‑Fi 技术的突出优势在于它具有较广的局域网覆盖范围，其覆盖半径可达 100 米左右；其次是 Wi‑Fi 技术传输速度非常快，可以达到 11Mbps（802.11b）或者 54Mbps（802.11.a），适合高速数据传输业务，能够无须网桥直接接入互联网，而且可以无缝与手机进行上网通信。

Wi‑Fi 的主要缺点是功耗较大，一般 Wi‑Fi 设备的待机功耗大约在 1W 左右，而蓝牙设备以及 Zigbee 设备的一般待机功耗都是在 0.1W 以内。

（4）近距离无线传输。

NFC 是一种新的近距离无线通信技术，其工作频率为 13.56MHz，由 13.56MHz 的射频识别（RFID）技术发展而来，它与目前广为流行的非接触智能卡 ISO14443 所采用的频率相同，这就为消费类电子产品提供了一种方便的通信方式。NFC 采用幅移键控（ASK）调制方式，其数据传输速率一般为 106kbit/s 和 424kbit/s 两种。NFC 的主要优势是：距离近、带宽高、能耗低，与非接触智能卡技术兼容，其在门禁、公交、手机支付等领域有着广阔的应用。

2. nRF24L01 无线收发芯片

nRF24L01 是一款新型单片射频收发器件，工作于 2.4~2.5GHz ISM 频段。内置频率合成器、功率放大器、晶体振荡器、调制器等功能模块，并融合了增强型 ShockBurst 技术，其中输出功率和通信频道可通过程序进行配置。nRF24L01 功耗低，在以 -6dBm 的功率发射时，工作电流只有 9mA；接收时，工作电流只有 12.3mA，多种低功率工作模式（掉电模式和空闲模式）使节能设计更方便。nRF24L01 主要特性如下：

① GFSK 调制，硬件集成 OSI 链路层。

② 具有自动应答和自动再发射功能。

③ 片内自动生成报头和 CRC 校验码。

④ 数据传输率为 1Mb/s 或 2Mb/s。

⑤ SPI 速率为 0Mb/s~10Mb/s。

⑥125 个频道与其他 nRF24 系列射频器件相兼容。

⑦QFN20 引脚 4mm×4mm 封装。

⑧供电电压为 1.9V～3.6V。

3. nRF24L01 引脚功能及描述

nRF24L01 的封装及引脚排列如图 11-1 所示。

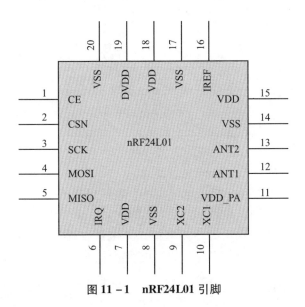

图 11-1 nRF24L01 引脚

CE：使能发射或接收。

CSN，SCK，MOSI，MISO：SPI 引脚端，微处理器可通过这些引脚配置 nRF24L01。

IRQ：中断标志位。

VDD：电源输入端。

VSS：电源地。

XC2，XC1：晶体振荡器引脚。

VDD_PA：该引脚为功率放大器提供 1.8V 电压。

ANT1，ANT2：天线接口。

IREF：参考电流输入。

4. nRF24L01 工作模式

通过配置寄存器可将 nRF24L01 配置为发射、接收、空闲及掉电四种工作模式，如表 11 – 1 所示。

表 11 – 1　　　　　　　　　nRF24L01 的工作模式

模式	PWR_UP	PRIM_RX	CE	FIFO 寄存器状态
接收模式	1	1	1	—
发射模式	1	0	1	数据在 TX FIFO 寄存器中
发射模式	1	0	1→0	停留在发送模式，直至数据发送完
待机模式 2	1	0	1	TX_FIFO 为空
待机模式 1	1	—	0	无数据传输
掉电	0			

待机模式 1 主要用于降低电流损耗，在该模式下晶体振荡器仍然是工作的；待机模式 2 则是在当 FIFO 寄存器为空且 CE = 1 时进入；待机模式下，所有配置字仍然保留。在掉电模式下电流损耗最小，同时 nRF24L01 也不工作，但其所有配置寄存器的值仍然保留。

5. nRF24L01 工作原理

发射数据时，首先将 nRF24L01 配置为发射模式，接着把接收节点地址 TX_ADDR 和有效数据 TX_PLD 按照时序由 SPI 口写入 nRF24L01 缓存区，TX_PLD 必须在 CSN 为低时连续写入，而 TX_ADDR 在发射时写入一次即可，然后 CE 置为高电平并保持至少 $10\mu s$，延迟 $130\mu s$ 后发射数据；若自动应答开启，那么 nRF24L01 在发射数据后立即进入接收模式，接收应答信号（自动应答接收地址应该与接收节点地址 TX_ADDR 一致）。如果收到应答，则认为此次通信成功，TX_DS 置高，同时 TX_PLD 从 TX FIFO 中清除；若未收到应答，则自动重新发射该数据（自动重发已开启），若重发次数（ARC）达到上限，MAX_RT 置高，TX FIFO 中数据保留以便再次重发；MAX_RT 或 TX_DS 置高时，使 IRQ 变低，产生中断，通知 MCU。最后发射成功时，若 CE 为低，则 nRF24L01 进入空闲模式 1；若发送堆栈中有数据且 CE 为高，则进入下一次发射；若发送堆栈中无数据且 CE 为高，则进入空闲模式 2。

接收数据时，首先将 nRF24L01 配置为接收模式，接着延迟 $130\mu s$ 进入接收状态等待数据的到来。当接收方检测到有效的地址和 CRC 时，就将数据包存储在 RX FIFO 中，同时中断标志位 RX_DR 置高，IRQ 变低，产生中断，通知 MCU 去取数据。若此时自动应答开启，接收方则同时进入发射状态回传应答信号。最后接收成功时，若 CE 变低，则 nRF24L01 进入空闲模式 1。需要注意的是，在写寄存器之前一定要进入待机模式或掉电模式。

6. nRF24L01 的配置字

nRF24L01 的 SPI 口的最大传输速率为 10Mb/s，传输时先传送低位字节，再传送高位字节。但针对单个字节而言，要先传送高位字节再传送低位字节。与 SPI 相关的指令共有 8 个，使用时这些控制指令由 nRF24L01 的 MOSI 输入。相应的状态和数据信息是从 MISO 输出给 MCU。

nRF24L01 所有的配置字都由配置寄存器定义，这些配置寄存器可通过 SPI 口访问。nRF24L01 的配置寄存器共有 25 个，常用的配置寄存器如表 11 - 2 所示。

表 11 - 2   常用配置寄存器

地址（H）	寄存器名称	功能
00	CONFIG	设置 24L01 工作模式
01	EN_AA	设置接收通道及自动应答
02	EN_RXADDR	使能接收通道地址
03	SETUP_AW	设置地址宽度
04	SETUP_RETR	设置自动重发数据时间和次数
07	STATUS	状态寄存器，用来判定工作状态
0A - 0F	RX_ADDR_P0 - P5	设置接收通道地址
10	TX_ADDR	设置接收接点地址
11 - 16	RX_PW_P0 - P5	设置接收通道的有效数据宽度

7. 无线模块相关 API 函数集

（1）初始化程序。

无线模块的初始化程度如下所示。

```
void NRF24L01_Init(void)
{
GPIO_InitTypeDef  GPIO_InitStructure;
RCC_AHB1PeriphClockCmd(RCC_AHB1Periph_GPIOB | RCC_
AHB1Periph_GPIOC,ENABLE);//使能GPIOB,C时钟
  //GPIOB14初始化设置:推挽输出
  GPIO_InitStructure.GPIO_Pin=GPIO_Pin_14;
  GPIO_InitStructure.GPIO_Mode=GPIO_Mode_OUT;//普通输出
模式
  GPIO_InitStructure.GPIO_OType=GPIO_OType_PP;//推挽
输出
  GPIO_InitStructure.GPIO_Speed=GPIO_Speed_100MHz;//
100MHz
  GPIO_InitStructure.GPIO_PuPd=GPIO_PuPd_UP;//上拉
  GPIO_Init(GPIOB,&GPIO_InitStructure);//初始化PB14
    //GPIOC6,7推挽输出
  GPIO_InitStructure.GPIO_Pin=GPIO_Pin_6|GPIO_Pin_7;
  GPIO_InitStructure.GPIO_Mode=GPIO_Mode_OUT;//普通输出
模式
  GPIO_InitStructure.GPIO_OType=GPIO_OType_PP;//推挽
输出
  GPIO_InitStructure.GPIO_Speed=GPIO_Speed_100MHz;//
100MHz
  GPIO_InitStructure.GPIO_PuPd=GPIO_PuPd_UP;//上拉
  GPIO_Init(GPIOC,&GPIO_InitStructure);//初始化PC6,7
    //GPIOC.8上拉输入
  GPIO_InitStructure.GPIO_Pin=GPIO_Pin_8;
```

```
GPIO_InitStructure.GPIO_Mode = GPIO_Mode_IN;//输入
GPIO_InitStructure.GPIO_PuPd = GPIO_PuPd_UP;//上拉
GPIO_Init(GPIOC,&GPIO_InitStructure);//初始化 PC8
GPIO_SetBits(GPIOB,GPIO_Pin_14);//PB14 输出 1,防止 SPI
FLASH 干扰 NRF 的通信
SPI1_Init();          //初始化 SPI1
NRF24L01_SPI_Init();//针对 NRF 的特点修改 SPI 的设置
NRF24L01_CE = 0;       //使能 24L01
NRF24L01_CSN = 1;         //SPI 片选取消
}
```

（2）发送模式初始化函数。

```
//该函数用于初始化 NRF24L01 到 TX 模式
//设置 TX 地址,写 TX 数据宽度,设置 RX 自动应答的地址,填充 TX 发送
数据,选择 RF 频道,波特率和 LNA HCURR
//PWR_UP,CRC 使能
//当 CE 变高后,即进入 RX 模式,并可以接收数据了
//CE 为高大于 10us,则启动发送.
void NRF24L01_TX_Mode(void)
{
NRF24L01_CE = 0;
NRF24L01_Write_Buf(NRF_WRITE_REG + TX_ADDR,(u8 * )TX_AD-
DRESS,TX_ADR_WIDTH);//写 TX 节点地址
NRF24L01_Write_Buf(NRF_WRITE_REG + RX_ADDR_P0,(u8 * )RX_
ADDRESS,RX_ADR_WIDTH);//设置 TX 节点地址,主要为了使能 ACK
NRF24L01_Write_Reg(NRF_WRITE_REG + EN_AA,0x01);//使能通
道 0 的自动应答
NRF24L01_Write_Reg(NRF_WRITE_REG + EN_RXADDR,0x01);//使
能通道 0 的接收地址
NRF24L01_Write_Reg(NRF_WRITE_REG + SETUP_RETR,0x1a);//
设置自动重发间隔时间:500us + 86us;最大自动重发次数:10 次
```

NRF24L01_Write_Reg(NRF_WRITE_REG + RF_CH,40);   //设置RF 通道为 40

NRF24L01_Write_Reg(NRF_WRITE_REG + RF_SETUP,0x0f); //设置 TX 发射参数,0db 增益,2Mbps,低噪声增益开启

NRF24L01_Write_Reg(NRF_WRITE_REG + CONFIG,0x0e);   //配置基本工作模式的参数;PWR_UP,EN_CRC,16BIT_CRC,接收模式,开启所有中断

NRF24L01_CE =1;//CE 为高,10us 后启动发送

}

（3）发送数据函数。

```
//启动 NRF24L01 发送一次数据
//txbuf:待发送数据首地址
u8 NRF24L01_TxPacket(u8 * txbuf)
{
    u8 sta;
    SPI1_SetSpeed(SPI_BaudRatePrescaler_8);//SPI 速度为
10.5MHz(24L01 的最大 SPI 时钟为 10MHz)
    NRF24L01_CE =0;
     NRF24L01_Write_Buf(WR_TX_PLOAD,txbuf,TX_PLOAD_
WIDTH);//写数据到 TX BUF   32 个字节
    NRF24L01_CE =1;//启动发送
    while(NRF24L01_IRQ! =0);//等待发送完成
    sta =NRF24L01_Read_Reg(STATUS);   //读取状态寄存器的值
    NRF24L01_Write_Reg(NRF_WRITE_REG + STATUS,sta);//清除
TX_DS 或 MAX_RT 中断标志
    if(sta&MAX_TX)//达到最大重发次数
    {
        NRF24L01_Write_Reg(FLUSH_TX,0xff);//清除 TX FIFO
寄存器
        return MAX_TX;
```

```
    }
    if(sta&TX_OK)//发送完成
    {
        return TX_OK;
    }
    return 0xff;//其他原因发送失败
}
```

（4）接收模式初始化。

```
//该函数用于初始化 NRF24L01 到 RX 模式
//设置 RX 地址,写 RX 数据宽度,选择 RF 频道,波特率和 LNA HCURR
//当 CE 变高后,即进入 RX 模式,并可以接收数据了
void NRF24L01_RX_Mode(void)
{
NRF24L01_CE=0;    NRF24L01_Write_Buf(NRF_WRITE_REG+RX_
ADDR_P0,(u8*)RX_ADDRESS,RX_ADR_WIDTH);//写 RX 节点地址
NRF24L01_Write_Reg(NRF_WRITE_REG+EN_AA,0x01);//使能通
道 0 的自动应答
NRF24L01_Write_Reg(NRF_WRITE_REG+EN_RXADDR,0x01);//使
能通道 0 的接收地址
NRF24L01_Write_Reg(NRF_WRITE_REG+RF_CH,40);    //设置
RF 通信频率
NRF24L01_Write_Reg(NRF_WRITE_REG+RX_PW_P0,RX_PLOAD_
WIDTH);//选择通道 0 的有效数据宽度
NRF24L01_Write_Reg(NRF_WRITE_REG+RF_SETUP,0x0f);//设
置 TX 发射参数,0db 增益,2Mbps,低噪声增益开启
NRF24L01_Write_Reg(NRF_WRITE_REG+CONFIG,0x0f);//配置基
本工作模式的参数;PWR_UP,EN_CRC,16BIT_CRC,接收模式
NRF24L01_CE=1;//CE 为高,进入接收模式
}
```

（5）接收数据函数。

```
//启动 NRF24L01 接收一次数据
//txbuf:待接收数据首地址
//返回值:0,接收完成;其他,错误代码
u8 NRF24L01_RxPacket(u8 * rxbuf)
{
    u8 sta;
    SPI1_SetSpeed(SPI_BaudRatePrescaler_8);//SPI 速度为
10.5MHz
    sta =NRF24L01_Read_Reg(STATUS);  //读取状态寄存器的值
    NRF24L01_Write_Reg(NRF_WRITE_REG + STATUS,sta);//清除
TX_DS 或 MAX_RT 中断标志
    if(sta&RX_OK)//接收到数据
    {
    NRF24L01 _Read_Buf(RD_RX_PLOAD,rxbuf,RX_PLOAD_
WIDTH);//读取数据
    NRF24L01_Write_Reg(FLUSH_RX,0xff);//清除 RX FIFO 寄
存器
    return 0;
    }
    return 1;//没收到任何数据
}
```

11.1.3 任务实施

1. 构思——方案选择

任务要求利用 STM32 单片机与 2.4G 无线模块实现信号的无线双向收发和显示。我们采用 nRF24L01 模块实现信号的无线传输，显示采用 2.4寸 TFT 液晶显示。

2. 设计——软硬件设计

nRF24L01 无线模块通过 4 线的 SPI 接口与微控制器相连接，连接线路如图 11 -2 所示。

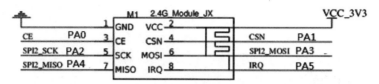

图 11-2 nRF24L01 无线模块与 STM32 单片机接线

无线模块为半双工模式，不能同时发送和接收，其发送/接收的 SPI 读写时序如图 11-3 和图 11-4 所示。

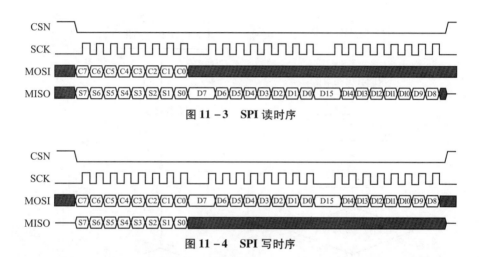

图 11-3 SPI 读时序

图 11-4 SPI 写时序

图 11-4 中 Cn 代表指令位，Sn 代表状态寄存器位，Dn 代表数据位。从图 11-3 中可以看出，SCK 空闲的时候是低电平的，而数据在 SCK 的上升沿被读写。所以，我们需要设置 SPI 的 CPOL 和 CPHA 均为 0，来满足 nRF24L01 对 SPI 操作的要求。

具体实现过程为：

（1）发送指令 + 寄存器地址，都是从 CSN（片选线）的下降沿开始。

（2）主机（即 STM32 单片机）发送 8 位指令代码（C7 - C0）。

（3）不管主机发送何指令，从机（即 nRF24L01）第一字节都会返回状态寄存器的值（寄存器 0x07）。

（4）从机数据在每一个 SCK 的上升沿输出，首先输出的是第一字节（最低字节）的最高位，最后输出的是最高字节的最低位。

（5）读取操作都是以 CSN 的上升沿结束。

写操作过程：

（1）同读操作。

（2）同读操作。

（3）同读操作。

（4）主机数据在每一个 SCK 的上升沿写入从机，首先写入的是第 1 个字节的最高位，最后写入的是最后一个字节的最低位。

（5）同读操作。

无线数据收发实现的流程图如图 11-5 所示。

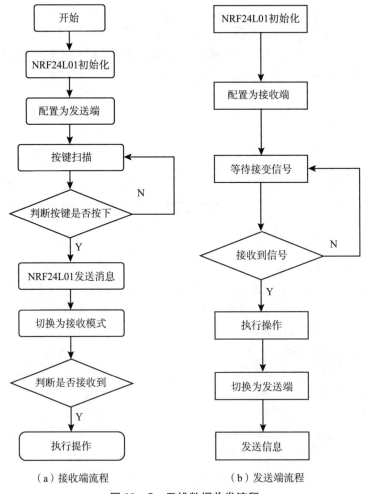

（a）接收端流程　　　　　　（b）发送端流程

图 11-5　无线数据收发流程

3. 实现——软硬件调测

连接电路，编译并下载程序，可看到：按下模块 A 按键后，发现模块 A 的 LED 闪烁 1 次，表明信息发送成功，同时发现，模块 B 的 LED 点亮，在 LCD 上显示出 "Nice to meet you!"，紧接着，模块 A 的 LED 点亮，并在 LCD 上显示出 "Nice to meet you too!"。这表明两个模块按任务要求实现了无线双向通信。

4. 运行——结果分析、功能拓展

将程序分别下载到两块开发板中，接收端和发送端的运行结果如图 11 −6 所示。

（a）发送端　　　　　　　　　　（b）接收端

图 11 −6　接收端及发送端显示效果图

11.1.4　任务小结

本次任务利用 nRF24L01 无线模块实现了信号的无线双向通信。通过本任务的完成，我们需要掌握利用 nRF24L01 无线模块实现无线双向通信的方法，并能应用 LCD 显示收发的信息。

11.2　任务二　基于 Wi −Fi 的无线传输设计与实现

11.2.1　任务描述

通过手机 App 远程发布控制命令实现开发板上 LED 灯的状态监测和

亮灭控制。

11.2.2　知识链接

1. ESP8266 无线 Wi-Fi 模块

ESP8266 是一款无线 Wi-Fi 模块，内部集成 MCU，能实现与外部单片机之间的通信；这款模块简单易学，体积小，便于嵌入式开发。其工作特性如下：

（1）主频支持 80MHz 和 160MHz。

（2）支持 RTOS 的使用。

（3）160KB 的 SRAM（64KB IRAM + 96KB DRAM）。

（4）内置 10bit 高精度 ADC。

（5）内置 TCP/IP 协议栈。

（6）支持 AT 远程升级、云端 OTA 升级。

（7）支持 STA、AP、STA + AP 的工作模式。

（8）支持 Smart Config 功能（包括 Android 和 ISO 设备）。

（9）有 IO 引脚，支持 HSPI、UART、I^2C、I^2S、PWM、GPIO 等常用外设功能。

（10）支持一键配网、SDK 二次开发。

ESP8266 是一个完整且自成体系的 Wi-Fi 网络解决方案，能够独立运行，也可以作为 Slave 搭载于其他 Host 运行。ESP8266 在搭载应用并作为设备中唯一的应用处理器时，能够直接从外接闪存中启动。内置的高速缓冲存储器有利于提高系统性能，并减少内存需求。另外一种情况是，无线上网接入承担 Wi-Fi 适配器的任务时，可以将其添加到任何基于微控制器的设计中，连接简单易行，只需通过 SPI/SDIO 接口或中央处理器 AHB 桥接口即可。ESP8266 强大的片上处理和存储能力，使其可通过 GPIO 口集成传感器及其他应用的特定设备，实现前期的开发和运行中最少地占用系统资源。

ESP8266 支持 softAP 模式、station 模式、softAP + station 共存模式等三种工作模式。利用 ESP8266 可以实现十分灵活的组网方式和网络拓扑。SoftAP，即无线接入点，是无线网络的中心节点。Station 即无线终端，是无线网络的终端。

2. Wi - Fi 通信模块电路设计

ESP8266 的引脚功能如表 11 - 3 所示。

表 11 - 3 　　　　　　　　　　ESP8266 的引脚功能表

GPIO	功能	电平状态	备注
0	引导模式选择	3.3V	
1	TX0	/	串口 0 通信（发送）
2	引导模式选择 TX1	3.3V	启动时不能接地，启动时发送调试信息； 串口 1 通信（发送）
3	RX0	/	串口 0 通信（接收）
4	SDA（I²C）	/	/
5	SCL（I²C）	/	/
6 ~ 11	连接闪存	/	最好不要做普通 GPIO 使用
12	MISO（SPI）	/	/
13	MOSI（SPI）	/	/
14	SCK（SPI）	/	/
15	SS（SPI）	0V	上拉电阻不可用
16	睡眠唤醒	/	无上拉电阻，仅有下拉电阻，连接 RST 引脚可实现睡眠唤醒

需要注意的是，ESP8266 芯片虽然有 17 个 GPIO 引脚（GPIO0 ~ GPIO16），然而，在这些引脚中 GPIO6 ~ GPIO11 已经被用于连接开发板的闪存，如果项目中使用 GPIO6 ~ GPIO11 的话，会导致 NodeMCU 开发板无法正常工作，所以建议不要使用 GPIO6 ~ GPIO11。

ESP8266 模块与 STM32 核心板之间通过串口方式连接，其接线方法是 ESP8266 模块的 RX 接到核心板 STM32 的 TX，Wi - Fi 模块的 TX 接到核心板 STM32 的 RX，电路如图 11 - 7 所示。

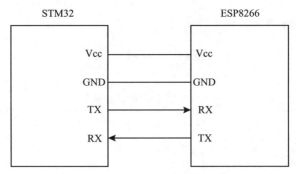

图 11 – 7　STM32 与 ESP8266 连接

3. Wi – Fi 通信模块的配置

通常使用 AT 命令来实现微控制器与 ESP8266 Wi – Fi 模块之间的通信。

（1）AT 命令格式。

AT 命令是以 AT 作为开头，\r\n 字符结束的字符串，每个命令执行成功与否都有相应的应答信息。其他的一些非预期的信息（如有人拨号进来、线路无信号等），模块将有对应的一些信息提示，接收端可做相应的处理，具体可分为四种命令，如表 11 – 4 所示。

表 11 – 4　　　　　　　　　　　　AT 命令格式

测试命令	AT + < CMD > = ?	该命令用于查询设置命令或内部程序设置的参数以及其取值范围
查询命令	AT + < CMD > ?	该命令用于返回参数的当前值
设置命令	AT + < CMD > = <...>	该命令用于设置用户自定义的参数值
执行命令	AT + < CMD >	该命令用于执行受模块内容程序控制的变参数不可变的功能

注意：

①需要使用双引号表示字符串数据。

②波特率为 15200。

③输入以回车换行结尾 " \r\n"。

此外，还需要注意的是不同模块的 AT 命令可能不一样的，这要对着模块的 AT 命令手册来查看。可以通过 ESP8266 应答的信息来判断是否已成功建立通信。

（2）工作模式的配置方法。

①AP（sever）模式。

a. 输入：AT + CWMODE = 2。

响应：OK

说明：指令原型为：AT + CWMODE = < mode >；其中 < mode >：1 – Station 模式，2 – AP 模式，3 – AP 兼 Station 模式。

b. 输入：AT + RST。

响应：OK

说明：配置好模式后需要重启生效。

c. 输入：AT + CWMODE？

响应：+ CWMODE：2

OK

说明：这条指令可以不要，这是查询当前模式的指令，模式返回是 2，说明是 AP 模式。

d. 输入：AT + CWSAP = "ESP8266"，"0123456789"，11，0。

响应：OK

说明：指令原型为：AT + CWSAP = < ssid >，< pwd >，< chl >，< ecn >；其中 < ssid >：字符串参数，接入点名称；< pwd >：字符串参数，密码最长 64 字节，ASCII；< chl >：通道号；< ecn >：0 – OPEN，1 – WEP，2 – WPA_PSK，3 – WPA2_PSK，4 – WPA_WPA2_PSK。设置完成后就可以在手机或者是电脑通过无线网卡连接到 ESP8266 上了。

e. 输入：AT + CIPMUX = 1。

响应：OK

说明：开启多连接模式，因为只有在开启多连接模式的时候才能开启服务器模式。注意：透传只能在单连接模式下进行。

f. 输入：AT + CIPSERVER = 1，8080。

响应：OK

说明：设置端口为 8080。

配置完成后，我们就可以通过网络调试助手在 "TCP Client" 模式下添加 "IP：192.168.4.1（模块默认的 IP），端口 8080（第 6 步设置的）"。需要说明的是，ESP8266 作为服务器的时候，客户端如果没有数据传输，隔一段时间会自动断开连接，我们可通过 AT + CIPSTO = < time > 命令设置超时时间（说明：< time >：服务器超时时间，范围是 0 ~ 2880，单位为 s）。

②Station（client）模式。

a. 输入：AT + CWMODE = 1。

响应：OK

说明：指令原型为：AT + CWMODE = ＜mode＞；其中＜mode＞：1 – Station 模式，2 – AP 模式，3 – AP 兼 Station 模式。

b. 输入：AT + RST。

响应：OK

说明：配置好模式后需要重启生效。

c. 输入：AT + CWMODE？

响应： + CWMODE：1

OK

说明：这条指令可以不要，这是查询当前模式的指令，模式返回是 1，说明是 Station 模式。

d. 输入：AT + CWJAP = "QLNU – 2.4G"，"123456"。

响应：OK

说明：指令原型为：AT + CWJAP = ＜ssid＞，＜pwd＞)，ssid 就是 wifi 的名字，pwd 就是 Wi – Fi 的密码。

e. 输入：AT + CIFSR。

响应：192.168.1.104

OK

说明：ESP8266 是有寄存器的，所以即使重启，连接信息也不会丢失，重启后再查询，发现会自动连接。

f. 输入：AT + CIPSTART = "TCP"，"192.168.1.100"，8080。

响应：CONNECT

OK

说明：192.168.1.100 为服务器 IP 地址；8080 为端口。

g. 输入：AT + CIPSEND = 4。

响应：OK

说明：发送四个字节的数据。

h. 输入：ABCD。

响应：SEND OK

说明：NetAssist 会收到 ABCD 四个字母。

③AP 兼 Station 模式。

a. 输入：AT + CWMODE = 3。

响应：OK

说明：指令原型为：AT + CWMODE = < mode >；其中 < mode >：1 –
Station 模式，2 – AP 模式，3 – AP 兼 Station 模式。

b. 输入：AT + RST。

响应：OK

说明：配置好模式后需要重启生效。

c. 输入：AT + CWMODE?

响应：+ CWMODE：3

OK

d. 输入：AT + CWSAP = "ESP8266"，"0123456789"，11，0。

响应：OK

说明：指令原型为：AT + CWSAP = < ssid >，< pwd >，< chl >，
< ecn >；其中 < ssid >：字符串参数，接入点名称；< pwd >：字符串参
数，密码最长 64 字节，ASCII；< chl >：通道号；< ecn >：0 – OPEN，
1 – WEP，2 – WPA_PSK，3 – WPA2_PSK，4 – WPA_WPA2_PSK。

　　然后现在就可以用你的手机或者是电脑通过无线网卡连接到 ESP8266
上了。打开手机上的网络助手，TCP server→配置→激活→能看到此时手
机的 IP 和端口号，要记下，下面要用。

e. 输入：AT + CIPMODE = 1。

响应：OK

说明：开启透传模式。

f. 输入：AT + CIPMUX = 0。

响应：OK

说明：开启单路模式。

g. 输入：AT + CIPSTART = "TCP"，"192. 168. 4. 2"，8080。

响应：CONNECT

OK

说明：192. 168. 4. 2 为服务器 IP 地址；8080 为端口。填上刚才记下
的手机 IP 和端口号，这时手机已经能向模块发信息了，但模块不能发。

h. 输入：AT + CIPSEND。

响应：OK

说明：ESP8266 发送数据至手机。

11.2.3　任务实施

1. 构思——方案选择

采用 ESP8266 模块作为 Wi-Fi 通信模块，利用机智云平台实现局域无线网络传输。

2. 设计——软硬件设计

（1）硬件设计。

连接开发板和 ESP8266 Wi-Fi 模块，Wi-Fi 模块 1 脚 GND 连接开发板的地，Wi-Fi 模块 5 脚 3.3V 连接开发板的 3.3V 电源，Wi-Fi 模块 4 脚 RXD 连接开发板的 TXD 脚，Wi-Fi 模块 8 脚 TXD 连接开发板的 RXD 脚。

（2）软件设计。

通过手机利用机智云平台实现 LED 灯的状态监测和亮灭控制。机智云平台的接入流程如图 11-8 所示。

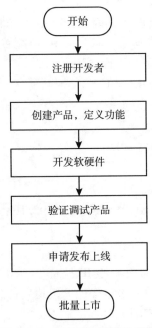

图 11-8　机智云平台接入流程

3. 实现——软硬件调测

（1）建立机智云智能化产品如图 11 – 9 所示。

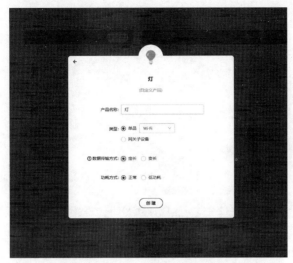

图 11 – 9　建立机智云智能化产品

（2）新建数据点如图 11 – 10 所示。

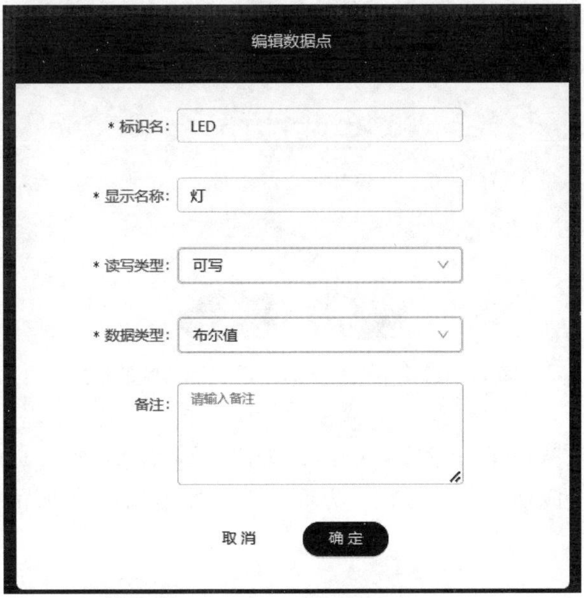

图 11 – 10　新建数据点

（3）生成独立 MCU 方案代码如图 11 – 11 所示。

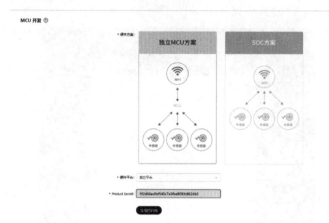

图 11 – 11　生成独立 MCU 方案代码

（4）将下载好的程序移植到实验的程序中，如图 11 – 12 所示。

图 11 – 12　下载好的程序移植到实验的程序

（5）开启 Wi – Fi，给设备配网，等待配网成功，如图 11 – 13 所示。

（6）配置成功后，即可在主界面查看，如图 11 – 14 所示。

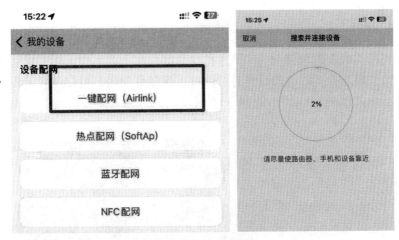

图 11 - 13 一键配网

图 11 - 14 配置成功

4. 运行——结果分析、功能拓展

打开手机上的机智云 App，选择灯开启，命令会上传云端，然后由云端下发控制命令到设备将灯打开。同理，选择灯关闭，可以实现远程关闭灯光，结果如图 11 – 15、图 11 – 16 所示。

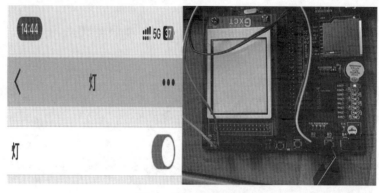

图 11 – 15　灯光开启

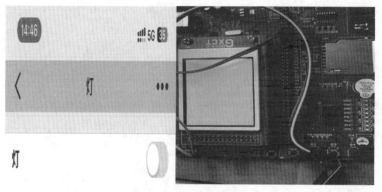

图 11 – 16　灯光关闭

11.2.4　任务小结

利用 Wi – Fi 通信模块实现串口——无线网 – 以太网之间的数据交换，STM32 的 USART1 串口通过 Wi – Fi 通信模块利用机智云平台实现了与智能移动终端进行无线数据传输。

项目 12　基于 STM32 的智能家居系统的设计

【学习目标】

知识目标

1. 掌握温湿度传感器、烟雾传感器等的使用方法。
2. 掌握步进电机驱动模块的使用方法。
3. 掌握舵机的使用方法。

能力目标

能够利用 STM32 单片机实现电子综合系统的设计。

12.1　任务一　设计基于 STM32 的智能家居系统

12.1.1　任务描述

设计基于 STM32 单片机的智能家居系统。能够实现家中环境状态的实时监测，包括光照强度、温度、湿度以及烟雾浓度等。系统可以实现通过手机 App 远程监控家中情况，实现家居环境状态监控等功能。

12.1.2　知识链接

1. SG90 舵机

舵机的控制通常需要一个 20ms 的时基脉冲，该脉冲可以通过 STM32 单片机的定时器产生，脉冲的高电平部分一般为 0.5 ~ 2.5ms，总间隔为

20ms。脉冲的宽度决定了马达转动的距离。如果每2.5ms旋转180度，舵机驱动脉冲与舵机旋转角度的对应关系如表12-1所示。

表12-1　　　　　　　　　　舵机驱动脉冲与舵机旋转角度

序号	脉冲时间	舵机旋转角度
1	0.5ms	0度
2	1.0ms	45度
3	1.5ms	90度
4	2.0ms	135度
5	2.5ms	180度

常用的SG90舵机模块的外形如图12-1所示。

图12-1　SG90舵机模块

2. 42步进电机

步进电机常用在工业以及日常生活轴性转动的家用电器中，步进电机利用电磁转换，通过给线圈通电产生磁场效应，吸引或排斥步进电机内部的磁性转子。当步进电机接收到一个电脉冲信号，步进电机就会发生相应的角位移（步距角）。

图 12 - 2　42 步进电机

42 步进电机参数如表 12 - 2 所示。

表 12 - 2 　　　　　　　　　　**42 步进电机参数表**

特性	规格	特性	规格
相数	2	步距角	1.8 度 ±0.09 度
额定电压	DC 3.8V ~ 12V	额定电流	DC 1.5 安培/相
相电阻	1.6 × (1 ±15%) Ω/相	相电感（1KHz）	4.3 × (1 ±20%) mH/相
保持转矩	≥400 mN.m	定位转矩	38mN.m
转向（轴伸向看）	A - AB - B - 顺时针	最大空载启动频率	≥1000 每秒脉冲
最大空载运行频率	≥1500 每秒脉冲	绝缘电阻	≥100 兆欧姆
电气强度	AC600V/1mA/1S	绝缘等级	B 级
转动惯量	45 克/立方米	质量	0.45 千克

3. 42 步进电机驱动板 A4988

（1）A4988 简介。

A4988 是一款完全的微步电动机驱动器，带有内置转换器，易于操作。该产品可在全、半、1/4、1/8 及 1/16 步进模式时操作双极步进电动机，输出驱动性能可达 35V 及 1A 左右。A4988 包括一个固定关断时间电流稳压器，该稳压器可在慢或混合衰减模式下工作。转换器是 A4988 易于实施的关键。只要在"步进"输入中输入一个脉冲，即可驱动电动机产生微步。无须进行相位顺序表、高频率控制行或复杂的界面编程。在微步运行时，A4988内的斩波控制可自动选择电流衰减模式（慢或混合）。在混合衰减模式下，该器件初始设置为在部分固定停机时间内快速衰减，然后在余下的停机时间慢速衰减。混合衰减电流控制方案能减少可听到的电动机噪音、增加步进精确度并减少功耗。提供内部同步整流控制电路，以改善脉宽调制（PWM）操作时的功率消耗。

图 12-3 A4988 步进电机驱动板

（2）A4988 的功能特点。

①工作电压：8V~35V。

②低 RDS（开）输出。

③自动电流衰减模式检测选择。

④混合与慢电流衰减模式。

⑤对低功率耗散同步整流。

⑥内部 UVLO。

⑦交叉电流保护。

⑧3.3V 及 5V 兼容逻辑电源。

⑨过热关机电路。

⑩接地短路保护。

⑪加载短路保护。

⑫五个可选的步进模式：全、1/2、1/4、1/8、1/16。

（3）A4988 的引脚说明。

①ENABLE – 使能引脚。

低电平有效，即当此引脚为低电平时，A4988 才能进行电机驱动工作，当该引脚为高电平，A4988 将不会进行电机驱动工作。如果该引脚悬空，则 A4988 默认为使能状态。即该引脚没有连接任何电平时，A4988 可以正常工作。

②MS1，MS2，MS3 – 驱动模式引脚。

这三个引脚控制 A4988 微步细分驱动模式。通过这三个引脚的逻辑电平可以调整 A4988 驱动电机模式为全、半、1/4、1/8 及 1/16 步进模式。当 MS1，MS2，MS3 这三个引脚悬空时，A4988 默认为全步进电机驱动模式。

③RESET – 复位引脚。

该引脚为低电平有效，即当该引脚为低电平时，A4988 将复位。如果该引脚悬空，则 A4988 默认为高电平。即该引脚没有连接任何电平时，A4988 可以正常工作。

④SLEEP – 睡眠引脚。

当该引脚连接电平为低电平时，A4988 将进入低能耗睡眠状态。如果无须使用 SLEEP 功能，则可以将 SLEEP 引脚与 RESET 引脚连接，则 A4988 将持续保持正常能耗状态而不会进入低能耗状态。

⑤STEP – 步进引脚。

此引脚用于通过微控制器向 A4988 发送脉冲控制信号，A4988 接收到此信号后，会根据 MS1，MS2 和 MS3 引脚控制电机运转。

⑥DIR – 方向引脚。

通过此引脚可以调整 A4988 控制电机运行方向。当此引脚为低电平，将控制电机顺时针旋转，高电平则逆时针旋转。

⑦VMOT – 电机电源正极。

此引脚用于连接为电机供电的电源，可用电源电压为 8V~35V。

⑧GND – 电机电源接地。

⑨2B，2A – 电机绕组 2 控制引脚。

⑩1A，1B – 电机绕组 1 控制引脚。

⑪VDD – 此引脚用于为 A4988 电机驱动板供电，逻辑电源电压为 3V~5.5V。

⑫GND – 逻辑电源接地。

12.1.3 任务实施

1. 构思——方案选择

系统使用 STM32F103C8T6 单片机作为主控芯片，通过 IO 口接入各个子模块，如传感器模块、显示模块、通信模块、输入控制模块等。主控芯片通过各个传感器模块获取实时环境状态数据进行分析，然后把处理完的数据传输到 OLED 屏上进行显示，同时将数据上传至云端通过手机 App 显示。用户可以根据自己的需求选择自动控制模式或 Wi - Fi 远程控制模式。

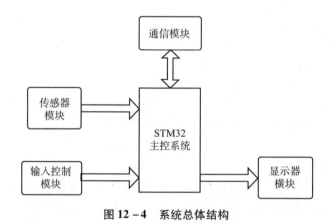

图 12 - 4 系统总体结构

（1）开关灯控制：通过使用舵机转动拨动灯的开关，实现开关灯。

（2）窗帘控制：采用四相八线步进电机来模拟带动窗帘转动，实现窗帘的打开与关闭。

（3）环境温湿度监测：使用 DHT11 模块对环境温湿度进行检测，该传感器体积小，精度高，防水，适合本系统的应用场景。

（4）烟雾浓度检测：使用 MQ - 2 烟雾传感器。

（5）火焰检测：可以检测火焰或者波长在 760 ~ 1100nm 范围内的光源，当家中发生火灾时，传感器会检测到并通过蜂鸣器进行报警，并通过网络发送到用户手机上。

（6）指纹开锁功能：采用指纹识别模块，提前将家庭成员的指纹信息录入，通过指纹模块验证身份打开门锁。

（7）数据上传云端：环境状态数据上传至云端，通过手机 App 进行监测。

（8）屏幕显示功能：OLED 屏幕采用 I^2C 协议与 STM32 进行通信，通过 OLED 显示环境状态信息如温度、湿度等。

2. 设计——软硬件设计

（1）硬件设计。

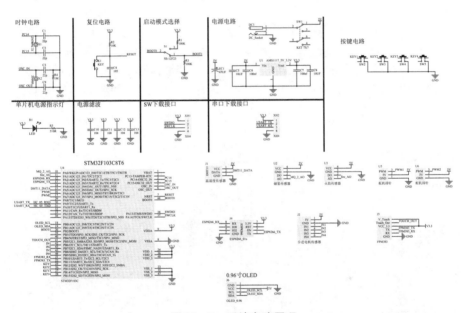

图 12 - 5　系统电路原理

①DHT11 温湿度传感模块。

温度湿度传感器的原理是根据导体对电流的阻碍作用，温度越高，允许通过的电流越小。DHT11 型温湿度传感器的体积较小，检测数据的精度也满足系统的设计要求，而且它的功耗很低，使用开发简单，有内置的模数转换装置，可以直接输出数字信号供单片机处理，如图 12 - 6 所示。

图 12 – 6　DHT11 温湿度传感器

②MQ – 2 烟雾传感器模块。

MQ – 2 烟雾传感器在家庭和工厂中广泛使用，可以检测储存液态气体、苯、液体、酒精、氢和烟雾等。MQ – 2 烟雾传感器的原理是利用其内部的电压比较器，将其输出电压与阈值电压进行比较，如图 12 – 7 所示。

图 12 –7　MQ –2 烟雾传感器模块

③火焰传感器模块。

火焰传感器模块有两种输出方式：AO 输出和 DO 输出。对于 AO 输出，单片机可以直接采集电压值，自行调整灵敏度，而 DO 输出可以通过调节电位器，来调整灵敏度，无法直观地看到火焰对传感器的影响，信号干净，波形好，驱动能力强，超过 15mA，带可调精度电位器，灵敏度可调，工作电压为 3.3V ~ 5V，如图 12 – 8 所示。

④指纹识别模块。

HLK – FPM383C 指纹识别模块可以方便地进行指纹录入、对比等。该模块内置 Flash，可存储 80 个指纹，通过指纹 ID 进行指纹管理。模块内部有自带的算法特征，方便调用，也大大提高了其安全性，模块可以自动判断是否是人的手指直接接触，若戴手套则不能完成识别，如图 12 - 9 所示。

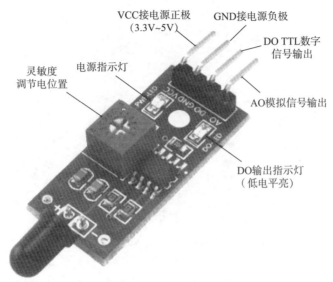

VCC接电源正极
(3.3V~5V)

GND接电源负极

DO TTL数字
信号输出

灵敏度
调节电位置

电源指示灯

AO模拟信号输出

DO输出指示灯
（低电平亮）

图 12 - 8　火焰传感器模块

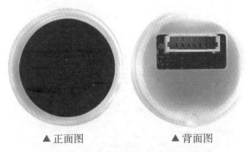

▲正面图　　　▲背面图

图 12 - 9　FPM383 指纹识别模块

（2）软件设计。

STM32F103 单片机的主要功能是收集并处理各类传感器的数据，将数据上传给上位机，解析上位机发送的命令，驱动各控制设备。

①Wi - Fi 模块程序设计：本设计采用机智云平台作为 Wi - Fi 程序开发平台。机智云是一个中立的物联网发展平台，靠经验和技术积累为物联网领域提供了一套完整的工具和服务，以此降低硬件厂家以及开发者的开

发门槛。系统采用机智云 AIOT 开发及云平台助力智能化升级，实现了使用手机 App 对家庭内部的灯光、窗帘、门等的控制，也可以通过云平台实现家庭内部环境状态的远程监控，如图 12 – 10 所示。

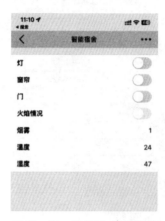

图 12 – 10　机智云 App 界面

在代码层面要使用机智云上传数据，首先需要给 ESP8266 烧录机智云官方固件，本设计使用 ESP 公司开的官方烧录软件 ESPFlashDownload-Toolv3.6.4，如图 12 – 11 所示。

图 12 – 11　ESP8266 烧录软件

其次，机智云数据上传代码需要调用单片机的定时器，本设计中，定时器使用 STM32 的 TIM2 通用定时器，并通过代码 TIM2_Int_Init（71，999）配置为 1ms 定时，单片机间隔 1ms 进入一次定时中断执行 gizTimerMs 毫秒定时器函数，如图 12 – 12 所示。

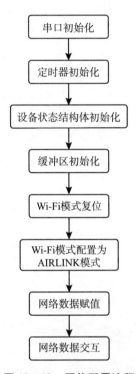

图 12 – 12　网络配置流程

Wi – Fi 下发数据代码，则是根据网络下发的数据赋值给需要更改的变量。

```
case EVENT_LED：
currentDataPoint. valueLED = dataPointPtr -> valueLED；
GIZWITS_LOG（"Evt：EVENT_LED % d \\n"，currentDataPoint. valueLED）；
if（0x01 == currentDataPoint. valueLED）
{LED = 1；
}
```

②舵机驱动程序设计：舵机的驱动方式为单片机产生 PWM 波，系统采用定时器与 IO 推挽输出的方式控制舵机驱动，配置一个 0.1ms 的定时。

```
motor_20ms ++;
if(motor_20ms > =200)motor_20ms =0;   //舵机20ms 周期
if(motor_20ms <motor1_time)MOTOR1 =1;
else       MOTOR1 =0;
if(motor_20ms <motor2_time)MOTOR2 =1;
else       MOTOR2 =0;
```

③步进电机驱动程序设计：步进电机有三种状态——正转、反转、停止。当步进电机停止时，关闭步进电机使能引脚，此时步进电机不会抱死，还可以进行手动控制。

```
void open_control(void)
{
    time =0;
    A4988_DIR =0;
    A4988_EN =0;
    while(1)
    {
        if(time > =1000* 3)
        {
            motor =0;
            A4988_EN =1;
            OLED_Clear();
            break;
        }
        A4988_STEP =1;
        delay_us(1);
        A4988_STEP =0;
        delay_us(500);
    }
}
```

3. 实现——软硬件调测

系统调测主要包括硬件测试与软件测试。对于电子综合系统的设计在进行系统调测的时候需要按照不同的模块分别进行调测，然后进行系统总调。为此，我们需要对各环境状态信息采集模块、显示模块、通信模块以及控制模块等分别进行测试，并对比手机端 App 的数据接收情况以验证系统的性能。

（1）系统硬件调测。

在智能家居系统完成上电并运行一段时间，达到稳定工作状态以后，各环境信息采集传感器将室内的光照强度、温度、湿度以及烟雾浓度等信息发送到机智云平台的同时，也将信息同步显示在与 STM32 单片机相连的显示屏上，通过与标准测量工具相比较即可确定系统测量值是否准确。

（2）系统软件调测。

手机终端 App 与云平台建立通信时，云平台会验证手机终端的设备信息，以判断其是否是合法的通信设备。因此通过测试手机终端 App 的配网功能即可验证手机终端 App 与云平台通信的有效性。配网成功后便可通过手机 App 实时监测家中的环境状态数据，并发送控制命令。

4. 运行——结果分析、功能拓展

对系统进行整机调测的结果表明，本系统能够达到设计要求，正常运行。可以实时监测室内的环境状态数据，并根据预先的设置进行调节，同时可实现环境状态数据的远程监测和控制。

12.1.4 任务小结

本任务完成了智能家居系统的设计，可实现家庭环境状态的实时监测，同时，实现了手机对家用电器的远程控制。系统性能可靠，操作简便，具有很好的应用价值。

全书主要参考文献

[1] 刘洪涛. 高等院校嵌入式人才培养规划教材：ARM 嵌入式体系结构与接口技术 [M]. 北京：人民邮电出版社，2009.

[2] 青岛东合信息技术有限公司. Cortex – M3 开发技术及实践 [M]. 西安：西安电子科技大学出版社，2013.

[3] 卢有亮. 基于 STM32 的嵌入式系统原理与设计 [M]. 北京：机械工业出版社，2014.

[4] 苏李果，宋丽. STM32 嵌入式技术应用开发全案例实践 [M]. 北京：人民邮电出版社，2020.

[5] 沈红卫，任沙浦，朱敏杰，等. STM32 单片机应用与全案例实践 [M]. 北京：电子工业出版社，2017.

[6] 喻金钱，喻斌. STM32F 系列 ARM Cortex – M3 核微控制器开发与应用 [M]. 北京：清华大学出版社，2011.

[7] 郑煊. 微处理器技术：MSP430 单片机应用技术 [M]. 北京：清华大学出版社，2014.

[8] 青岛东合信息技术有限公司. 无线通信开发技术及实践 [M]. 西安：西安电子科技大学出版社，2014.

[9] 韩江洪. 智能家居系统与技术 [M]. 合肥：合肥工业大学出版社，2005.

[10] 陈志旺. STM32 嵌入式微控制器快速上手. 第 2 版 [M]. 北京：电子工业出版社，2014.

附录 STM32F103 LQFP100 封装管脚定义

LQFP 100	管脚名称	类型 (1)	I/O 电平	主功能 (复位后)	可选的复用功能	
					默认复用功能	重定义功能
1	PE2	I/O	FT	PE2	TRACECK/FSMC_A23	
2	PE3	I/O	FT	PE3	TRACED0/FSMC_A19	
3	PE4	I/O	FT	PE4	TRACED1/FSMC_A20	
4	PE5	I/O	FT	PE5	TRACED2/FSMC_A21	
5	PE6	I/O	FT	PE6	TRACED3/FSMC_A22	
6	VBAT	S		VBAT		
7	PC13 – TAMPER – RTC	I/O		PC13	TAMPER – RTC	
8	PC14 – OSC32_IN	I/O		PC14	OSC32_IN	
9	PC15 – OSC32_OUT	I/O		PC15	OSC32_OUT	
10	VSS_5	S		VSS_5		
11	VDD_5	S		VDD_5		
12	OSC_IN	I		OSC_IN		
13	OSC_OUT	O		OSC_OUT		
14	NRST	I/O		NRST		
15	PC0	I/O		PC0	ADC123_IN10	
16	PC1	I/O		PC1	ADC123_IN11	
17	PC2	I/O		PC2	ADC123_IN12	
18	PC3	I/O		PC3	ADC123_IN13	
19	VSSA	S		VSSA		
20	VREF –	S		VREF –		
21	VREF +	S		VREF +		

LQFP 100	管脚名称	类型 (1)	I/O 电平	主功能 (复位后)	可选的复用功能	
					默认复用功能	重定义功能
22	VDDA	S		VDDA		
23	PA0 – WKUP	I/O		PA0	WKUP/USART2_CTS ADC123_IN0 TIM2_CH1_ETR TIM5_CH1/TIM8_ETR	
24	PA1	I/O		PA1	USART2_RTS ADC123_IN1/ TIM5_CH2/TIM2_CH2	
25	PA2	I/O		PA2	USART2_TX/TIM5_CH3 ADC123_IN2/TIM2_CH3	
26	PA3	I/O		PA3	USART2_RX/TIM5_CH4 ADC123_IN3/TIM2_CH4	
27	VSS_4	S		VSS_4		
28	VDD_4	S		VDD_4		
29	PA4	I/O		PA4	SPI1_NSS/USART2_CK DAC_OUT1/ADC12_IN4	
30	PA5	I/O		PA5	SPI1_SCK DAC_OUT2/ADC12_IN5	
31	PA6	I/O		PA6	SPI1_MISO/TIM8_BKIN ADC12_IN6/TIM3_CH1	TIM1_BKIN
32	PA7	I/O		PA7	SPI1_MOSI/TIM8_CH1N ADC12_IN7/TIM3_CH2	TIM1_CH1N
33	PC4	I/O		PC4	ADC12_IN14	
34	PC5	I/O		PC5	ADC12_IN15	
35	PB0	I/O		PB0	ADC12_IN8/TIM3_CH3 TIM8_CH2N	TIM1_CH2N
36	PB1	I/O		PB1	ADC12_IN9/TIM3_CH4 TIM8_CH3N	TIM1_CH3N

LQFP 100	管脚名称	类型（1）	I/O 电平	主功能（复位后）	可选的复用功能	
					默认复用功能	重定义功能
37	PB2	I/O	FT	PB2/ BOOT1		
38	PE7	I/O	FT	PE7	FSMC_D4	TIM1_ETR
39	PE8	I/O	FT	PE8	FSMC_D5	TIM1_CH1N
40	PE9	I/O	FT	PE9	FSMC_D6	TIM1_CH1
41	PE10	I/O	FT	PE10	FSMC_D7	TIM1_CH2N
42	PE11	I/O	FT	PE11	FSMC_D8	TIM1_CH2
43	PE12	I/O	FT	PE12	FSMC_D9	TIM1_CH3N
44	PE13	I/O	FT	PE13	FSMC_D10	TIM1_CH3
45	PE14	I/O	FT	PE14	FSMC_D11	TIM1_CH4
46	PE15	I/O	FT	PE15	FSMC_D12	TIM1_BKIN
47	PB10	I/O	FT	PB10	I2C2_SCL/USART3_TX	TIM2_CH3
48	PB11	I/O	FT	PB11	I2C2_SDA/USART3_RX	TIM2_CH4
49	VSS_1	S		VSS_1		
50	VDD_1	S		VDD_1		
51	PB12	I/O	FT	PB12	SPI2_NSS/I2S2_WS/ I2C2_SMBA/USART3_CK TIM1_BKIN	
52	PB13	I/O	FT	PB13	SPI2_SCK/I2S2_CK USART3_CTS/TIM1_CH1N	
53	PB14	I/O	FT	PB14	SPI2_MISO/TIM1_CH2N USART3_RTS	
54	PB15	I/O	FT	PB15	SPI2_MOSI/I2S2_SD TIM1_CH3N	
55	PD8	I/O	FT	PD8	FSMC_D13	USART3_TX
56	PD9	I/O	FT	PD9	FSMC_D14	USART3_RX
57	PD10	I/O	FT	PD10	FSMC_D15	USART3_CK
58	PD11	I/O	FT	PD11	FSMC_A16	USART3_CTS

LQFP 100	管脚名称	类型 (1)	I/O 电平	主功能 （复位后）	可选的复用功能	
					默认复用功能	重定义功能
59	PD12	I/O	FT	PD12	FSMC_A17	TIM4_CH1/ USART3_RTS
60	PD13	I/O	FT	PD13	FSMC_A18	TIM4_CH2
61	PD14	I/O	FT	PD14	FSMC_D0	TIM4_CH3
62	PD15	I/O	FT	PD15	FSMC_D1	TIM4_CH4
63	PC6	I/O	FT	PC6	I2S2_MCK/TIM8_CH1 SDIO_D6	TIM3_CH1
64	PC7	I/O	FT	PC7	I2S3_MCK/TIM8_CH2 SDIO_D7	TIM3_CH2
65	PC8	I/O	FT	PC8	TIM8_CH3/SDIO_D0	TIM3_CH3
66	PC9	I/O	FT	PC9	TIM8_CH4/SDIO/D1	TIM3_CH4
67	PA8	I/O	FT	PA8	USART1_CK TIM1_CH1/MCO	
68	PA9	I/O	FT	PA9	USART1_TX TIM1_CH2	
69	PA10	I/O	FT	PA10	USART1_RX/TIM1_CH3	
70	PA11	I/O	FT	PA11	USART1_CTS/USBDM CAN_RX/TIM1_CH4	
71	PA12	I/O	FT	PA12	USART1_RTS/USBDP/ CAN_TX/TIM1_ETR	
72	PA13	I/O	FT	JTMS/ SWDIO		PA13
73				NC		
74	VSS_2	S		VSS_2		
75	VDD_2	S		VDD_2		
76	PA14	I/O	FT	JTCK/ SWCLK		PA14

LQFP 100	管脚名称	类型（1）	I/O 电平	主功能（复位后）	可选的复用功能	
					默认复用功能	重定义功能
77	PA15	I/O	FT	JTDI	SPI3_NSS/I2S3_WS	TIM2_CH1_ETR PA15/SPI1_NSS
78	PC10	I/O	FT	PC10	USART4_TX/SDIO_D2	USART3_TX
79	PC11	I/O	FT	PC11	USART4_RX/SDIO_D3	USART3_RX
80	PC12	I/O	FT	PC12	USART5_TX/SDIO_CK	USART3_CK
81	PD0	I/O	FT	OSC_IN	FSMC_D2	CAN_RX
82	PD1	I/O	FT	OSC_OUT	FSMC_D3	CAN_TX
83	PD2	I/O	FT	PD2	TIM3_ETR USART5_RX/SDIO_CMD	
84	PD3	I/O	FT	PD3	FSMC_CLK	USART2_CTS
85	PD4	I/O	FT	PD4	FSMC_NOE	USART2_RTS
86	PD5	I/O	FT	PD5	FSMC_NWE	USART2_TX
87	PD6	I/O	FT	PD6	FSMC_NWAIT	USART2_RX
88	PD7	I/O	FT	PD7	FSMC_NE1/FSMC_NCE2	USART2_CK
89	PB3	I/O	FT	JTDO	SPI3_SCK/I2S3_CK	PB3/TRACESWO TIM2_CH2/ SPI1_SCK
90	PB4	I/O	FT	NJTRST	SPI3_MISO	PB4/TIM3_CH1/ SPI1_MISO
91	PB5	I/O		PB5	I2C1_SMBA/ SPI3_MOSII2S3_SD	TIM3_CH2/ SPI1_MOSI
92	PB6	I/O	FT	PB6	I2C1_SCL/TIM4_CH1	USART1_TX
93	PB7	I/O	FT	PB7	I2C1_SDA/FSMC_NADV TIM4_CH2	USART1_RX
94	BOOT0	I		BOOT0		
95	PB8	I/O	FT	PB8	TIM4_CH3/SDIO_D4	I2C1_SCL/ CAN_RX

LQFP 100	管脚名称	类型 (1)	I/O 电平	主功能 (复位后)	可选的复用功能	
					默认复用功能	重定义功能
96	PB9	I/O	FT	PB9	TIM4_CH4/SDIO_D5	I2C1_SDA/ CAN_TX
97	PE0	I/O	FT	PE0	TIM4_ETR/FSMC_NBL0	
98	PE1	I/O	FT	PE1	FSMC_NBL1	
99	VSS_3	S		VSS_3		
100	VDD_3	S		VDD_3		